建筑安装工程施工工长丛书

模板工长

刘书贤　主编

U0389978

金盾出版社

内容提要

本书依据现行的模板工程施工操作标准和规范进行编写,主要介绍了模板工程基础知识,模板工程施工管理,木模板及胶合模板施工,组合钢模板施工,工具式模板施工,永久性模板施工,模板工程施工安全技术与质量验收,模板工程工料计算等内容。

本书体例新颖,脉络清晰,重点突出,可作为模板工长的职业培训教材,也可作为施工现场模板工长的常备参考书和自学用书。

图书在版编目(CIP)数据

模板工长/刘书贤主编. —北京:金盾出版社,2014.2
(建筑安装工程施工工长丛书)
ISBN 978-7-5082-8966-3

Ⅰ.①模… Ⅱ.①刘… Ⅲ.①模板—建筑工程—工程施工—基本知识 Ⅳ.①TU755.2

中国版本图书馆 CIP 数据核字(2013)第 260421 号

金盾出版社出版、总发行
北京太平路 5 号(地铁万寿路站往南)
邮政编码:100036 电话:68214039 83219215
传真:68276683 网址:www.jdcbs.cn
封面印刷:北京盛世双龙印刷有限公司
正文印刷:双峰印刷装订有限公司
装订:双峰印刷装订有限公司
各地新华书店经销
开本 850×1168 1/32 印张:11.25 字数:300 千字
2014 年 2 月第 1 版第 1 次印刷
印数:1~6 000 册 定价:28.00 元

(凡购买金盾出版社的图书,如有缺页、
倒页、脱页者,本社发行部负责调换)

编 委 会

主　编　刘书贤

副主编　王笑冰　赵文华

参　编（按姓氏笔画排序）

马文颖　马可佳　王丽娟　刘艳君

孙丽娜　张　健　张　彬　张黎黎

李　东　郑大为　姜　媛　赵　慧

夏　怡　雷　杰

前　言

　　近年来,随着我国改革开放的深入,城市建设正在蓬勃发展,建筑业作为国民经济的支柱产业,也随之迅速地发展。工程建设过程中,现浇混凝土结构的比重日渐增大,模板工程已成为结构施工中量大且周转频繁的重要分项工程,对模板工程进行有效的管理控制、节省工程投资、缩短模板工程工期、保证模板工程质量,显得尤为重要。模板工长在其中扮演非常重要的角色,他们的管理控制能力、操作技术水平、安全意识直接关系到施工现场工程施工的质量、进度、成本、安全以及工程项目的工期。

　　为了适应建筑业发展的新形势以及施工管理技术的新动向,不断提高施工现场管理人员素质和工作水平,我们根据国家最新颁布实施的国家标准、规范、规程及行业标准,组织多年来从事模板施工和现场管理的工程师,汇集他们的实际工作经验以及工长工作时所必需的参考资料,编写了此书。

　　书中编入了多种新工艺、新技术,具有很强的针对性、实用性和可操作性。内容深入浅出、通俗易懂。

　　本书体例新颖,包含"本节导读"和"技能要点"两个模块,"本节导读"部分对该节内容进行了概括,并绘制出内容关系框图;"技能要点"部分对框图中涉及的内容进行了详细的说明与分析。力求能够使读者快速把握章节重点,理清知识脉络,提高学习效率。

　　本书在编写过程中得到了有关领导和专家的帮助,在此一并致谢。由于时间仓促,加之作者水平有限,虽然在编写过程中反复推敲核实,但仍不免有疏漏之处,恳请读者热心指正,以便进一步修改和完善。

编　者

目　　录

第一章 模板工程基础知识

第一节 模板工程常用材料

本节导读：

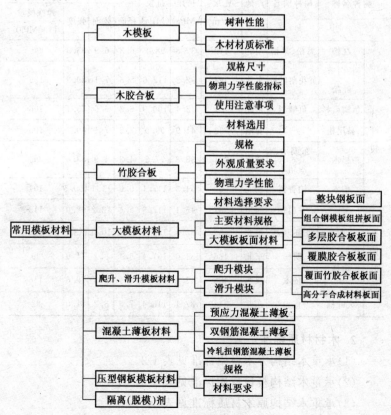

技能要点1：木模板

木模板以及支承系统所选用的木材宜选用Ⅲ级材，不得采用有脆性、严重扭曲和受潮后容易变形的木材。

1. 树种性能

主要树种木材力学性能见表1-1。

表1-1　主要树种木材力学性能

树种名称		树种别名	产地	干表观密度（kg/m³）	顺纹抗压（MPa）	顺纹抗拉（MPa）	顺纹抗剪（MPa）		弯曲（弦向）	
							径面	弦面	强度	弹性模量（100MPa）
针叶树	红松	海松、果松	东北	440	32.8	98.1	6.3	6.9	65.3	90
	长白落叶松	黄花落叶松	东北	594	52.2	112.6	8.8	7.1	89.3	126
	鱼鳞云杉	鱼鳞杉	东北	451	42.4	100.9	6.2	6.5	75.1	106
	马尾松	—	安徽	533	41.9	99.0	7.3	7.1	80.7	105
	杉木	东湖木、西湖木	湖南	371	38.8	77.2	4.2	4.9	83.8	95
	柏木	柏香树	湖北	600	54.3	117.1	9.6	11.1	100.5	101
		香扁柏	四川	581	45.1	117.8	9.4	12.2	98.0	113
阔叶树	水曲柳	曲柳、秦皮	东北	686	52.5	138.7	11.2	10.5	113.6	145
	山杨	明杨	东北	486	34.0	107.4	6.4	8.1	71.0	95
		杨木	陕西	486	42.1	107.0	9.5	7.3	79.6	116
	大叶榆	青榆	东北	548	37.1	116.4	7.5	8.2	81.0	92

2. 木材材质标准

(1)承重木结构方木材质标准见表1-2。

(2)承重木结构板材材质标准见表1-3。

(3)承重木结构原木材质标准见表1-4。

表 1-2 承重木结构方木材质标准

项次	缺陷名称	木材等级		
		Iₐ	IIₐ	IIIₐ
		受拉构件或拉弯构件	受弯构件或压弯构件	受压构件
1	腐朽	不允许	不允许	不允许
2	木节： 在构件任一面任何 150mm 长度上所有木节尺寸的总和，不得大于所在面宽的比例	1/3 (连接部位为 1/4)	2/5	1/2
3	斜纹：斜率不大于 （%）	5	8	12
4	裂缝： 1)在连接的受剪面上 2)在连接部位的受剪面附近，其裂缝深度(有对面裂缝时用两者之和)不得大于材宽的比例	不允许 1/4	不允许 1/3	不允许 不限
5	髓心	应避开受剪面	不限	不限

注：1. Iₐ 等材不允许有死节，IIₐ、IIIₐ 等材允许有死节(不包括发展中的腐朽节)，对于 IIₐ 等材直径不应大于 20mm，且每延米中不得多于 1 个，对于 IIIₐ 等材直径不应大于 50mm，每延米中不得多于 2 个。

2. Iₐ 等材不允许有虫眼，IIₐ、IIIₐ 等材允许有表层的虫眼。

3. 木节尺寸按垂直于构件长度方向测量。木节表现为条状时，在条状的一面不量；直径小于 10mm 的木节不计。

表 1-3 承重木结构板材材质标准

项次	缺陷名称	木材等级		
		Iₐ	IIₐ	IIIₐ
		受拉构件或拉弯构件	受弯构件或压弯构件	受压构件
1	腐朽	不允许	不允许	不允许

续表 1-3

项次	缺 陷 名 称	木 材 等 级		
		Ⅰ_a	Ⅱ_a	Ⅲ_a
		受拉构件或拉弯构件	受弯构件或压弯构件	受压构件
2	木节: 在构件任一面任何 150mm 长度上所有木节尺寸的总和,不得大于所在面宽的比例	1/4 (连接部位为 1/5)	1/3	2/5
3	斜纹;斜率不大于　　　(%)	5	8	12
4	裂缝: 连接部位的受剪面及其附近	不允许	不允许	不允许
5	髓心	不允许	不限	不限

注:同表 1-2。

表 1-4　承重木结构原木材质标准

项次	缺 陷 名 称	木 材 等 级		
		Ⅰ_a	Ⅱ_a	Ⅲ_a
		受拉构件或拉弯构件	受弯构件或压弯构件	受压构件
1	腐朽	不允许	不允许	不允许
2	木节: 1)在构件任一面任何 150mm 长度上所有木节尺寸的总和,不得大于所测部位原木周长的比例	1/4	1/3	不限
	2)每个木节的最大尺寸,不得大于所测部位原木周长的比例	1/10 (连接部位为 1/12)	1/6	1/6
3	斜纹;斜率不大于　　　(%)	8	12	15
4	裂缝: 1)在连接的受剪面上	不允许	不允许	不允许

续表 1-4

项次	缺陷名称	木材等级		
		Ⅰₐ	Ⅱₐ	Ⅲₐ
		受拉构件或拉弯构件	受弯构件或压弯构件	受压构件
4	2)在连接部位的受剪面附近,其裂缝深度(有对面裂缝时用两者之和)不得大于原木直径的比例	1/4	1/3	不限
5	髓心	应避开受剪面	不限	不限

注:1. Ⅰₐ等材不允许有死节,Ⅲₐ等材允许有死节(不包括发展中的腐朽节),直径不应大于原木直径的 1/5,且每 2m 长度内不得多于 1 个。

2. Ⅰₐ等材不允许有虫眼,Ⅱₐ、Ⅲₐ等材允许有表层的虫眼。

3. 木节尺寸按垂直于构件长度方向测量,直径小于 10mm 的木节不计。

技能要点 2:木胶合板

混凝土模板用的木胶合板属于具有高耐气候、耐水性的Ⅰ类胶合板,胶粘剂为酚醛树脂胶,主要用于阿必东、柳安、桦木、马尾松、云南松、落叶松等树种加工。

模板用的木胶合板通常由 5、7、9、11 层等奇数层单板经热压固化而胶合成形。相邻层的纹理方向相互垂直,通常最外层表板的纹理方向和胶合板板面的长向平行,因此,整张胶合板的长向为强方向,短向为弱方向。

1. 规格尺寸

混凝土模板用木胶合板的规格尺寸应符合表 1-5 的规定。

2. 物理力学性能指标

各等级混凝土用木胶合板出厂时的物理力学性能指标应符合表 1-6 的规定。

3. 使用注意事项

(1)未经板面处理的胶合板(又称为白坯板或素板),在使用前应在板面上进行冷涂刷涂料,把常温下固化的涂料胶涂刷在胶合板表面,构成保护膜。

表 1-5　规格尺寸

幅面尺寸				厚度
模数制		非模数制		
宽度	长度	宽度	长度	
—	—	915	1830	≥12~<15
900	1800	1220	1830	≥15~<18
1000	2000	915	2135	≥18~<21
1200	2400	1220	2442	≥21~<24
—	—	1250	2600	

注:其他规格尺寸由供需双方协议。

表 1-6　物理力学性能指标值

项　目		单位	厚度/mm			
			≥12~<15	≥15~<18	≥18~<21	≥21~<24
含水率		%	6~14			
胶合强度		MPa	≥0.70			
静曲强度	顺纹	MPa	≥50	≥45	≥40	≥35
	横纹		≥30	≥30	≥30	≥25
弹性模量	顺纹	MPa	≥6000	≥6000	≥5000	≥6000
	横纹		≥4500	≥4500	≥4000	≥4000
浸渍剥离性能		—	浸渍胶膜纸贴面与胶合板表层上的每一边累计剥离长度不超过 25mm			

　　(2)经表面处理的胶合板,施工现场使用中,一般应注意如下问题:

　　1)脱模后立即清洗板面浮浆,并堆放整齐。

　　2)模板拆除时,严禁抛扔,防止板面处理层的损伤。

　　3)胶合板边角应涂有封边胶,及时清除水泥浆。为了保护模板边角的封边胶,最好在支模时在模板拼缝处粘贴防水胶带或水泥纸袋,加以保护,防止漏浆。

4)胶合板板面尽量不钻孔洞。如遇到预留孔洞,可用普通木板拼补。

4. 木胶合板材料选用

混凝土用木胶合板模板应选用表面平整、四边平直齐整、耐水性能较好的夹板。木胶合板根据制作方法可分为白坯板(表面未经处理)、覆膜胶合板。选用的胶质不同对其防水性能有较大影响,胶用酚醛树脂的防水较好,胶用脲醛一般只宜防潮,使用中应根据不同工程对象和周转次数来确定选择不同品质的胶合板。木胶合板出厂时的绝对含水率不得超过14%。

对平台、楼板、墙体结构宜优先采用胶合板模板,胶合板的尺寸和厚度应根据成品供应情况和模板设计要求选定。

技能要点3:竹胶合板

1. 规格

我国国家标准规定竹胶合板的规格见表1-7、表1-8。

表1-7　竹胶合板长、宽规格

长度(mm)	宽度(mm)	长度(mm)	宽度(mm)
1830	915	2440	1220
2000	1000	3000	1500
2135	915	—	—

表1-8　竹胶合板厚度与层数对应关系参考表

层　数	厚度(mm)	层　数	厚度(mm)
2	1.4～2.5	6	5.0～5.5
3	2.4～3.5	7	5.5～6.0
4	3.4～4.5	8	6.0～6.5
5	4.5～5.0	9	6.5～7.5

续表 1-8

层　　数	厚度（mm）	层　　数	厚度（mm）
10	7.5～8.2	18	14.0～14.5
11	8.2～9.0	19	14.5～15.3
12	9.0～9.8	20	15.5～16.2
13	9.0～10.8	21	16.5～17.2
14	11.0～11.8	22	17.5～18.0
15	11.8～12.5	23	18.0～19.5
16	12.5～13.0	24	19.5～20.0
17	13.0～14.0		

混凝土模板用竹胶合板的厚度为 9mm、12mm、15mm、18mm。

我国建筑行业标准对竹胶合板模板的规格尺寸规定,见表 1-9。

表 1-9　竹胶合板模板规格尺寸　　　（单位:mm）

长　　度	宽　　度	厚　　度
1830	915	
1830	1220	
2000	100	9,12,15,18
2135	915	
2440	1220	
3000	1500	

2. 外观质量要求

涂膜板外观质量除应满足表 1-10 的要求外,还用符合表 1-11 的规定;覆膜板外观质量除应满足表 1-10 的要求外,还应符合表 1-12 的规定。

表 1-10　竹模板外观质量要求

项　　目	检 测 要 求	单位	优等品		合格品	
			表板	背板	表板	背板
腐朽、霉斑	任意部位	—	不允许			
缺损	自工程幅面内	mm²	不允许		≤400	

续表 1-10

项　目	检测要求	单位	优等品		合格品	
			表板	背板	表板	背板
鼓泡	任意部位	—	不允许			
单板脱胶	单个面积 20～500mm²	个/m²	不允许		1	3
	单个面积 20～1000mm²				不允许	2
表面污染	单个污染面积 100～2000mm²	个/m²	不允许		4	不限
	单个污染面积 20～5000mm²				1	
凹陷	最大深度不超过 1mm 单个面积	mm²	不允许	10～500	10～1500	
	单位面积上数量	个/m²	不允许	2	4	不限

表 1-11　涂膜板外观质量要求

项　目	单位	优等品	合格品
涂层流淌不平	—	不允许	
图层缺损	mm²	不允许	≤400
图层鼓泡	—	不允许	

表 1-12　覆膜板外观质量要求

项　目	单位	优等品	合格品
浸渍纸破损	—	不允许	
浸渍纸缺损	mm²	不允许	≤400
覆膜面缝隙与鼓泡	—	不允许	

3. 物理力学性能

(1)我国建筑行业规定,竹胶合板模板的物理力学性能要求应符合表 1-13 的规定。

表 1-13　竹胶合板模板的物理力学性能

项　目		单位	优等品	合格品
含水率		%	≤12	≤14
静曲弹性模量	板长向	MPa	≥7.5×10³	≥6.5×10³
	板宽向	MPa	≥5.5×10³	≥4.5×10³

续表 1-13

项　　目		单位	优等品	合格品
静曲强度	板长向	MPa	≥90	≥70
	板宽向	MPa	≥60	≥50
冲击强度		kJ/m²	≥60	≥50
胶合性能		mm/层	≤25	≤50
水煮、冰冻、干燥的 保存强度	板长向	MPa	≥60	≥50
	板宽向	MPa	≥40	≥35
折减系数		—	0.85	0.80

　　(2)我国林业行业规定,竹胶合板模板的物理力学性能要求应符合表 1-14 的规定。

表 1-14　　A(B)类竹胶合板模板的物理力学性能

项　　目			单位	按纵向弹性模量分型		
				75型(70型)	65型(60型)	55型(50型)
含水率			%	5~14		
静曲强度	干状	纵向	MPa	≥90(≥90)	≥80(≥70)	≥70(≥50)
		横向		≥60(≥50)	≥55(≥40)	≥50(≥25)
	湿状	纵向		≥70(≥70)	≥65(≥55)	≥60(≥40)
		横向		≥50(≥45)	≥45(≥35)	≥40(≥20)
弹性模量	干状	纵向	MPa	$\geq7.5\times10^3$ ($\geq7.0\times10^3$)	$\geq6.5\times10^3$ ($\geq6.0\times10^3$)	$\geq5.5\times10^3$ ($\geq5.0\times10^3$)
		横向		5.5×10^3 ($\geq4.0\times10^3$)	$\geq4.5\times10^3$ ($\geq3.0\times10^3$)	$\geq3.5\times10^3$ ($\geq2.5\times10^3$)
	湿状	纵向		6.0×10^3 ($\geq6.0\times10^3$)	$\geq5.0\times10^3$ ($\geq5.0\times10^3$)	$\geq4.0\times10^3$ ($\geq4.0\times10^3$)
		横向		4.0×10^3 ($\geq3.5\times10^3$)	$\geq3.5\times10^3$ ($\geq3.0\times10^3$)	$\geq3.0\times10^3$ ($\geq2.0\times10^3$)
胶合性能			—	无完全脱离(无完全脱离)		
吸水厚度膨胀率			%	≤5(≤8)		
表面耐磨(磨耗值)			mg/100r	≤70(—)		
表面耐龟裂				≤Ⅰ级(—)		

4. 材料选择要求

选用竹胶合板时应注意无变质、厚度均匀、含水率小等,并优先采用防水胶质型。竹胶合板根据表面处理的不同分为素面板、复木板、涂膜板及覆膜板,表面处理应按《竹胶合板模板》(JG/T 156—2004)的要求进行。竹胶合板通常也配合钢框一起使用。

技能要点 4:大模板材料

1. 主要材料规格

大模板的材料规格要求见表 1-15。

表 1-15 主要材料规格表　　　　(单位:mm)

大模板类型	面板	竖肋	背楞	斜撑	挑架	对拉螺栓
全钢大模板	6mm 钢板	□8	□10	□8、ϕ40	ϕ48×3.5	M30、T20×6
钢木大模板	15~18 胶合板	80×40×2.5	□10	□8、ϕ40	ϕ48×3.5	M30、T20×6
钢竹大模板	12~15 胶合板	80×40×2.5	□10	□8、ϕ40	ϕ48×3.5	M20、T20×6

2. 大模板板面材料

大模板的板面直接与混凝土接触,因此要求表面应平整,具有一定的刚度,并能多次重复使用。

(1)整块钢板面。整块钢板面通常采用 4~6mm 的钢板拼焊而成,优点是能承受较大的混凝土侧压力及其他施工荷载,具有良好的刚度和强度。重复使用次数较多,一般可周转使用 200 次以上。此外,由于钢板面平整光滑,容易清理,耐磨性能较好,这些均有利于提高混凝土的表面质量。缺点是耗钢量较大、重量大(40kg/m²)、容易生锈、无保温功能、损坏后修复困难等。

(2)组合钢模板组拼板面。这种面板的优点是具有一定的刚度和强度,自重较整块钢板面要轻(35kg/m²)。缺点是拼缝较多、整体性差、浇筑的混凝土表面不够光滑、周转使用次数也不如整块钢板面多。

(3)多层胶合板板面。采用多层胶合板,用机螺钉固定于板面结构上。其优点是胶合板货源广泛,价格便宜,板面平整,易于更换,同时还具有一定的保温性能。缺点是周转使用次数较少。

(4)覆膜胶合板板面。以多层胶合板作基材,表面敷以聚氰胺树脂薄膜,具有表面光滑、防水、耐磨、耐酸碱、易脱模(在前8次使用中可以不刷脱膜剂)等特点。

(5)覆面竹胶合板板面。以多层竹片互相垂直配置,经胶粘压接而成。表面涂以酚醛薄膜或其他覆膜材料。优点是吸水率低、膨胀率小、结构性能稳定、强度和刚度好、耐磨、耐腐蚀、阻燃等。此类板面原材料丰富,对开发农村经济、降低工程成本、提高竹材的利用率,都具有一定的意义。

(6)高分子合成材料板面。采用玻璃钢或硬质塑料板作板面,它的优点是自重轻、表面平整光滑、易于脱模、不锈蚀、遇水不膨胀等,缺点是刚度小、怕撞击。

技能要点5:爬升、滑升模板材料

1. 爬升模板

根据模板的周转使用次数、混凝土侧压力和混凝土表面做法的要求,合理地选择模板品种。模板应具有模数化、通用化、拼缝紧密、足够刚度、装拆方便等特点,并应符合如下规定:

(1)模板应选用组合大钢模板、组合钢木模板或大模板。

(2)模板主要材料见表1-16。

表1-16 模板主要材料表

模板部位	模板品种		
	组合大钢模板	组合钢木模板	全钢大模板
面板	4~6mm钢板	15mm胶合板	4~6mm钢板
边框	4~6mm厚 60~80mm宽钢板	特制95mm边框料	6~8mm钢板
加强肋	3~4mm钢板弯折	轻型槽钢	5~6mm钢板
竖肋	—	80×40×2.5钢管	□8槽钢
背楞	□12Q轻型槽钢	□12Q轻型槽钢	□10槽钢

（3）必须保证模板的板面平整。钢模板必须无翘曲、无卷边、无毛刺。木模板必须符合防水要求，不起层，不脱皮。模板的加工质量符合所选模板品种的制作质量标准。

2. 滑升模板

模板应具有通用性、耐磨性好，拼缝紧密，足够刚度，装拆方便等特点，并应符合如下规定：

（1）平模板宜采用模板和围圈合一的组合大钢模板。

（2）模板材料规格，见表1-17。

表 1-17　模板材料规格

部　位	材料名称	规　格	备　注
面板	钢板	4～6mm 厚	
边框	钢板或扁钢	6mm×8mm 或 8mm×80mm	
水平加强肋	槽钢	□8	同提升架连接
竖肋	扁钢或钢板	4mm×60mm 或 6mm×60mm	

（3）模板制作必须板面平整，无卷边、翘曲、孔洞、毛刺等，阴阳角模的单面倾斜度应符合设计要求。

技能要点 6：混凝土薄板材料

1. 预应力混凝土薄板材料要求

（1）预应力筋采用直径 5mm 的高强刻痕钢丝或中强冷拔低碳钢丝，一般配置在薄板截面 1/3～2/5 高度范围内。

（2）混凝土强度等级采用 C30～C40。

2. 双钢筋混凝土薄板材料要求

（1）双钢筋的纵筋宜采用 ϕ8 热轧低碳 Q235 级钢筋，经冷拔成 ϕ5A 级冷拔低碳钢丝。双钢筋的横筋宜采用含碳量小于纵筋的同等材料或 Q235 级钢，直径为 ϕ6.5，经冷拔成 ϕ4 或 ϕ3.5B 级冷拔低碳钢丝。

（2）混凝土强度等级不低于 C30。

3. 冷轧扭钢筋混凝土薄板材料要求

（1）主筋采用冷轧扭钢筋，标志直径为 6.5～8mm，配置在板厚 1/2 位置或稍偏低板底位置。

(2)混凝土强度等级不低于 C30。

技能要点 7:压型钢板模板材料

1. 压型钢板规格

压型钢板的截面一般为梯波形。其规格一般为:板厚 0.75～1.6mm,最厚达 3.2mm;板宽 610～760mm,最宽达 1200mm;板肋高 35～120mm,最高达 160mm,肋宽 52～100mm;板的跨度从1500～4000mm,最经济的跨度为 2000～3000mm,最大跨度达12000mm。板的重量 9.6～38kg/m²。

2. 压型钢板材料要求

(1)压型钢板一般采用 0.75～1.6mm 厚的 Q235 薄钢板冷轧而成。用于组合板的压型钢板,其净厚度(不包括镀锌层或饰面层的厚度)不小于 0.75mm。

(2)用于组合板和非组合板的压型钢板,均应采用镀锌钢板。用作组合板的压型钢板,其镀锌厚度尚应满足在使用期间不致锈蚀的要求。

(3)压型钢板与钢梁采用栓钉连接的栓钉钢材,一般与其连接的钢梁材质相同。

技能要点 8:隔离(脱模)剂

隔离(脱模)剂对于防止模板与混凝土的粘结、保护模板、延长模板的使用寿命,以及保持混凝土墙面的洁净与光滑,都起着重要的作用。

对隔离剂的基本要求是:

(1)容易脱模,不粘结和污染墙面。

(2)涂刷方便,易于干燥和清理。

(3)对模板无腐蚀作用。

(4)材料来源广泛,价格便宜。

隔离剂的种类及配置方法见表 1-18。

表 1-18　隔离剂种类

分类	项目	说　明
油类隔离剂	机柴油	用机油：柴油＝3：7(体积比)配制而成。优点是涂刷方便，脱模效果好。但消耗一定数量的油料，从节约能源方面考虑，应尽量不用
	乳化机油	先将机油加热至 50～60℃，将磷质酸压碎倒入已加热的机油中搅拌使其溶解，再倒入 60～80℃ 的水，搅拌至乳白色为止，然后加入磷酸和苛性钾溶液，继续搅拌均匀。使用时加水冲淡。用于钢模时按乳化机油：水＝1：5调配(体积比)，搅拌均匀后喷涂或刷涂。这种隔离剂用量省，效果好
	妥尔油	用妥尔油：煤油：锭子油＝1：7.5：1.5 配制(体积比)
	机油皂化油	用机油：皂化油：水＝1：1：6(体积比)混合，用蒸汽拌成乳化剂
	—	油类隔离剂可以在低温或负温时使用
水性隔离剂	—	主要有海藻酸钠隔离剂，其配制方法是：海藻酸钠：滑石粉：洗衣粉：水＝1：13.3：1：53.3(质量比)配合而成。先将海藻酸钠浸泡2～3天，再加滑石粉、洗衣粉和水搅拌均匀即可使用，刷涂、喷涂均可
甲基硅树脂隔离剂	—	甲基硅树脂隔离剂为长效隔离剂，刷一次可用 6 次，如成膜好可用到 10 次 甲基硅树脂用乙醇胺作固化剂，质量配合比为 1000：(3～5)。气温低或涂刷速度快时，可以多掺一些乙醇胺；反之，要少掺。甲基硅树脂成膜固化后，透明、坚硬、耐磨、耐热和耐水性能都很好。涂在钢模面上，不仅起隔离作用，也能起防锈、保护作用。该材料无毒，喷、刷均可 配制时容器工具要干净、无锈蚀，不得混入杂质。工具用毕后，应用酒精洗刷干净晾干，由于加入了乙醇胺易固化，不宜多配。故应根据用量配制。当出现变稠或结胶现象时，应停止使用。甲基硅树脂与光、热、空气等物质接触都会加速聚合，应储存在避光、阴凉的地方，每次用过后，必须将盖子盖严，防止潮气进入，储存期不宜超过三个月 在首次涂刷甲基硅树脂隔离剂前，应将板面彻底擦洗干净，打磨出金属光泽，擦去浮锈，然后用棉纱蘸酒精擦洗。板面处理越干净，则成模越牢固，周转使用次数越多。采用甲基硅树脂隔离剂，模板表面不准刷防锈漆。当钢模重刷隔离剂时，要趁拆模后板面潮湿，用扁铲、棕刷、棉丝将浮渣清理干净，否则干固后清理较困难 涂刷隔离剂可以采用喷涂或刷涂，操作要迅速。结膜后，不要回刷，以免起胶，起胶后就起不到隔离剂的作用。涂层要薄而均匀，太厚反而容易剥落

第二节　常用工、机具

本节导读：

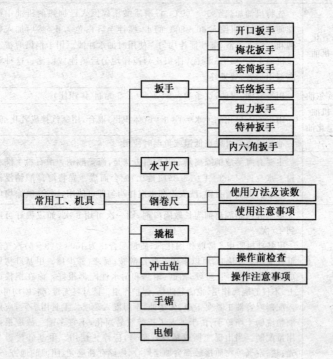

技能要点 1：扳手

1. 开口扳手

（1）开口扳手又称为呆扳手。

（2）开口宽度 6～24mm 范围内有 6 件、8 件两种，适用于拆装一般标准规格的螺栓和螺母。

（3）开口扳手的使用方法。

1）扳口大小应与螺栓、螺母的头部尺寸一致，如图 1-1 所示。

2)扳口厚的一边应置于受力大的一侧,如图1-1所示。

3)扳动时以拉动为好,若必须推动式,可用手掌推动,以防止伤手,如图1-2所示。

正确　　　不正确　　　正确　　　不正确

图 1-1　呆扳手使用方法(一)

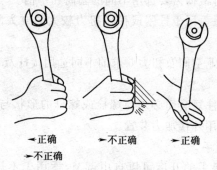

◄正确　　　►不正确　　　►正确

►不正确

图 1-2　呆板手使用方法(二)

(4)开口扳手的使用注意事项。

1)多用于拧紧或拧松标准规格的螺栓或螺母。

2)不可用于拧紧力矩较大的螺母或螺栓。

3)可以上、下套入或者横向插入,使用方便。

2. 梅花扳手

(1)梅花扳手适用于拆装 5~27mm 范围的螺栓或螺母。每套梅花扳手有 6 件和 8 件两种,适用狭窄场合的操作。

(2)梅花扳手两端似套筒,有 12 个角,能将螺栓或螺母的头部套住,工作时不易滑脱。有些螺栓和螺母受周围条件的限制,梅花扳手尤为适用。

(3)梅花扳手的使用方法。

1)扳手扳动 30°后,则可更换位置。

2)使用时,可将螺栓或者螺母的头部全部围住,不易脱落,安全可靠。

3)与呆扳手相比,拧紧或拧松力矩较大,但受空间的限制也较大。

3. 套筒扳手

(1)套筒扳手每套有 13 件、17 件、24 件三种。适用于拆装某些螺栓和螺母由于位置所限,普通扳手不能工作的地方。拆装螺栓或螺母时,可根据需要选用不同的套筒和手柄。

(2)套筒扳手用于拧紧或拧松扭力较大的或头部为特殊形状的螺栓、螺母。

1)根据作业空间及扭力要求的不同选用接杆及合适的套筒进行作业。

2)使用时注意套筒必须与螺栓或螺母的形状与尺寸相适合,一般不允许使用外接加力装置。

4. 活络扳手

(1)活络扳手的开度可以自由调节,适用于不规则的螺栓或螺母。

(2)使用时,应将钳口调整到与螺栓或螺母的对边距离同宽,并使其贴紧,让扳手可动钳口承受推力,固定钳口承受拉力。

(3)扳手长度有 100mm、150mm、200mm、250mm、300mm、375mm、450mm、600mm 几种。

(4)活络扳手的使用方法及注意事项。

1)活络扳手的开口尺寸能在一定范围内任意调节。

2)限于拆装开口尺寸限度以内的螺栓、螺母,对不规则的螺栓、螺母,更能发挥作用。

3)不可用于拧紧力矩较大的螺栓、螺母,以防损坏扳手活动部分。

5. 扭力扳手

扭力扳手用以配合套筒拧紧螺栓或螺母。在工程机械修理中扭力扳手是不可缺少的,如发动机气缸盖螺栓、曲轴轴承螺栓等的紧固都须使用扭力扳手。

6. 特种扳手

特种扳手或称棘轮扳手,应配合套筒扳手使用。一般用于螺栓或螺母在狭窄的地方拧紧或拆卸,它可以不变更扳手角度就能拆卸或装配螺栓或螺母。

7. 内六角扳手

(1)用于拧紧或拧松标准规格的内六角螺栓。

(2)拧紧或拧松的力矩较小。

(3)内六角扳手的选取应与螺栓或螺母的内六方孔相适应,不允许使用套筒等加长装置,以免损坏螺栓或者扳手。

技能要点 2:水平尺

一般水平尺都有三个玻璃管,每个玻璃管中有一个气泡。

将水平尺放在被测物体上,水平尺气泡偏向哪边,则表示哪边偏高,即需要降低该侧的高度,或调高相反侧的高度,将水泡调整至中心,就表示被测物体在该方向是水平的了。原则上,横竖都在中心时,带角度的水泡也自然在中心。

横向玻璃管用来测量水平面,竖向玻璃管用来测量垂直面。另外一个水泡一般是用来测量 45°角的,三个水泡的作用都是测量测量面是否水平。水泡居中则水平,水泡偏离中心,则平面不是水平的。

另外,根据两条交叉线确定一平面的原理,需要同一平面内在两个不平行的位置测量才能确定平面的水平。

技能要点 3:钢卷尺

钢卷尺用来测量较长工件的尺寸或距离。卷尺主要由尺带、盘式弹簧(发条弹簧)、卷尺外壳三部分组成,所谓盘式弹簧,就是像旧式上链式钟表里的发条。当拉出刻度尺时,盘式弹簧被卷紧,产生向回卷的力,当松开刻度尺的拉力时,刻度尺就被盘式弹簧的拉力拉回。

使用前根据所要测量尺寸的精度和范围选择合格的卷尺,保证所用卷尺是合格的并带合格标识。

1. 使用方法及读数

一手压下卷尺上的按钮,一手拉住卷尺的头,就能拉出来测量了。

(1)直接读数法。测量时钢卷尺零刻度对准测量起始点,施以适当拉力,直接读取测量终止点所对应的尺上刻度。

(2)间接读数法。在一些无法直接使用钢卷尺的部位,可以用钢尺或直角尺,使零刻度对准测量点,尺身与测量方向一致;用钢卷尺量取到钢尺或直角尺上某一整刻度的距离,余长用读数法量出。

2. 使用注意事项

钢卷尺的尺带一般镀铬、镍或其他涂料,所以要保持清洁,测量时不要使其与被测表面摩擦,防止划伤。使用卷尺时,拉出尺带不得用力过猛,而应缓慢拉出,用毕也应将它缓慢退回。对于制动式卷尺,应先按下制动按钮,然后缓慢拉出尺带,用毕后按下制动按钮,尺带自动收卷。尺带只能卷,不能折。不允许将卷尺放置在潮湿和有酸类气体的地方,防止锈蚀。为了便于夜间或无光处使用,有的钢卷尺的尺带的线纹面上涂有发光物质,在黑暗中能发光,使人能看清楚线纹和数字,在使用中应注意保护涂膜。

技能要点 4:撬棍

(1)撬棍可用于撬动旋转件或撬开结合面,也可以用于工件的整形。

(2)使用时以撬棍上的某点为支点,在撬棍一端加力使另一端的物体绕支点旋转并撬起。

(3)不可以代替铜棒使用,不可用于软材质结合面。撬棍如图

1-3 所示。

技能要点 5：冲击钻

冲击钻依靠旋转和冲击来工作。单一的冲击是非常轻微的,但每分钟 40000 多次的冲击频率可产生连续的力。可用于天然的石头或混凝土。

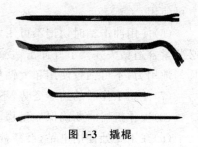

图 1-3　撬棍

1. 操作前检查

(1)操作前必须查看电源是否与电动工具上的常规额定 220VA 电压相符,以免错接到 380VA 的电源上。

(2)在使用冲击钻前,请仔细检查机体绝缘防护、辅助手柄及深度尺调节等情况,机器有无螺钉松动现象。

(3)冲击钻必须按材料要求装入 $\phi 6 \sim \phi 25$mm 允许范围的合金钢冲击钻头或打孔通用钻头。严禁使用超越范围的钻头。

(4)使用冲击钻的电源插座必须配备漏电开关装置,并检查电源线有无破损现象,使用当中发现冲击钻漏电、震动异常、高热或者有异声时,应立即停止工作,及时检查修理。

(5)冲击钻更换钻头时,应用专用扳手及钻头锁紧钥匙,杜绝使用非专用工具敲打冲击钻。

(6)熟练掌握和操作顺逆转向控制机构、松紧螺钉及打孔攻牙等功能。

2. 操作注意事项

(1)工作时务必要全神贯注,不但要保持头脑清醒,更要理性地操作电动工具,严禁疲惫、酒后或服用兴奋剂、药物之后操作机器。

(2)冲击外壳必须有接地线或接中性线保护。

(3)电钻导线要完好,严禁乱拖,防止轧坏、割破。严禁把电线拖置油水中,防止油水腐蚀电线。

(4)检查其绝缘是否完好,开关是否灵敏可靠。

（5）装夹钻头用力适当,使用前应空转几分钟,待转动正常后方可使用。

（6）使用冲击钻时切记不可用力过猛或出现歪斜操作,事前务必装紧合适钻头并调节好冲击钻深度尺,垂直、平衡操作时要缓慢均匀地用力,不可强行使用超大钻头。

（7）注意工作时的站立姿势,不可掉以轻心。

（8）操作机器时要确保立足稳固,并要随时保持平衡。

（9）在干燥处使用电钻,严禁戴手套,防止钻头绞住发生意外。在潮湿的地方使用电钻时,必须站在橡皮垫或干燥的木板上,以防触电。

（10）使用中如发现电钻漏电、震动、高温过过热时,应立即停机待冷却后再使用。

（11）电钻未完全停止转动时,不能卸、换钻头,出现异常情况时其他任何人不得自行拆卸、装配,应交专人及时修理。

（12）停电、休息或离开工作地时,应立即切断电源。

（13）用力压电钻时,必须使电钻垂直,而且固定端要牢固可靠。

（14）中途更换新钻头,应原孔洞进行钻孔,不要突然用力,防止折断钻头发生意外。

（15）使用冲击钻在潮湿地方工作时,必须站在绝缘垫或干燥的木板上进行。登高或在防爆等危险区域内使用必须做好安全防护措施。

（16）工作服要合适,不可穿过于宽松的工作服,更不要戴首饰或留长发,严禁戴手套及袖口不扣操作电动工具。

（17）冲击钻不要随便乱放。工作完毕时,应将电钻及绝缘用品一并放到指定地方。

技能要点 6：手锯

手锯锯条多用碳素工具钢和合金工具钢制成,并经热处理淬

硬。手锯在使用中,锯条折断是造成伤害的主要原因,所以在使用中应注意以下事项:

(1)应根据所加工材料的硬度和厚度去正确地选用锯条。锯条安装的松紧要适度,根据手感应随时调整。

(2)被锯割的工件要夹紧,锯割中不能有位移和振动;锯割线离工件支承点要近。

(3)锯割时要扶正锯弓,防止歪斜,起锯要平稳,起锯角不应超过 15°,角度过大时,锯齿易被工件卡夹。

(4)锯割时,向前推锯时双手要适当地加力;向后退锯时,应将手锯略微抬起,不要施加压。用力的大小应根据被割工件的硬度而确定,硬度大的可加力大些,硬度小的可加小些。

(5)安装或调换新锯条时,必须注意保证锯条的齿尖方向要朝前;锯割中途调换新锯条后,应调头锯割,不宜继续沿原锯口锯剖。当工件快被锯割下时,应用手扶住,以免落下伤脚。

技能要点 7:电刨

电刨是由单相串励电动机经传动带驱动刨刀进行刨削作业的手持式电动工具,具有生产效率高、刨削表面平整、光滑等特点。

电刨由电动机、刀腔结构、刨削深度调节机构、手柄、开关和不可重接插头等组成。

电刨使用安全操作要求如下:

(1)使用前,应认真检查设备有无损坏、电机绝缘是否良好、刨刀有无损伤,确认无误,方可使用。

(2)接通电源前必须把开关置于"断开"位置。

(3)刨削时应做到如下几点:

1)先将电刨提在手中,使其空转 2min,然后再刨削。

2)向前推行时,右手掌握后手柄,左手轻扶前手柄,但左手不得加垂直压力。

3)根据不同木质、不同料宽,选择合理的刨削深度与推进速度。

4)刨刃刃口和刨体底面保持同一水平,否则不能刨削。

(4)使用完毕,应除掉木屑、灰尘等积物。

(5)电刷长度不足 6mm 时,应更换。

第三节 建筑识图知识

本节导读:

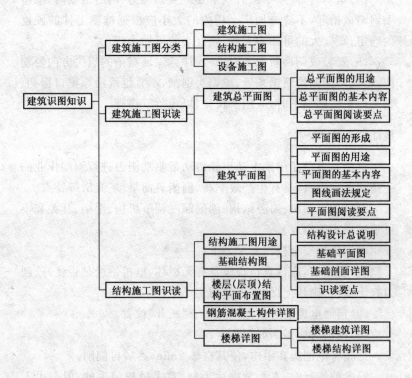

技能要点 1:建筑施工图分类

一套完整的房屋建筑施工图,按其内容和作用的不同,可分为三大类：

（1）建筑施工图，简称建施。其基本图纸包括：建筑总平面图、平面图、立面图和详图等；其建筑详图包括墙身剖面图、楼梯详图、浴厕详图、门窗详图及门窗表，以及各种装修、构造做法、说明等。在建筑施工图的标题栏内均注写建施××号，以供查阅。

（2）结构施工图，简称结施。其基本图纸包括：基础平面图、楼层结构平面图、屋顶结构平面图、楼梯结构图等；其结构详图有：基础详图，梁、板、柱等构件详图及节点详图等。在结构施工图的标题内均注写结施××号，以供查阅。

（3）设备施工图，简称设施。设施包括三部分专业图纸：

1）给水排水施工图。

2）采暖通风施工图。

3）电气施工图：设备施工图由平面布置图、管线走向系统图（如轴测图）和设备详图等组成。在这些图纸的标题栏内分别注写水施××号、暖施××号、电施××号，以便查阅。

技能要点 2：建筑施工图识读

建筑施工图是表达建筑物的外形轮廓、尺寸大小、内部布置、内外装修、各部构造和材料做法的图纸。

1. 建筑总平面图的识读

（1）总平面图的用途。总平面图是一个建设项目的总体布局，表示新建房屋所在基地范围内的平面布置、具体位置以及周围情况。总平面图通常画在具有等高线的地形图上。总平面图的主要用途如下：

1）工程施工的依据（如施工定位、施工放线和土方工程）。

2）是室外管线布置的依据。

3）工程预算的重要依据（如土石方工程量、室外管线工程量的计算）。

（2）总平面图的基本内容。

1）表明新建区域的地形、地貌、平面布置，包括红线位置，各建

（构）筑物、道路、河流、绿化等的位置及其相互间的位置关系。

　　2）确定新建房屋的平面位置。一般根据原有建筑物或道路定位，标注定位尺寸，也可用坐标法定位。

　　3）表明新建筑物的室内地坪、室外地坪、道路的绝对标高；房屋的朝向，一般用指北针，有时用风向频率玫瑰图表示；建筑物的层数用小黑点表示。

　　（3）总平面图阅读要点。

　　1）熟悉总平面图的图例（表 1-19），查阅图标及文字说明，了解工程性质、位置、规模及图纸比例。

　　2）查看建设基地的地形、地貌、用地范围及周围环境等，了解新建房屋和道路、绿化布置情况。

　　3）了解新建房屋的具体位置和定位依据。

　　4）了解新建房屋的室内、外高差，道路标高，坡度以及地表水排流情况。

表 1-19　总平面图图例

序号	名称	图　例	备　注
1	新建建筑物	① 12F/2D H=59.00m	新建建筑物以粗实线表示与室外地坪相接 ±0.00 外墙定位轮廓线 建筑物一般以±0.00 高度处的外墙定位轴线交叉点坐标定位。轴线用细实线表示，并标明轴线号 根据不同设计阶段标注建筑编号，地上、地下层数，建筑高度，建筑出入口位置（两种表示方法均可，但同一图纸采用一种表示方法） 地下建筑物以粗虚线表示其轮廓 建筑上部（±0.00 以上）外挑建筑用细实线表示 建筑物上部连廊用细虚线表示并标注位置
2	原有建筑物		用细实线表示

续表 1-19

序号	名称	图 例	备 注
3	计划扩建的预留地或建筑物		用中粗虚线表示
4	拆除的建筑物		用细实线表示
5	建筑物下面的通道	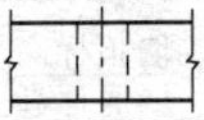	—
6	散状材料露天堆场	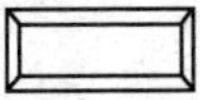	需要时可注明材料名称
7	其他材料露天堆场或露天作业场		需要时可注明材料名称
8	铺砌场地	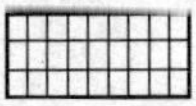	—
9	敞棚或敞廊	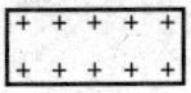	—
10	高架式料仓	 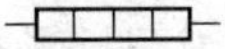	—
11	漏斗式贮仓		左、右图为底卸式,中图为侧卸式
12	冷却塔(池)		应注明冷却塔或冷却池
13	水塔、贮罐	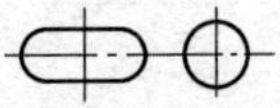	左图为卧式贮罐,右图为水塔或立式贮罐
14	水池、坑槽		也可以不涂黑
15	明溜矿槽(井)	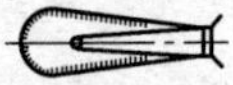	
16	斜井或平硐	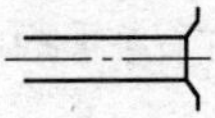	

续表 1-19

序号	名称	图　例	备　注
17	烟囱		实线为烟囱下部直径,虚线为基础,必要时可注写烟囱高度和上、下口直径
18	围墙及大门	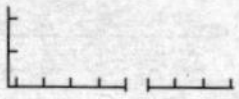	—
19	挡土墙	 5.00 1.50	挡土墙根据不同设计阶段的需要标注 墙顶标高 墙底标高
20	挡土墙上设围墙		—
21	台阶及无障碍坡道	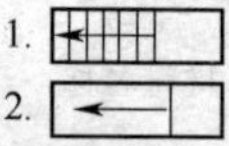 1. 2.	1. 表示台阶(级数仅为示意); 2. 表示无障碍坡道
22	露天桥式起重机	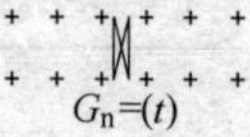 $G_n=(t)$	起重机起重量 G_n,以吨计算,"+"为柱子位置
23	露天电动葫芦	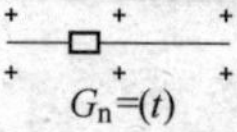 $G_n=(t)$	起重机起重量 G_n,以吨计算,"+"为支架位置
24	门式起重机	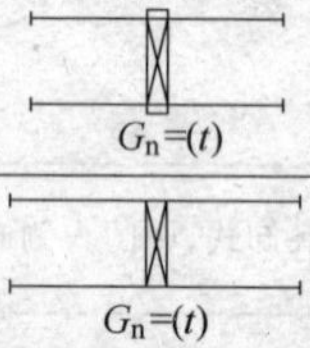 $G_n=(t)$ $G_n=(t)$	起重机起重量 G_n,以吨计算,上图表示有外伸臂,下图表示无外伸臂
25	架空索道	 ⊢　　⊢	"I"为支架位置
26	斜坡、卷扬机道	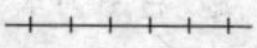	—
27	斜坡栈桥(皮带廊等)	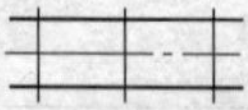	细实线表示支架中心线位置
28	坐标	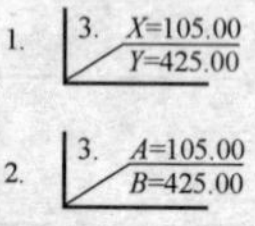 1.　3. $X=105.00$ 　　　$Y=425.00$ 2.　3. $A=105.00$ 　　　$B=425.00$	1. 表示地形测量坐标系;2. 表示自设坐标系;3. 坐标数字平行于建筑标注

续表 1-19

序号	名称	图例	备注
29	方格网、交叉点标高	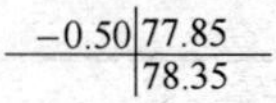 -0.50 | 77.85 ———— 78.35	"78.35"为原地面标高,"77.85"为设计标高,"-0.50"为施工高度,"$-$"表示挖方("$+$"表示填方)
30	填方区、挖方区、未整平区及零线	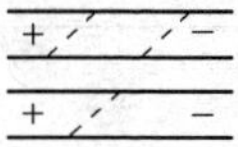	"$+$"表示填方区,"$-$"表示挖方区,中间为未整平区,点画线为零点线
31	填挖边坡	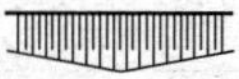	
32	分水脊线与谷线	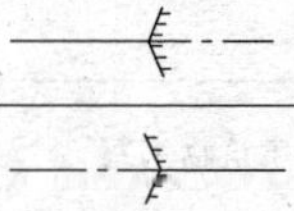	上图表示脊线,下图表示谷线
33	洪水淹没线	 — — — — —	洪水最高水位以文字标注
34	地表排水方向		
35	截水沟	 40.00	—
36	排水明沟	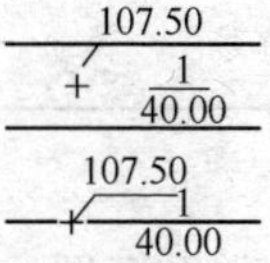 107.50 $+$ | 1 40.00 107.50 40.00	上图用于比例较大的图面,下图用于比例较小的图面,"1"表示 1% 的沟底纵向坡度,"40.00"表示变坡点间距离,箭头表示水流方向,"107.50"表示沟底变坡点标高(变坡点以"$+$"表示)
37	有盖板的排水沟	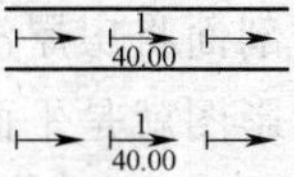 → | 1 40.00 → | 1 40.00	—
38	雨水口	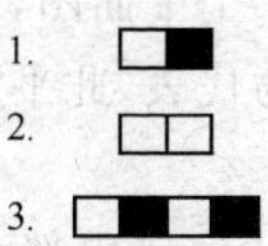 1. 2. 3.	1. 雨水口;2. 原有雨水口;3. 双落式雨水口

续表 1-19

序号	名称	图　例	备　注
39	消火栓井		—
40	急流槽		箭头表示水流方向
41	跌水		
42	拦水(闸)坝		—
43	透水路堤		边坡较长时,可在一端或两端局部表示
44	过水路面		—
45	室内地坪标高	151.00 (±0.00)	数字平行于建筑物书写
46	室外地坪标高	143.00	室外标高也可采用等高线
47	盲道		—
48	地下车库入口		机动车停车场
49	地面露天停车场		—
50	露天机械停车场		露天机械停车场

2. 建筑平面图识读

(1)平面图的形成。建筑平面图,简称平面图,实际上是一幢房屋的水平剖面图。它是假想用一水平剖面将房屋沿门窗洞口剖开,移去上部分,剖面以下部分的水平投影图就是平面图。

对于楼层房屋,一般应每 1 层都画 1 个平面图,当有几层平面布置完全相同时,可只画 1 个平面图作为代表,此平面图称标准平面图,但底层和顶层要分别画出。

(2)平面图的用途。平面图主要表达房屋内部水平方向的布

置情况,其主要用途是:

1)平面图是施工放线,砌墙、柱,安装门窗框、设备的依据。

2)平面图是编制和审查工程预算的主要依据。

(3)平面图的基本内容。

1)表明建筑物的平面形状,内部各房间包括走廊、楼梯、出入口的布置及朝向。

2)表明建筑物及其各部分的平面尺寸。平面图中用轴线和尺寸线标注各部分的长宽尺寸和位置。平面图一般标注三道外部尺寸。最外面一道表示建筑物总长度和总宽度的尺寸称外包尺寸;中间一道是轴线之间的尺寸,表示开间和进深,称轴线尺寸;最里面一道表示门窗洞口、窗间墙、墙厚等局部尺寸,称细部尺寸。平面图内还标注内墙、门、窗洞口尺寸,内墙厚以及内部设备等内部尺寸。此外,平面图还标注柱、墙垛、台阶、花池、散水等局部尺寸。

3)表明地面及各层楼面标高。

4)表明各种门、窗位置,代号和编号,以及门的开启方向。门的代号用 M 表示,窗的代号用 C 表示,编号数用阿拉伯数字表示。

5)表示剖面图剖切符号、详图索引符号的位置及编号。

(4)图线画法规定。在平面图中,被水平剖面剖切到的墙、柱断面的轮廓线用粗实线表示;被剖切到的次要部分的轮廓线(如墙面抹灰、隔墙等)和未剖切到的可见部分的轮廓线(如墙身、阳台等)用中实线表示;未剖切到的吊柜、高窗等和不可见部分的轮廓线(如管沟)用中虚线表示;比例较小的构造柱在底图上涂黑表示。

(5)平面图阅读要点。

1)熟悉建筑配件图例、图名、图号、比例及文字说明。

2)定位轴线。所谓定位轴线是表示建筑物主要结构或构件位置的点画线。凡是承重墙、柱、梁、屋架等主要承重构件都应画上轴线,并编上轴线号,以确定其位置;对于次要的墙、柱等承重构件,则编附加轴线号确定其位置。

技能要点 3:结构施工图识读

结构施工图是表示建筑物的承重构件(如基础、承重墙、梁、板、柱等)的布置、形状大小、内部构造和材料做法等的图纸。

1. 结构施工图的用途

(1)施工放线,构件定位,支模板,绑扎钢筋,浇筑混凝土,安装梁、板、柱等构件以及编制施工组织设计的依据。

(2)编制工程预算和工料分析的依据。

2. 基础结构图

基础结构图(又称基础图),是表示建筑物室内地面(± 0.000)以下基础部分的平面布置和构造的图样,基础图包括基础平面图、基础剖面图(详图)及有关文字说明。阅读基础图首先要看结构设计总说明(一般小工程不单编此图)或文字说明,再看基础平面图和基础详图。

(1)结构设计总说明。以文字为主,内容为全局性的。主要内容有:

1)施工图主要设计依据,如地质勘探报告等。

2)自然条件,如风荷载、地震荷载等。

3)材料强度等级及要求,标准图的使用,统一的构造做法等。

没有结构设计总说明的,一般都有文字说明,主要包括与± 0.000相当的绝对标高(或相对标高)、地耐力、材料强度等级、开槽及验槽要求等有关内容。

(2)基础平面图。基础平面图的形成是假想用一个水平面沿房屋的地面与基础之间把整幢房子剖开后,将剖切平面以上的房屋和四周的泥土移去向下投影而得。基础平面图中一般只画出墙身线(图中画粗实线)和基础底面线(图中画细实线),而其他细部,如大放脚等一般省略不画。

基础平面图是表示基础的平面砌筑情况的,即表示基础墙、垫层、留洞、构件布置的平面关系。基础墙留洞是安装上下水道要求的,应配合给排水施工图阅读。管沟是暖气管道要求的,要配合暖气施工图阅读。

　　基底标高有时是变化的,同一房屋基础标高有时不一样,表示方法常在标高变化处用一纵剖面画在相对应的平面图附近。若高差过大,一般用水平长 1m 错台 0.5m 相衔接。

　　剖面符号及有关代号、基础做法不同时,均以不同的剖面图表示,并标以不同的剖面符号,如 1-1、2-2 等。

　　构造柱常与基础梁(地梁)或承台梁现浇在一起,常表示为 JL—1 或 DL—1、GZ 等。

　　(3)基础剖面详图。基础剖面详图的作用主要是表明基础各组成部分的具体结构和构造做法,一般用垂直剖面表示。识读基础剖面详图常看以下方面内容:

　　基础和墙体所用材料;基础和墙的尺寸,如垫层、大放脚、基础墙的尺寸;基底标高和基础一共砌筑的高度;防潮层的位置和做法;基础梁的位置和管沟的剖面做法等。

　　条形基础一般用一个剖面表示即可;对于较复杂的独立柱基础,有时还加一个平面局部剖面图,在其左下角采用局部剖面,表示基础的网状配筋情况。

　　(4)基础结构图的识读要点。

　　1)轴线网:轴线的排列、编号应与建施中的平面图一致。

　　2)基础的平面布置及尺寸。基础的平面形状应与底层平面图一致,图中以涂黑表示基础墙,细实线为基础边线;基础墙及基础底面与轴线的位置关系亦示于图中。

　　3)基础预留洞口、管沟、构造柱及基础圈梁的位置和表示方法。图中以涂黑小方块表示构造柱的位置。

　　4)由断面符号的位置及编号阅读详图。详图的图名、编号与基础平面图的编号应一致,对照阅读。详细阅读内容包括:基础各部位的构造形式、材料、配筋、尺寸及标高等。

3. 楼层(屋顶)结构平面布置图的识读

楼层结构平面布置图也叫梁板平面结构布置图,内容包括定位轴线网、墙、楼板、框架、梁、柱及过梁、挑梁、圈梁的位置,墙身厚度等尺寸,要与建筑施工图一致(交圈)。

(1)梁。梁用点画线表示其位置,旁边注以代号和编号。L 表示一般梁(XL 表示现浇梁);TL 表示挑梁;QL 表示圈梁;GL 表示过梁;LL 表示连系梁;KJ 表示框架。梁、柱的轮廓线,一般画成细虚线或细实线。圈梁一般加画单线条布置示意图。

(2)墙。楼板下墙的轮廓线,一般画成细或中粗的虚线或实线。

(3)柱。截面涂黑表示钢筋混凝土柱,截面画斜线表示砖柱。

(4)楼板。

1)现浇楼板:在现浇板范围内画一对角线,线旁注明代号 XB 或 B、编号、厚度。如 XB_1 或 B_1、XB-1 等。

现浇板的配筋有时另用剖面详图表示,有时直接在平面图上画出受力钢筋形状,每类钢筋只画一根,注明其编号、直径、间距。如①$\phi6@200$,②$\phi8/\phi6@200$ 等,前者表示 1 号钢筋,HPB300 级钢筋,直径 6mm,间距为 200mm,后者表示直径为 8mm 及 6mm 钢筋交替放置,间距为 200mm。分布配筋一般不画,另以文字说明。

有时采用折倒断面(图中涂黑部分)表示梁板布置支承情况,并注出板面标高和板厚。

2)预制楼板:常在对角线旁注明预制板的块数和型号,如 4YKB339A2 则表示 4 块预应力空心板,标志尺寸为 3.3m 长、900mm 宽,A 表示 120mm 厚(若为 B,则表示 180mm 厚),荷载等级为 2 级。

为表明房间内不同预制板的排列次序,可直接按比例分块画出。

当板布置相同的房间,可只标出一间板布置并编上甲、乙或

B1、B2(现浇板有时编 XB_1、XB_2),其余只写编号表示类同。

(5)楼梯的平面位置。楼梯的平面位置常用对角线表示,其上标注"详见结施××"字样。

(6)剖面图的剖切位置。一般在平面图上标有剖切位置符号,剖面图常附在本张图纸上,有时也附在其他图纸上。

(7)构件表和钢筋表。一般编有预制构件表,统计梁板的型号、尺寸、数目等。钢筋表常标明其形状尺寸、直径、间距或根数、单根长、总长、总重等。

(8)文字说明。文字说明用于图线难以表达或对图纸有进一步的说明时,如说明施工要求、混凝土强度等级、分布筋情况、受力钢筋净保护层厚度及其他等。

4. 钢筋混凝土构件详图

钢筋混凝土构件有现浇和预制两种。预制构件因有图集,叫不必画出构件的安装位置及其与周围构件的关系。现浇构件要在现场支模板、绑钢筋、浇混凝土,需画出梁的位置、支座情况。

(1)现浇钢筋混凝土梁、柱结构详图。梁、柱的结构详图一般包括梁的立面图和截面图。

1)立面图(纵剖面):立面图表示梁、柱的轮廓与配筋情况,因是现浇,一般画出支承情况、轴线编号。梁、柱的立面图纵横比例可以不一样,以尺寸数字为准。图上还画有剖切线符号,表示剖切位置。

2)截面图:可以了解到沿梁、柱长、高方向钢筋的所在位置、箍筋的肢数。

3)钢筋表:钢筋表包括构件编号、形状尺寸直径、单根长、根数、总长、总重等。

(2)预制构件详图。为加快设计速度,对通用、常用构件常选用标准图集。标准图集有国标、省标及各院自设的标准。一般施工图上只注明标准图集的代号及详图的编号,不绘出详图。查找标准图时,先要弄清是哪个设计单位编的图集,看总说明,了解编号方法,再按目录页次查阅。

5. 楼梯详图

楼梯详图主要表示楼梯的类型,平、剖面尺寸,结构形式及踏步、栏杆等装修做法。

(1)楼梯建筑详图。楼梯建筑详图一般包括楼梯平面图、剖面图、踏步及栏杆大样等。

1)楼梯平面详图:每一层楼的建筑平面图都有1个楼梯平面。如3层以上的房屋,当中间各层的楼梯段数、踏步数及尺寸都相同时,则只画底层、中间标准层和顶层3个平面图即可。

①底层平面图。是假设从第1梯段水平剖开而得。图上梯段的每一格表示一级踏步,折断线一般习惯画成45°线。注有"上"字的长箭头,表示从底层向上的方向,梯段边双线是栏杆。

②中间层(标准层)平面图。剖切位置在该层往上走的第1梯段中间。完整的梯段是往下走的一段。折断线的左和右各代表上和下2个楼层的相应梯段。

③顶层平面图。剖切位置在顶层楼面安全栏杆之上,所以2个楼段上都没有折断线。注有"下"的箭头表示从此往下到下一层。顶层楼面上的栏杆叫安全栏杆。

2)楼梯剖面图:楼梯纵剖面位置是通过各层第1梯段,被剖切到的踏步、平台板、楼板、安全栏杆、墙、梁等截面需按材料图例画出,未剖到的可见的栏杆,第2梯段侧面则用细实线表示其轮廓。从剖面图上可以看到房屋层数、梯段数、级数、各层楼面、平台板板面标高,各梯段的长高尺寸及栏杆高度。

(2)楼梯结构详图。常见楼梯一般分为梁式和板式两种结构形式,也分现浇和预制两种。

当楼梯为预制(选用楼梯图集)时,需标明选用的预制钢筋混凝土构件的型号和构件搭接处的节点构造。

第二章　模板工程施工管理

第一节　施工计划管理

本节导读：

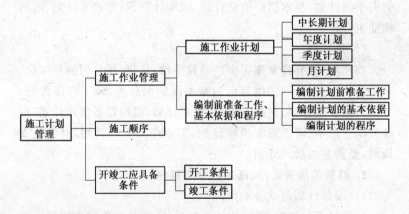

技能要点 1：施工作业管理

1. 施工作业计划

(1)中长期计划。

1)作用：指明发展方向、经营方针和经营目标。

2)内容：中长期计划的内容包括经营基本方针、经营目标、市场开拓规划、技术开发规划、人员与装备规划、基地建设规划、多种经营规划、企业体制改革和管理手段现代化规划。

(2)年度计划。

1)作用:贯彻经营方针,实现经营目标,指导全年施工生产经营活动。

2)内容:年度计划的内容包括综合经济效益计划,承包工程计划,施工计划,劳动、工资计划,材料供应计划,机械设备配置计划,技术组织措施计划,成本计划,财务计划,附属辅助生产计划,本身基建和企业改造计划,职工培训计划。

(3)季度计划。

1)作用:贯彻、落实年度计划,控制月计划。

2)内容:季度计划的内容包括综合经济效益计划、施工计划、劳动生产率及职工人数计划、物资采购运输和供应计划、机械设备能力平衡计划、技术组织措施计划、成本计划、财务收支计划、附属辅助生产计划。

(4)月计划。

1)作用:指导日常施工生产经营活动,是年、季计划的具体化。

2)内容:月计划的内容包括基本指标汇总表,施工进度计划,劳动力需要量计划,材料、半成品需要计划,机械设备使用计划,提高劳动生产率、降低成本措施计划,工业产品生产计划,财务收支计划,经营业务活动计划。

2. 编制前准备工作、基本依据和程序

(1)编制计划前准备工作。

1)编好单位工程预算,进行工料分析,提出降低成本措施。

2)根据总进度、总平面等的要求确定施工进度和平面布置。

3)签订分包协议或劳务合同。

4)主要材料设备和施工机具的准备。

5)施工测量和抄平放线。

6)劳动力的配备。

7)施工技术培训和安全交底等。

(2)编制计划的基本依据。

1)年、季计划;施工组织设计;施工图纸;有关技术资料和上级文件;施工合同等。

2)上一计划期的工程实际完成情况;新开工程的施工准备工作情况。

3)计划期内的物资、加工品、机械设备的落实情况。

4)实际可能达到的劳动效率、机械的台班产量、材料消耗定额等。

(3)编制计划的程序。

编制计划程序如图 2-1 所示。

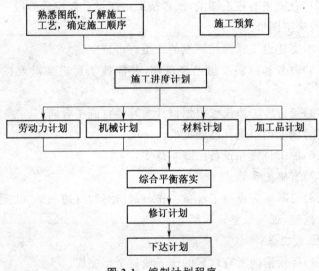

图 2-1 编制计划程序

技能要点 2:施工顺序

施工顺序是指一个建设项目(包括生产、生活、主体、配套、庭园、绿化、道路以及各种管道等)或单位工程,在施工过程中应遵循的合理的施工顺序。对于一个工程的全部项目来讲,应该是:

(1)首先搞好基础设施,包括红线外的给水、排水、电、通信、煤气热力、交通道路等;后红线内。

（2）红线内工程，先全场性的，包括场地平整、道路、管线等，后单项；先地下，后地上。

（3）全部工程在安排时要主体工程和配套工程（变电室、热力点、污水处理等）相适应，力争配套工程为施工服务，主体工程竣工时能投产使用。

技能要点 3：开竣工应具备条件

1. 开工条件

（1）有完整的施工图纸，或者按照组织设计规定分阶段所必须具备的施工图纸。

（2）有建设主管部门签发的施工许可证。

（3）财务和材料渠道已经落实，并能按工程进度需要拨料和拨款。

（4）签订施工协议或根据设计预算签订施工合同。

（5）施工组织设计已经批准。

（6）加工订货和设备已基本落实。

（7）有施工预算。

（8）已基本完成施工准备工作，现场达到"三通一平"（即水通、电通、路通，现场平整）。

2. 竣工条件

（1）经批准的所有规定的施工项目全部完成。

（2）工业项目要达到试运转或投产；民用工程要达到使用要求。

（3）主要的附属配套工程，如变电室、锅炉房或热力点、给水排水、煤气、通信等已能交付使用。

（4）建筑物周围按照规定进行平整和清理。做好周边园林绿化。

（5）工程质量经验收合格。

第二节　施工技术管理

本节导读：

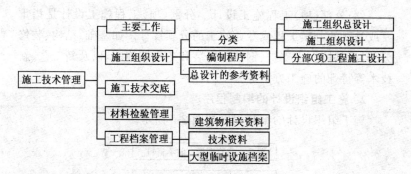

技能要点 1：施工技术管理的主要工作

施工技术管理的主要工作包括如下内容：

(1)结合建筑设计要求，进行施工图纸会审。

(2)编制施工组织设计，并对施工人员进行技术交底。

(3)进行材料试验，保证使用材料的质量。

(4)贯彻施工技术措施，做好施工管理工作。

(5)进行施工质量检验，整理工程档案，最后进行竣工验收。

技能要点 2：施工组织设计

1. 施工组织设计分类

(1)施工组织总设计。施工组织总设计是以整个建设项目或建筑群为对象，对整个工程施工进行全盘考虑、全面规划，用来指导全场性的施工准备和有计划地运用施工力量开展施工活动，确定拟建工程的施工期限、施工顺序、施工的主要方法、重大技术措施、各种临时设施的需要量及施工现场的总平面布置，并提出各种技术物资的需要量,为施工准备创造条件。

(2)施工组织设计(或施工设计)。施工设计是以单项工程或者单位工程为对象,用以直接指导单位工程或单项工程的施工,在施工组织总设计的指导下,具体安排人力、物力和建筑安装工作,并且是制定施工计划和作业计划的依据。

(3)分部(项)工程施工设计。分部(项)工程施工设计是指重要或是新的分项工程或专业施工的分项设计。如基础、结构、装修分部,深基坑挡土支护、钢结构安装和冬雨期施工,以及新工艺、新技术等特殊的施工方法等。

2. 施工组织设计的编制程序

施工组织设计的编制程序如图 2-2 所示。

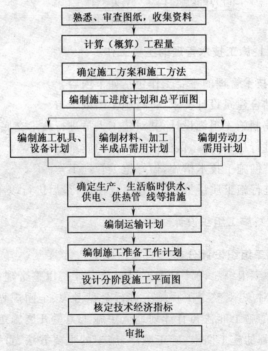

图 2-2　施工组织设计的编制程序

3. 编制施工组织总设计的参考资料

编制施工组织总设计所需的自然技术经济条件参考资料及主要技术经济指标,见表 2-1。

表 2-1　参考资料及技术经济指标

类别	名称	内 容 说 明
自然条件资料、地形资料	建设地区地形图	比例尺一般不小于 1∶2000,等高线差为 5～10m,图上应注明居住区、工业区、自来水厂、车站、码头、交通道路和供电网路等位置
	工程位置地形图	比例尺一般为 1∶2000 或 1∶1000,等高线差为 0.5～1.0m,应注明控制水准点、控制桩和 100～200m 方格坐标网
工程地质资料	建设地区钻孔布置图、工程地质剖面图、地区土层物理力学性质资料,土层试验报告,地震试验	表明地下有无古墓、洞穴、枯井及地下构筑物等满足确定土方和基础施工方法的要求
水文资料	地下水资料	表明地下水位及其变化范围,地下水的流向、流速和流量,水质分析等
	地面水资料	邻近的江河湖泊及距离,洪水、平水及枯水期的水位、流量和航道深度,水质分析等
气象资料	气温资料	年平均、最高、最低温度,最热、最冷月的逐月平均温度,冬、夏季室外计算温度,不大于 -3℃、0℃、5℃ 的天数及起止时间等
	降雨资料	雨季起讫时间、全年降水量及日最大降水量
	风的资料	主导风向及频率,全年 8 级以上大风的天数及时间
技术经济资料	地方资料情况	当地有无可供生产建筑材料及建筑配件的资源,如石灰岩、石山、河沙、黏土、石膏及地方工业的副产品(粉煤灰、矿渣等)及其蕴藏量、物理化学性能及有无开采价值

续表 2-1

类别	名称	内 容 说 明
技术经济资料	建筑材料构件生产供应情况	1) 当地有无采料场、建筑材料和构配件生产企业,其分布情况及隶属关系,其产品种类和规格,生产和供应能力,出厂价格、运输方式、运距、运费等 2) 当地建筑材料市场情况
	交通运输情况	1) 铁路:邻近有无可供使用的铁路专用线,车站与工地的距离、装卸条件、装卸费及运费等 2) 公路:通往工地的公路等级、宽度、允许最大载重量,桥涵的最大承载力和通过能力,当地可提供的运力和车辆修配能力 3) 水运和空运的有关情况
	供水、供电情况	1) 从地区电力网取得电力的可能性、供应量、接线地点及使用条件等 2) 水源及可供施工用水的可能性、供水量、连接地点,现有给水管径、埋深、水压等
	劳动力及生活设施情况	1) 当地可提供的劳动力及劳动力市场情况,可作为施工工人和服务人员的数量和文化技术水平 2) 建设地区现有的可供施工人员用的职工宿舍、食堂、浴室、文化娱乐设施的数量、地点、面积、结构特征、交通和设备条件等
技术经济指标	施工工期	从工程正式开工到竣工所需要的时间
	劳动生产率	1) 产值指标 建安工人劳动生产率= $\dfrac{\text{自行完成施工产值}}{\text{建安工人(包括徒工、民工)平均人数}}$(元 / 人) 2) 实物量指标 ① 工人劳动生产率= $\dfrac{\text{完成某工种工程量}}{\text{某工种平均人数}}$(工程量单位/人) ② 单位工程量用工= $\dfrac{\text{全部劳动工日数}}{\text{竣工面积}}$(工日/单位工程量)
	劳动力不均衡系数 K	$K=\dfrac{\text{施工期高峰人数}}{\text{施工期平均人数}}$

续表 2-1

类别	名称	内 容 说 明
技术经济指标	降低成本额和降低成本率	降低成本额＝预算成本－计划成本 $降低成本率＝\dfrac{降低成本额}{预算成本}×100\%$
	其他指标	1)$机械利用率＝\dfrac{某种机械平均每台班实际产量}{某种机械台班定额产量}×100\%$ 2)$临时工程投资比＝\dfrac{全部临时工程投资}{建安工程总值}$ 3)$机械化施工程度＝\dfrac{机械化施工完成工作量(实物量)}{总工作量(实物量)}$ $×100\%$

技能要点 3:施工技术交底

在条件许可的情况下,施工单位最好能在扩大初步设计阶段就参与制订工程的设计方案,实行建设单位、设计单位、施工单位"三结合"。这样,施工单位可以提前了解设计意图,可以及时将施工信息反馈,使设计能适应施工单位的技术条件、设备和物资供应条件,确保设计质量,避免设计返工。

施工单位应根据设计图纸作施工准备,制定施工方案,进行技术交底。技术交底分工和内容见表 2-2。

表 2-2 技术交底分工和内容

交底部门	交底负责人	参加单位和人员	技术交底的主要内容
施工企业(公司)	总工程师	有关施工单位的行政、技术负责人、公司职能部门负责人	1)由公司负责编制的施工组织设计 2)由公司决定的重点工程、大型工程或技术复杂工程的施工技术关键性问题 3)设计文件要点及设计变更洽商情况 4)总分包配合协作的要求、土建和安装交叉作业的要求 5)国家、建设单位及公司对该工程的工期、质量、成本、安全等要求 6)公司拟采取的技术组织措施

续表 2-2

交底部门	交底负责人	参加单位和人员	技术交底的主要内容
项目经理部	主任工程师（总工程师）	单位工程负责人、技术员、质量检查员、安全员、职能部门的有关人员、内部协作（或分包）人员	1)由项目经理部编制的施工组织设计或施工方案 2)设计文件要点及设计变更、洽商情况 3)关键性的技术问题、新操作方法和有关技术规定 4)主要施工方法和施工程序安排 5)保证进度、质量、安全、节约的技术组织措施 6)材料结构的试验项目
基层施工单位	项目技术负责人或技术人员	参与施工的各班组负责人及有关技术骨干工人	1)落实有关工程的各项技术要求 2)提出施工图纸上必须注意的尺寸,如轴线、标高、预留孔洞、预埋件镶入构件的位置、规格、大小、数量等 3)所用各种材料的品种、规格、等级及质量要求 4)混凝土、砂浆、防水、保温、耐火、耐酸、防腐蚀材料等的配合比和技术要求 5)有关工程的详细施工方法、程序、工种之间,土建与各专业单位之间的交叉配合部位、工序搭接及安全操作要求 6)各项技术指标的要求,具体实施的各项技术措施 7)设计修改、变更的具体内容或应注意的关键部位 8)有关规范、规程和工程质量要求 9)结构吊装机械、设备的性能、构件重量、吊点位置、索具规格尺寸、吊装顺序、节点焊接、支承系统以及注意事项 10)在特殊情况下,应知应会应注意的问题

技能要点 4:材料检验管理

(1)用于施工的原材料、成品、半成品、设备等,必须由供应部门提出合格证明文件。对没有证明文件或虽有证明文件但技术领导或质量管理、试验部门认为有必要复验的材料,在使用前必须进行抽查、复验,证明合格后才能使用。

(2)钢材、水泥、砖、焊条等结构用的材料除应有出厂证明或检验单外,还要根据规范和设计的要求进行检验。

(3)高低压电缆和高压绝缘材料,要进行耐压试验。

(4)混凝土、砂浆、防水材料的配合比,应先提出试配要求,经试验合格后才能使用。

混凝土试块要按现行《混凝土结构工程施工质量验收规范(2011版)》(GB 50204—2002)的有关要求留置和检验。

(5)钢筋混凝土构件及预应力钢筋混凝土构件也应按上述规范进行抽样试验。

(6)必须对预制厂等工厂生产的成品、半成品进行严格检查,签发出厂合格证。不合格的不能出厂。

(7)新材料、新产品、新构件,要对其做出技术鉴定,制定出质量标准及操作规程后,才能在工程上使用。

(8)在现场配制的建筑材料,如防水材料、防腐蚀材料、耐火材料、绝缘材料、保温材料、润滑材料等,均应按试验室确定的配合比和操作方法进行施工。

(9)加强对工业设备和施工机械的检查、试验和试运转工作。设备运到现场后,安装前必须按照有关技术规范、规程进行检查验收,做好记录。

技能要点 5:工程档案管理

1. 建筑物相关资料

有关建筑物合理使用、维护、改建扩建的参考文件资料,工程竣工时提交建设单位保存。主要内容有:

(1)施工执照,地质勘探资料。

(2)永久水准点的坐标位置,建筑物、构筑物以及其基础深度等的测量记录。

(3)竣工部分一览表(竣工工程名称、位置、结构层次、面积或规格、附有的设备装置和工具等)。

(4)图纸会审记录、设计变更通知单和技术核定单。

（5）隐蔽工程验收记录（包括打桩、试桩、吊装记录）。

（6）材料、构件和设备质量合格证明（包括出厂证明、质量保证书）。

（7）成品及半成品出厂证明及检验记录。

（8）工程质量事故调查和处理记录。

（9）土建施工必要的试验、检验记录：

1）结构混凝土以及砂浆试块强度记录，按照施工顺序排列编号，注明结构部位，将试验室的试验单原件以及汇总表装订成册。

2）混凝土抗渗试验资料。

3）土质与密度试验资料，在基础施工时应分步取样并绘制部位图存档。

4）沥青玛碲脂试验记录。

5）耐酸耐碱试验记录。

（10）设备安装及暖气、卫生、电气、通风工程施工试验记录。

（11）施工记录，一般应包括以下内容：

1）地基处理记录：主要是指基础验槽时设计单位和勘探单位的处理意见，必要时绘制地基处理图；特殊地层处理如打桩、暗沟处理加固、重锤夯实等，按操作要求记录；分包配合施工者，由总包和分包单位一起做验收记录。

2）工程质量事故、安全事故处理记录：事故部位、发生原因、处理办法、处理后的情况应用文字或图表记录，必要时用照片和录像将事故记录下。

3）预制构件吊装记录：主要指厂房、大型预制构件的吊装过程记录，焊接记录和测试、验收记录。

4）新技术、新工艺及特殊施工项目的有关记录。如滑模、升板工程的偏差记录等。

5）预应力构件现场施工及张拉记录。

6）构件荷载试验记录。

（12）建筑物、构筑物的沉降和变形观测记录。

（13）未完工程的中间交工验收记录。

（14）由施工单位和设计单位提出的建筑物、构筑物使用注意事项文件。

（15）其他有关该项工程的技术决定。

（16）竣工验收证明。

（17）竣工图。

2. 为系统积累经验由施工单位保存的技术资料

主要内容：

（1）施工组织设计、施工设计和施工经验总结。

（2）本单位初次采用或施工经验不足的新结构、新技术、新材料的试验研究资料、施工操作专题经验总结。

（3）技术革新建议的试验、采用、改进的记录。

（4）有关的重要技术决定和技术管理的经验总结。

（5）施工日志等。

3. 大型临时设施档案

大型临时设施档案包括工棚、食堂、仓库、围墙、钢丝网、变压器、水电管线的总平面布置图、施工图、临时设施有关的结构构件计算书和必要的施工记录。

第三节　施工安全管理

本节导读：

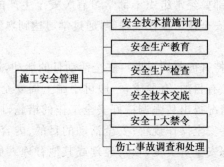

技能要点 1:安全技术措施计划

(1)企业单位在编制生产、技术、财务计划的同时,必须编制安全技术措施计划。安全技术措施所需的设备、材料应该列入物资、技术供应计划,对于每项措施,应该确定实施的限期和负责人。企业的领导人应该对安全技术措施计划的编制和贯彻执行负责。

(2)安全技术措施计划的范围,包括以改善劳动条件(主要指影响安全和健康的)、防止伤亡事故、预防职业病和职业中毒为目的的各项措施,不要与生产、基建和福利等措施混淆。

(3)安全技术措施计划所需的经费,按照现行规定,属于增加固定资产的,由国家拨款;属于其他零星支出的,摊入生产成本。企业主管部门应该根据所属企业安全技术措施的需要,合理地分配国家的拨款。劳动保护费的拨款,企业不得挪作他用。

技能要点 2:安全生产教育

(1)在各作业班组进入工地正式上岗作业前,项目部必须对班组职工进行"三级"安全教育(班组教育、项目部教育、企业安全管理教育),并建立教育记录卡;如果因安全技术交底不清楚、不全面,职工发生工伤事故,则追究教育或交底人的责任。

(2)各级安全教育具有针对性,对待各班组不可千篇一律,应付差事。

(3)项目部要经常组织干部学习有关安全生产的法律、法规、规范、标准和安全技术操作规程等,通过学习达到熟练掌握和运用的目的。

(4)要坚持开展每周星期一安全活动日的活动,每次活动要有组织、有内容、有目的、有要求,一般可小结上周安全工作情况,根据本周工作情况提出和强调搞好安全工作的措施,同时还要针对性地选学一些安全操作规程;安全活动的目的、内容及具体安排,由项目部专职安全员负责,项目经理或其他管理人员不得占用安全活动日时间召开其他会议和进行其他工作。

(5)对新入场的职工在分配工作之前,必须进行三级安全教育,项目部进行专业安全技术规程及规章制度的教育,班组进行具体的安全教育工作。

(6)凡要求持证上岗的特种专作业人员,项目部必须与当地劳动部门联系,进行安全技术培训,经考核取得特种作业人员操作证方可上岗;上岗前仍应进行安全教育和安全技术交底。

(7)职工更换工种或从事第二工种作业时,项目部必须重新对其进行安全培训和安全规程的学习,并且经过考核合格后方可上岗。

(8)施工当中采用新技术、新机具、新设备和新工艺方法时,项目部应对操作人员进行操作技术培训和安全技术教育,经考核合格后方可作业。

技能要点3:安全生产检查

安全检查是为了消除事故隐患、预防事故、保证安全生产的重要手段和措施。为了不断改善生产条件和作业环境,使作业环境达到最佳状态,从而采取有效对策,消除不安全因素,保障安全生产,特制定安全检查制度如下:

(1)安全检查内容。按照建筑部颁发的《建筑施工现场安全检查评分标准》,对照检查执行情况;基槽邻边的防护;施工用电、施工机具安全设施,操作行为,劳动防护用品的正确使用和安全防火等。

(2)安全检查方法。定期检查、突击性检查、专业性检查、季节性和节假日前后的检查和经常性检查。

(3)项目检查。项目部施工工地每周检查一次,由项目经理组织;各施工队每天检查,由施工负责人组织。生产班组对各自所处环境的工作程序要坚持每日进行自检,随时消除安全隐患。

(4)突击检查。同行业或者兄弟单位发生重大伤亡事故、设备

事故、交通、火灾事故,为了吸取教训,采取预防措施,根据事故性
质特点,组织突击检查。

(5)专业性检查。针对施工中存在的突击问题,如施工机具、
临时用电等,组织单项检查,进行专项治理。

(6)季节性和节假日前后检查。针对气候特点,如冬季、夏季、
雨季可能给施工带来危害,提前做好冬季四防,夏季防暑降温,雨
季防汛;针对重大节假日前后,防止职工纪律松懈,思想麻痹,要认
真搞好安全教育,落实安全防范措施。

(7)经常性检查。安全职能人员和项目经理部、安全值班人
员,应经常深入施工现场,进行预防检查,及时发现隐患,消除隐
患,保证施工正常进行。

(8)对检查出的事故隐患的处理。各种类型的检查,必须认真
细致,不留死角,查出的事故隐患要建立事故隐患台账,重大事故
隐患要填写事故隐患指令书,落实专人限期整改。

技能要点 4:安全技术交底

严格进行安全技术交底、认真执行安全技术措施,是贯彻安全
生产方针、减少因工伤事故,以及实现安全生产的重要保证。为了
确保安全生产,把安全贯穿于生产的全过程,根据企业实际情况,
特制定安全技术交底制度如下:

(1)工程开工前,由施工负责人和技术负责人组织有关人员根
据工程特点、所处地理环境和施工方法制定细的安全技术措施,报
上级有关技术、安全部门批准。批准的安全技术措施具有技术法
规的作用,必须认真贯彻执行。

(2)工程开工时,由总工程师和技术负责人向组织施工的项目
经理、施工员、安全员、班组长进行详细的安全技术交底,使执行者
了解其道理,为安全技术措施的落实打下基础。

(3)每个单项工程开工前,工地项目经理要组织施工员向实际
操作的班组成员将施工方法和安全技术措施作详细讲解,并以书

面形式下达班组。

（4）施工员根据单项工程安全技术措施的安全设施、设备及安全注意事项的实施填写"安全技术交底表"，责任人落实到班组、个人，履行签字验收制度。

（5）施工现场的生产组织者，不得对安全技术措施方案私自变更，如果有合理的建议，应书面报总工程师批准，未批之前，仍按原方案贯彻执行。

（6）安全职能部门要以施工安全技术措施为依据，以安全法规和各项安全规章制度为准则，经常性地对工地实施情况进行检查，并且监督各项安全技术措施的落实。

技能要点 5：安全十大禁令

（1）严禁穿木屐、拖鞋、高跟鞋以及不戴安全帽进入施工现场作业。

（2）严禁一切人员在提升架、吊篮以及提升架井口和吊物下操作、站立、行走。

（3）严禁非专业人员私自开动任何施工机械以及驳接、拆除电线、电器。

（4）严禁在操作现场玩耍、吵闹和从高处抛掷材料、工具、砖石、砂泥以及一切物体。

（5）严禁土方工程的偷岩取以及不按规定放破或不加支承深基坑开挖施工。

（6）严禁在没栏杆或其他安全措施的高处作业和在单行墙面上行走。

（7）严禁在未设安全措施的同一部位同时进行上下交叉作业。

（8）严禁带小孩进入施工现场作业。

（9）严禁在高压电源危险区域进行冒险作业及不穿绝缘水鞋进行机动水磨石操作；严禁用手直接拿灯头、电线移动操作照明。

（10）严禁危险品、易燃品、木工棚场的现场仓库吸烟、生火。

技能要点 6:伤亡事故调查和处理

(1)企业单位应该严肃、认真地贯彻执行国务院发布的《工人职员伤亡事故报告规程》。事故发生以后,企业领导人应该立即负责组织职工进行调查和分析,认真地从生产、技术、设备、管理制度等方面找出事故发生的原因,查明责任,确定改进措施,并且指定专人,限期贯彻执行。

(2)对于违反政策法令和规章制度或工作不负责任而造成事故的,应该根据情节的轻重和损失的大小,给予不同的处分,直至送交司法机关处理。

(3)时刻警惕一切犯罪分子的破坏活动,发现有关破坏活动时,应立即报告公安机关,并积极协助调查处理。对于那些思想麻痹、玩忽职守的有关人员,应该根据具体情况给予相应的处分。

(4)企业的领导人对本企业所发生的事故应该定期进行全面分析,找出事故发生的原因,定出防范办法,认真贯彻执行,用来减少和防止事故。对于在防范事故中表现好的职工,给以适当的表扬或物质鼓励。

第三章 木模板及胶合模板施工

第一节 木 模 板

本节导读：

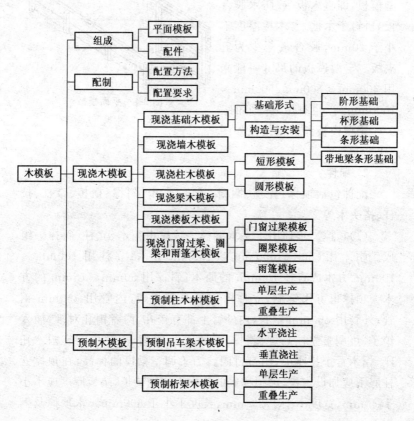

技能要点 1:木模板组成

1. 平面模板

平面模板一般采用宽度不大于 150mm 的木板,当混凝土构件的宽度大于 150mm 时,则用若干块木板拼制,其背面加木档,木档断面尺寸及其间距根据模板受力情况而定。用于侧模时,木板厚度为 20～30mm;用于底模时,木板厚度为 40～50mm。模板尺寸根据混凝土构件支模面积而定。

用于楼板的底模,做成定型模板,即将木板(或防水胶合板)拼钉于木框上,木板厚度不小于 20mm,胶合板至少为五夹板。定型模板的尺寸一般采用 400mm×800mm、500mm×1000mm 等,也有做成方形的。

定型模板和拼板模板如图 3-1 所示。

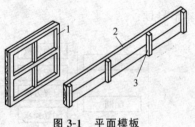

图 3-1　平面模板
1. 木框　2. 木板　3. 木档

2. 配件

配件包括顶撑、柱箍、搁栅、托木、夹木、斜撑、横担、牵杠、拉杆、搭头木等。

(1)顶撑。顶撑用于支承梁模。顶撑由帽木、立柱、斜撑等组成。帽木用(50～100)mm×100mm 方木;立柱用 100mm×100mm 方木或直径 100 的原木;斜撑用 50mm×75mm 的方木。顶撑也可用钢制,立柱由内外套管组成,内管用 ϕ50mm 钢管;外管用 ϕ63mm 钢管,内外管上都有销孔,两者销孔对准,插入销子,可调整立柱高度;斜撑用 ϕ12mm 圆钢,立柱顶应装帽木托座,帽木置于托座中,用钉钉圈。为了调整梁模的标高,在顶撑立柱底下应加设木楔,沿顶撑底的地面上应铺垫板,垫板厚度应不小于 40mm,宽度不小于 200mm,长度不小于 600mm。木顶撑及钢顶撑的立面如图 3-2 所示。

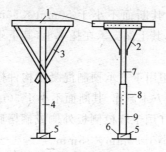

图 3-2　木顶撑与钢顶撑

1. 帽木 100×100 方木　2. 斜撑(ϕ12)　3. 斜撑(75×50 方木)
4. 立柱(100×100 方木或 ϕ120 原木)　5. 木楔　6. 底座
7. 内管(ϕ50)　8. 销子(ϕ12)　9. 外管(ϕ63)

(2)柱箍。柱箍用于箍紧桩模，是用来防止柱混凝土浇筑时柱模发生鼓胀变形。柱箍有钢柱箍和钢木柱箍。钢柱箍两边为角钢,另两边为螺栓,角钢边长不小于 50mm；螺栓直径不小于 12mm。钢木柱箍两边为方木,另两边为螺栓,方木应用硬木,断面不小于 50mm×50mm；螺栓直径不小于 12mm。钢柱箍和钢木柱箍平面如图 3-3 所示。

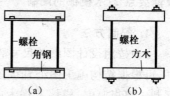

图 3-3　钢柱箍和钢木柱箍

(a)钢柱箍　(b)钢木柱箍

(3)搁栅。搁栅用于支承楼板底模。搁栅应用方木制作,其断面不小于 50mm×100mm。搁栅的头搁置于梁模外侧的托木上。搁栅间距不超过 500mm。

(4)托木。托木用于支承搁栅,钉于梁模侧板外侧。托木应用方木制作,其断面不小于 50mm×75mm。托木如果不需要支承搁栅,则作为斜撑上端支承点。

(5)夹木。夹木用于梁模、墙模侧板下端外侧,以防止侧板下端移位。夹木应用方木制作,其断面不小于 50mm×75mm。

(6)斜撑。斜撑用于稳固梁模、墙模、基础模等的侧板。斜撑应用于方木制作,其断面不小于 50mm×50mm。斜撑一般按45°~60°方向布置,其上端支承在托木上,其下端支承在顶撑的帽木上或木桩上。

(7)横担。横担用于支承预制混凝土构件模板或悬挂基础地梁模板。横担应用方木制作,其断面不小于 50mm×100mm。

(8)牵杠。牵杠用于墙模侧板外侧或搁栅底下。牵杠应用方木制作,其断面不小于 50mm×75mm。

(9)拉杆。拉杆设置于顶撑间,以稳固顶撑。拉杆应用方木制作,其断面不小于 50mm×50mm。

(10)搭头木。搭头木用于卡住梁模、墙模的上口,用来保持模板上口宽度不变。搭头木应用方木制作,其断面不小于40mm×40mm。

技能要点 2:木模板的配制

1. 配制方法

(1)按照设计图纸的尺寸直接配制模板。形体简单的结构构件,可根据结构施工图纸直接按照尺寸列出模板规格和数量进行配制。模板厚度、横档及楞木的断面和间距,以及支承系统的配置,都可按支承要求通过计算选用。

(2)采用放大样方法配制模板。形体复杂的结构构件,如楼梯、圆形水池等,可在平整的地坪上,按结构图的尺寸画出结构构件的实样,量出各部分模板的准确尺寸或套制样板,同时确定模板及其安装的节点构造,进行模板的制作。

(3)用计算方法配制模板。形体复杂不易采用放大样方法,但有一定几何形体规律的构件,可用计算方法结合放大样的方法,进行模板的配制。

(4)采用结构表面展开法配制模板。一些形体复杂且又由各种不同形体组成的复杂体形结构构件,如设备基础,其模板的配制,可以采用先画出模板平面图和展开图,再进行配模设计和模板制作。

2. 配制要求

(1)木模板及支承系统所用的木材,不得用脆性、严重扭曲和受潮后容易变形的木材。

(2)木模厚度。侧模一般可采取 20～30mm 厚,底模一般可采取 40～50mm 厚。

(3)拼制模板的木板条不宜宽于下值:

1)工具式模板的木板为 150mm。

2)直接与混凝土接触的木板为 200mm。

3)梁和拱的底板,如采用整块木板,其宽度不加限制。

(4)木板条应将拼缝处刨平刨直,模板的木档也要刨直。

(5)钉子长度应为木板厚度的 1.5～2 倍,每块木板与木档相叠处至少钉 2 只钉子。

(6)混水模板正面高低差不得超过 3mm;清水模板安装前应将模板正面刨平。

(7)配制好的模板应在反面编号与写明规格,分别堆放保管,以免错用。

技能要点 3:现浇基础木模板

1. 基础形式

混凝土基础的形式有条形基础、带地梁条形基础、阶形基础、杯形基础等,混凝土基础四种形式立体,如图 3-4 所示。

 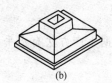

　　(a)　　　　　　　(b)　　　　　　　(c)　　　　　　　(d)

图 3-4　混凝土基础形式

(a)阶形基础　(b)杯形基础　(c)条形基础　(d)带地梁条形基础

2. 现浇基础模板的构造与安装

现浇基础模板的构造与安装见表 3-1。

技能要点 4:现浇墙木模板

现浇墙模板的构造及安装技术见表 3-2。

技能要点 5:现浇柱木模板

现浇柱木模板的构造及安装技术见表 3-3。

技能要点 6:现浇梁木模板

现浇梁木模板的构造及安装技术见表 3-4。

技能要点 7:现浇楼板木模板

现浇楼板模板的构造及安装技术见表 3-5。

技能要点 8:现浇门窗过梁、圈梁和雨篷木模板

现浇门窗过梁、圈梁和雨篷木模板的构造及安装技术,见表 3-6。

技能要点 9:预制柱木模板

预制构件柱子有矩形、工字形等外形,支模方法可根据其外形及场地条件和节约材料的要求,选用不同的方法,见表 3-7。

技能要点 10:预制吊车梁木模板

吊车梁的断面呈"T"形,根据生产方法有水平浇注和垂直浇注,见表 3-8。

技能要点 11:预制桁架木模板

预制桁架木模板的安装技术,见表 3-9。

表 3-1 现浇基础模板的构造与安装

基础类型	项目	项目说明	图示
阶形基础	构造	阶形基础木模板是由上阶侧板、下阶侧板、斜撑、平撑、木桩等组成。下阶制板与木桩之间钉设斜撑以及平撑，上阶侧板的其中两面侧板的最下一块拼板应加长，支承在下阶侧板上口，并用木档钉固。上阶侧板的外侧，还需用斜撑钉固，斜撑上端钉固于上阶侧板的木档上端，斜撑下端钉固于下阶侧板的木档顶端，如图 3-5 所示	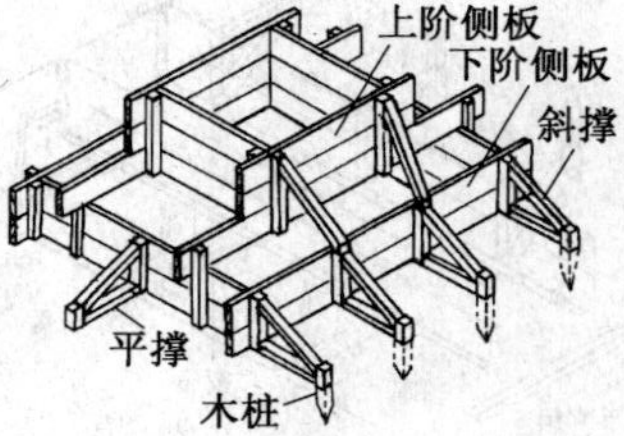 图 3-5 阶形基础木模板
	安装	模板安装前，应在侧板内侧划出中线和在基坑底弹出基础中线。把各台阶侧板拼成方框 安装时，首先把下台阶模板放在基坑底，两者中线互相对准，并用水平尺校正其标高，在模板周围钉上木桩，木桩与侧板之间，用斜撑和平撑进行支承，然后把钢筋网放入模板内，再把上台阶模板放在下台阶模板上，两者中线互相对准，并用斜撑和平撑加以钉牢	
杯形基础	构造	杯形基础木模板是由下阶侧板、上阶侧板、杯口模、轿杠、斜撑、平撑、木桩等组成，其中杯口模由侧板、手把、上口框、下口框等组成。下阶侧板与木桩之间用斜撑及平撑钉固。上阶侧板的两侧外面钉以轿杠，轿杠两端搁置于下阶侧板的上口，并用木档钉固。杯口模的手把搁置于上阶侧板的上口，并用木档钉固。杯口模是没有底板的，这样杯口底处的混凝土容易捣实。杯口模的上口宽度应比柱脚宽度大 100～150mm。下口宽度应比柱脚宽度大 40～60mm，杯口模安装底标高应比基础杯口底标高低 20～30mm。轿杠底面不得超出上阶侧板的底面，如图 3-6 所示	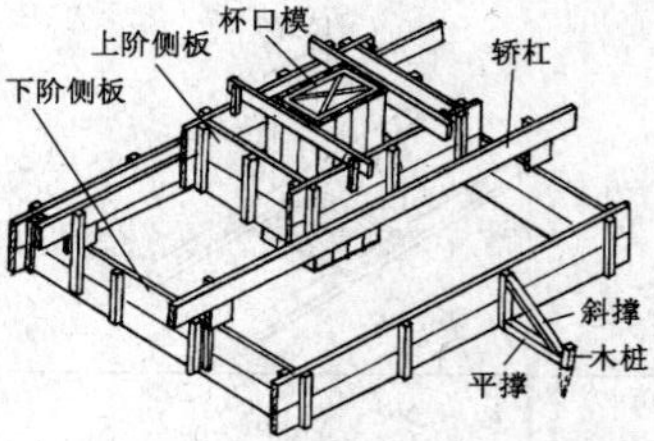 图 3-6 杯形基础木模板

续表 3-1

基础类型	项目	项目说明	图示
杯形基础	安装	安装前，将各部分划出中线，在基础垫层上弹出基础中线。各台阶钉成方框，杯芯模钉成整体，上台阶模板及杯芯两侧钉上轿杠 安装时，先将下台阶模板放在垫层上，两者中心对准，将四周用斜撑和平撑钉牢，再把钢筋网放入模板内，然后把上台阶模板摆上，对准中线，校正标高，最后在下台阶侧板外加木档，把轿杠的位置固定住。杯芯模应最后安装，对准中线，再将轿杠搁于上台阶模板上，并且加木档予以固定	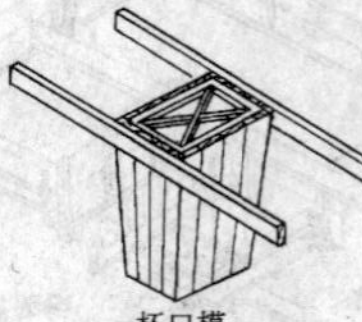 图 3-6 杯形基础木模板(续)
条形基础	构造	条形基础木模板是由侧板、斜撑、木桩等(或由侧板、平撑、垫板)组成。侧板采用拼板模板，其高度等于基础阶高，斜撑上端钉牢于侧板的木档上，下端钉牢于木桩上，木档的下端与木桩间要加设平撑。如果有基槽壁，可用平撑支承侧板，平撑一端钉牢于木档上，另一端顶紧于基槽壁上附加的垫板上。两侧板的上口应加若干搭头木，如图 3-7 所示	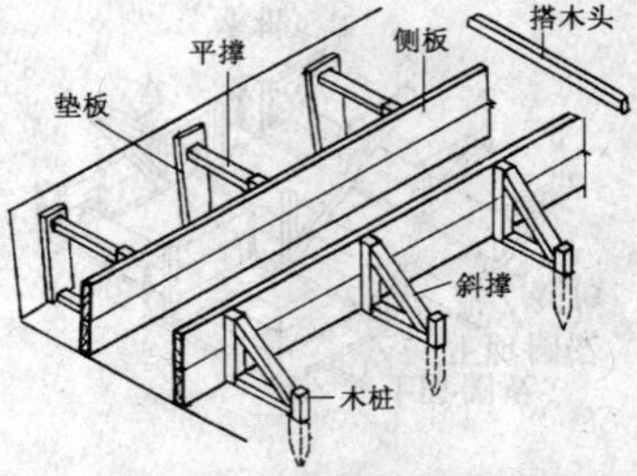 图 3-7 条形基础木模板
	安装	条形基础模板安装时，先在基槽底弹出基础边线，再把侧板对准边线垂直竖立，同时用水平尺校正侧板顶面水平，确认无误后，用斜撑和平撑钉牢。如基础较长，则先立基础两端的两块侧板，校正后，再在侧板上口拉通线，依照通线再立中间的侧板。当侧板高度大于基础台阶高度时，可在侧板内侧按台阶高度弹准线，每隔 2m 左右在准线上钉圆钉，作为浇筑混凝土的标志。为了防止浇筑时模板变形，保证基础宽度的准确，应每隔一定距离在侧板上口钉上搭头木	

续表 3-1

基础类型	项目	项目说明	图示
带地梁条形基础	构造	带地梁条形基础木模板是由下阶侧板、地梁侧板、横担、斜撑、木楔、垫板、木桩等组成。下阶侧板的高度等于下阶基础高度，用斜撑及平撑与木桩钉固。地梁侧板利用木档及斜撑悬挂于横担之下，横担两端的下面用木楔及垫板铺垫，垫板置于地面上。打动木楔可调整地梁的标高，如图3-8所示	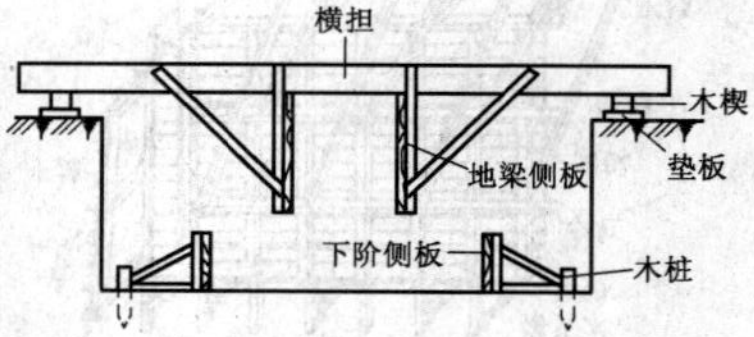 图 3-8　带地梁条形基础木模板
	安装	带有地梁的条形基础，斜杠布置在侧板上口，用斜撑、吊木帮侧板吊在斜杠上。在基槽两边铺设通长的垫板，将斜杠搁置在其上，并加垫木楔，以便调整侧板标高。 安装时，先按照前述方法将基槽中的下部模板安装好、拼好地梁侧板，将侧板放入基槽内。在基槽两边地面上铺好垫板，把斜杠搁置于垫板上，并在两端垫上木楔。将地梁两边线引到斜杠上、拉上通线，再按照通线将侧板吊在斜杠上，用线坠引到斜杠上逐个钉在斜杠上，用线坠校正侧板的垂直，再用斜撑固定。最后用木楔调整侧板上口标高	

表 3-2　现浇墙模板的构造及安装技术

模板类型	项目	项 目 说 明	图 示
现浇木墙模板	构造	混凝土墙体的模板主要是由侧板、立档、牵杠、斜撑等组成,如图 3-9 所示 侧板可以采取用长条板板模拼,预先立档钉成大块板,板块高度一般不超过 1.2m 为宜 牵杠可以钉在立档外侧,从底部开始每隔 0.7～1.0m 钉一道。在牵杠与木桩之间支斜撑和平撑,当木桩间距同距时,应沿木桩设通长的落地牵杠,斜撑与平撑紧顶在落地牵杠上。当坑壁较近时,可在坑壁上立垫木,在牵杠与垫木之间用平撑支承	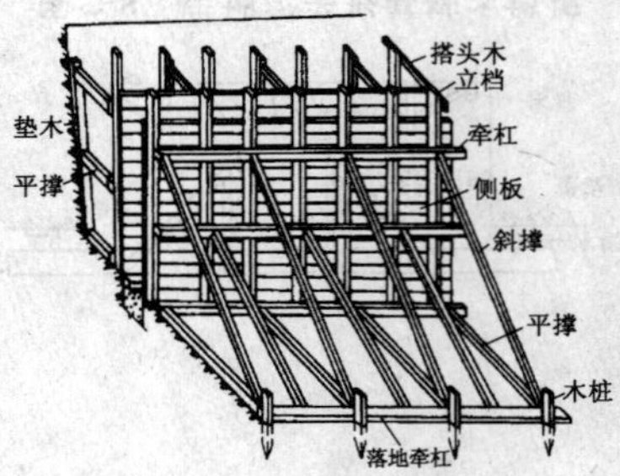 图 3-9　现浇墙木模板
	安装	模板安装前,在侧板内侧划出中线,在基坑底弹出基础中线,把各阶模板拼拼成方框 安装时,先把下台阶模板放在基坑底,在模板周围钉上木桩,在模板周围钉上木桩,两者中线要互相对准,并用水平尺进行校正其标高,在模板与侧板之间,在木桩与侧板内,再把上台阶模板放在下台阶模板上,两者中线互相对准,并用斜撑和平撑加以钉牢	

表 3-3 现浇柱木模板的构造及安装技术

模板类型		项目	项目说明	图示
现浇柱木模板	矩形模板	构造	矩形柱的模板是由四面侧板、柱箍、支承组成。其中的两面侧板为长条板用木档纵向拼制;另两面用短板横向逐块钉上,两头要伸出纵向板边,方便于拆除,并每隔 1m 左右留出洞口,方便从洞口中浇筑混凝土。纵向侧板一般厚 40～50mm,横向侧板厚 25mm。在柱模底用小方木钉成方盘,用于固定,如图 3-10 所示 柱子侧模如四边都采用纵向模板,则模板横缝较少,其构造如图 3-11 所示 柱顶与梁交接处,要留出缺口,缺口尺寸即为梁的高及宽(梁高以扣除平板厚度计算),并在缺口两侧及口底钉上衬口档,衬口档离缺口边的距离即为梁侧板及底板的厚度 断面较大的柱模板,为了防止在混凝土浇筑时模板产生鼓胀变形,应在柱模外设置柱箍,如图 3-12 所示。柱箍可采用木箍、钢木箍及钢箍等几种 柱箍间距应根据柱模断面大小来确定,一般不超过 100mm,柱模下部间距应小些,往上可逐渐增大间距。设置柱箍时,横向侧板外面要设竖向木档	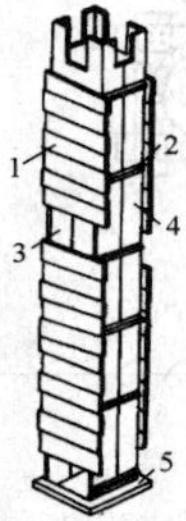 图 3-10 矩形柱模板 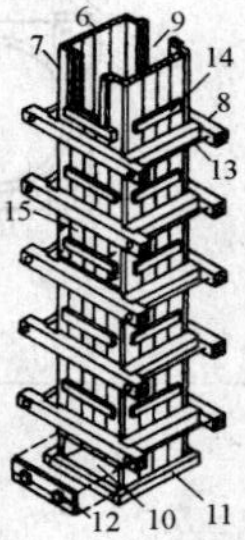 图 3-11 方形柱模板 1. 横向侧板 2. 木档 3. 洞口 4. 竖向侧板 5. 方盘 6. 内拼板 7. 外拼板 8. 柱箍 9. 梁缺口 10. 清理孔 11. 木框 12. 盖板 13. 拉紧螺栓 14. 拼条 15. 活动板 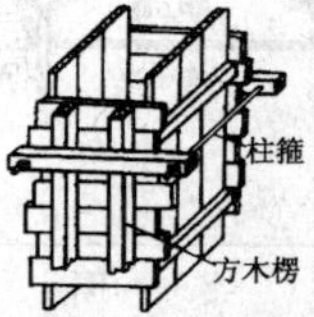 图 3-12 柱模加箍示意图

续表 3-3

模板类型	项目	项目 说　明	图　示
现浇木柱模板	矩形模板 安装	柱模板安装时，先在基础面（或楼面）上弹柱轴线及边线。同一柱列应先弹两端柱轴线、边线，然后拉通线弹出中间部分柱的轴线及边线。按照边线先把底部方盘固定好，再对准边线安装两侧纵向侧模板，用临时支承支牢，并在另两侧钉几块横向侧板，把纵向侧模板互相钉上。用线坠校正柱模垂直后，用支撑加以固定，再逐块钉上横向侧板。为了保证柱模的稳定，柱模之间要用水平撑、剪刀撑等互相拉结固定，如图 3-13 所示 同一柱列的模板，可采取先校正两端部分的柱模，在柱模顶中心拉通线，按通线校正中间部分的柱模	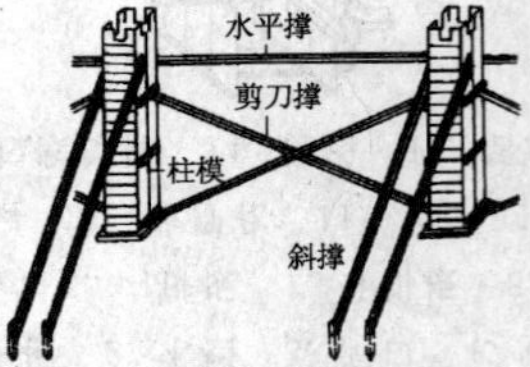 图 3-13　柱模的固定
	圆形模板 构造	圆柱模板一般是由厚度 20～25mm、宽度 30～50mm 的木板钉在木带上，木带是由厚度 30～50mm 的木板拼钉而成。木板的间距为 700～800mm。圆柱模板一般要等锯成圆弧形，如图 3-14 所示，分块的数量要根据柱断面的大小及材料的规格来确定分两块或数几块，以及材料的规格来确定 圆柱模板在浇筑混凝土时，木带要承受混凝土的侧压力。因此规定在拱高处的木带净宽应不小于 50mm	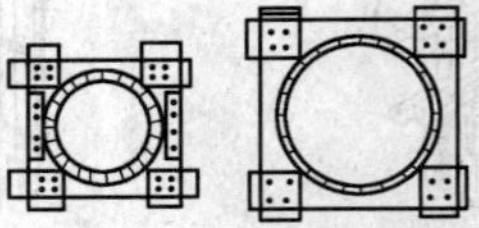 图 3-14　圆柱模板

续表 3-3

模板类型	项目	项 目 说 明	图 示
现浇柱圆形模板	制作	木带的制作采取放样的方法。模板分为四块时，以圆柱半径加模板厚度作为半径画圆，再画圆圆的内接四边形，即可量出拱高和弦长。木带的长度取弦长加200~300mm，方便出带木之间钉接。宽度为拱高加50mm。根据圆弧线锯去圆弧部分，木带即成，如图3-15所示	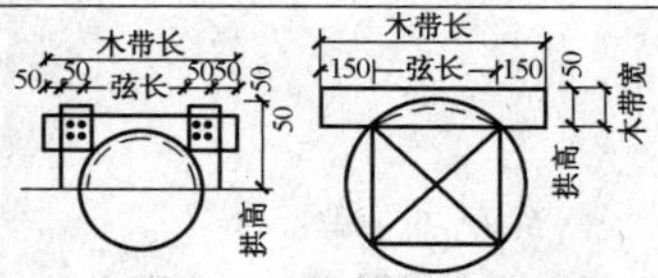 图3-15 木带样板 图3-16 圆模装钉
	安装	木带制作后，即可与小条钉成整块模板，如图3-16所示。并应留出清渣口和混凝土浇筑口。本带上要弹出中线，以便二柱模安装时与方柱模线校正。柱箍与支承设置与方柱模相同	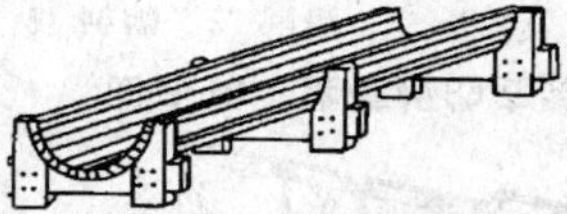

表 3-4 现浇梁木模板的构造及安装技术

模板类型	项目	项 目 说 明	图 示
现浇梁木模板	构造	矩形独立梁木模板由侧板、底板、托木、夹木、斜撑、顶撑、搭头木等组成，如图3-17所示 侧板、底板均采用拼板模板，侧板的木板厚度不小于25mm；底板的木板厚度不小于40mm，底板支承在顶撑上。其两端头支承在柱模顶的衬口档上或边顶撑上。侧板竖立支承立承在顶撑上，其两端头钉牢于柱模顶的衬口档上 侧板上部的外侧钉上托木、侧板底部的外侧应钉夹木，夹木是钉牢于顶撑上	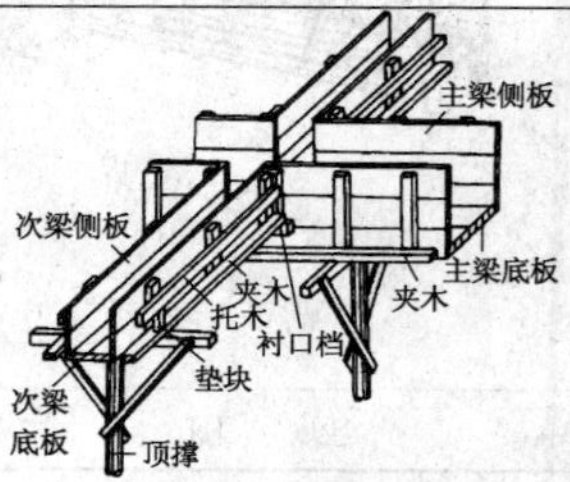 图3-17 梁模板

续表 3-4

模板类型	项目	项 目 说 明	图 示
现浇梁木模板	构造	梁模的两侧应设斜撑,斜撑的上端钉牢于托木上,斜撑的下端钉牢于顶撑的帽木上 梁模的上口应加钉若干搭头木,用来保持梁模宽度不变 顶撑间距一般为 800～1200mm,各顶撑间应加钉拉杆,拉杆距地面应不小于 1.8m	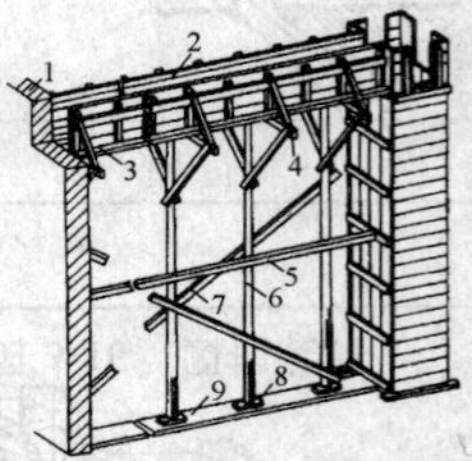 图 3-18 梁模板的安装 1. 砖墙 2. 侧板 3. 夹 4. 斜撑 5. 水平撑 6. 琵琶撑 7. 剪刀撑 8. 木楔 9. 垫板
	安装	梁模板安装时,应在梁模下方地面上铺垫板,然后把底板两头搁置在柱模衬口档上,在柱模缺口处钉牢衬口档,再立靠在柱模或端边的顶撑,并按照梁模长度等分布置中间部分的顶撑。顶撑底应打入木楔。安放侧板时,两头要钉牢衬口档上,并在侧板底外侧铺上夹木,用夹木将侧板夹紧并钉牢在顶撑帽木上,随即把斜撑钉牢 次梁模板的安装,要等到主梁模板安装并校正后才能进行。其底板及侧板两头是钉在主梁模缺口处的衬口托木上。次梁模板的两侧板外侧要按格栅底标高钉上托木 梁模板安装后,要对准中线进行检查,复核各梁模中心位置是否对正。待平板模板安装后,检查并调整标高,复核各梁标高,将木楔在垫板上。各顶撑之间要设水平撑或剪刀撑,以保证顶撑的稳固,如图 3-18 所示	

续表 3-4

模板类型	项目	项 目 说 明	图 示
现浇梁木模板	安装	当梁的跨度在 4m 或 4m 以上时，在梁模的跨中要起拱，起拱高度为梁跨度的 0.2%～0.3%。 当楼板采用预制圆孔板，梁为现浇花篮梁时，应先安装梁模板，再吊装圆孔板。圆孔板的重量暂时由梁模板来承担。这样，可以加强预制板和现浇梁的连接。其模板构造如图 3-19 所示。安装时，先按前述方法将梁底梁垫上木楔和垫板，然后在梁的外边立支承（在支承底部同样安垫上木楔和垫板），再在支承上钉通长的格栅、格栅要与梁侧板和侧板上口靠紧。 当梁模板下面需留施工通道，或因土质落地支承，或将支承改成倾斜支设，支设在柱子的基础面上（倾角一般不宜大于 30°），则可用水平撑和剪刀撑互相连接。当梁的跨度又不太大时，在梁底板下面用一根 50mm×75mm 或 50mm×100mm 的方木，将两根倾斜的支承撑紧，以加强梁底板的刚度和支承的稳定性；如图 3-20 所示	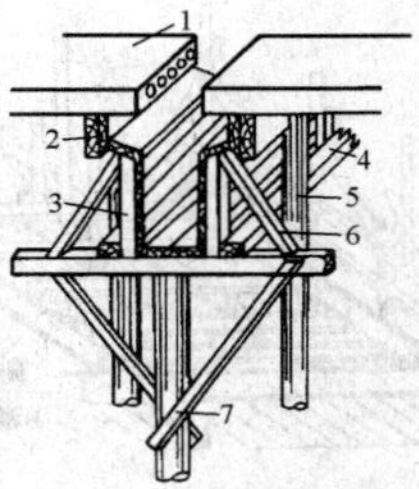 图 3-19 花篮梁模板 1. 圆孔板 2. 格栅 3. 木档 4. 夹木 5. 牵杠撑 6. 斜撑 7. 琵琶撑 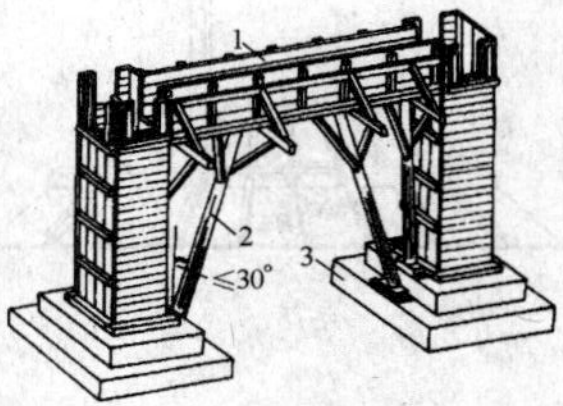 图 3-20 用支承倾斜支模 1. 侧板 2. 支承 3. 柱基础

表 3-5　现浇楼板模板的构造及安装技术

<table>
<tr><th>模板类型</th><th>项目</th><th>项目说明</th><th>图示</th></tr>
<tr><td rowspan="2">现浇楼板木模板</td><td>构造</td><td>楼板模板一般用厚度 20～25mm 的木板拼成，或者采用定型木模块，铺设在格栅上。格栅两头搁置在托木上，格栅一般用断面为 50mm×100mm 的方木，间距为 400～500mm。当格栅跨度较大时，应在格栅中间立支承，并铺设通长的龙骨，以减小格栅的跨度。牵杠撑的断面要求与顶撑立柱一样，下面须垫木楔及垫板
一般用(50～75)mm×150mm 的方木。楼板模板应垂直于格栅方向铺钉。定型模块的规格尺寸要符合格栅间距，或者适当调整格栅间距来配合定型模块的尺寸，如图 3-21、图 3-22 所示</td><td rowspan="2">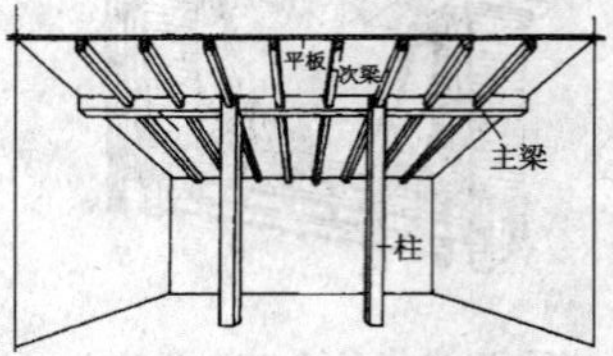
图 3-21　肋形楼盖
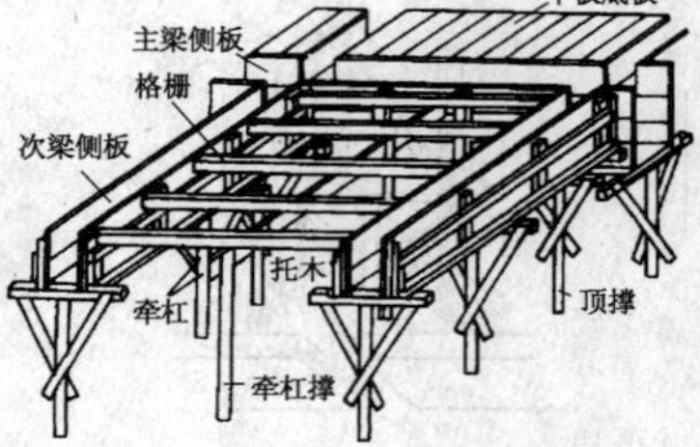
图 3-22　平板模板</td></tr>
<tr><td>安装</td><td>楼板模板安装时，先在次梁模板的两侧板外侧弹水平线，水平线的标高应为平板底标高减去楼板模板厚度及格栅高度，然后按水平线钉上托木，托木上口与水平线相齐。再把靠梁模旁的格栅先摆上，等分格栅间距，摆中间部分的格栅。最后在格栅上铺钉楼板模板。为了方便拆模，只把模板端部或接头处钉牢，中间尽量少钉。如用定型模块则铺在格栅上即可。如中间设有牵杠撑及牵杠时，应在格栅摆放前先将牵杠撑立起，将牵杠铺平
楼板模板铺好后，应进行模板面标高的检查工作，如有不符，应进行调整</td></tr>
</table>

表 3-6 现浇门窗过梁、圈梁和雨篷木模板的构造及安装技术

图 3-23 门、窗过梁模板
1. 木档 2. 搭头木 3. 夹木 4. 斜撑 5. 支承

图 3-24 圈梁模板
1. 搭头木 2. 木档 3. 斜撑 4. 夹木 5. 横愣 6. 木楔

模板类型	项目		项 目 说 明	图 示
现浇门、窗过梁、圈梁和雨篷木模板	门窗过梁模板	构造	门、窗过梁模板是由底模、侧模、夹木和斜撑等组成。底模一般用厚度为40mm的木板，其长度等于门、窗洞口长度，宽度与墙厚相同。侧模用25mm厚的木板，其高度为过梁高度加底板厚度，长度应比过梁底长400～500mm，木档一般选用50mm×75mm的方木	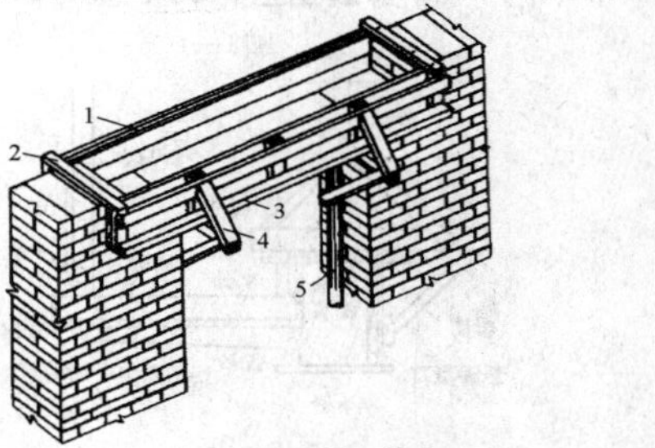
		安装	安装时，先将门、窗过梁底模按设计标高搁置在支承上，支承上立在洞口靠墙处，中间部分间距一般为1m左右，然后安装侧模。侧模的两端紧靠端墙，并在侧模外侧钉上夹木顶住斜撑，将侧模固定。最后，在侧模上口钉搭头木，用来保持过梁尺寸的正确，如图3-23所示	
	圈梁模板	构造	圈梁模板是由横愣（托木）、侧模、夹木、斜撑和搭头木等组成，其构造与门、窗过梁基本相同。圈梁模板是以砖墙顶面为底模。侧模高度一般是圈梁高度加一皮砖的厚度，斜撑两侧侧模夹在顶皮砖	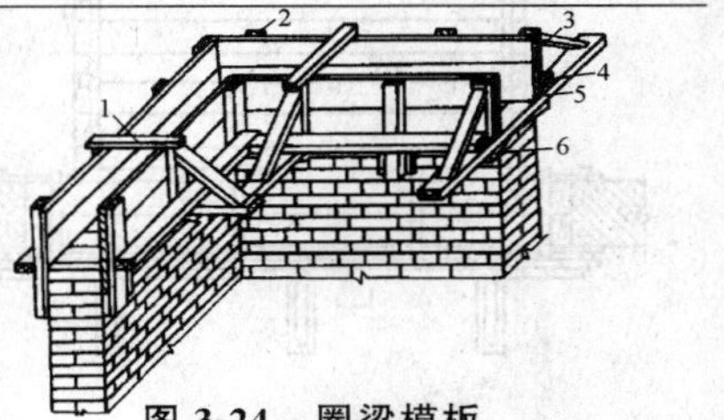
		安装	安装模板前，在离圈梁底第二皮砖，每隔1.2～1.5m放置愣木，侧模立于横愣上，在横愣上钉夹木，使侧模夹紧端面。斜撑下端钉在横愣上，上端钉在侧模的木档上。搭头木上划出圈梁宽度线，依线对准侧板里口，隔一定距离钉在侧板上，如图3-24所示	

续表 3-6

模板类型		项目	项目说明	图示
现浇门窗过梁、圈梁和雨篷木模板	雨篷模板	构造	雨篷包括门过梁和雨篷板两部分。门过梁的模板是由底模、侧模、夹木、顶撑、斜撑等组成；雨篷板的模板由托木、格栅、底板、牵杠、牵杠撑等组成，如图 3-25 所示	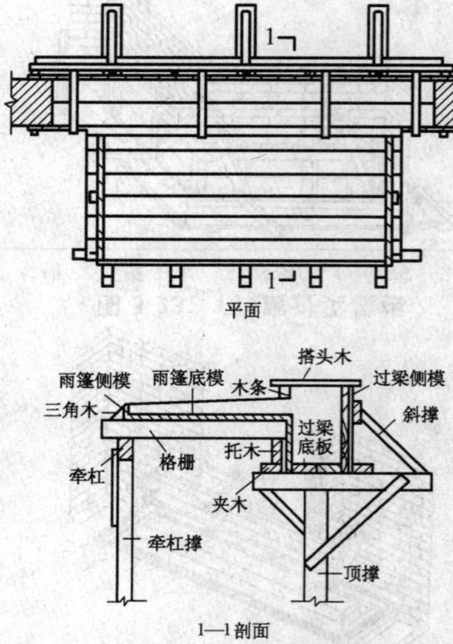 图 3-25 雨篷模板
		安装	雨篷模板安装时，先立门洞两旁的顶撑，搁上过梁的侧模，用夹木将侧模夹紧，在侧模外侧用斜撑钉牢。在靠雨篷板一边的侧板上钉托木，托木上口标高应是雨篷板底标高减去雨篷板底板厚及格栅高。再在雨篷板前沿下方立起牵杠撑，牵杠撑上端钉上牵杠，牵杠撑下端要垫上木楔板，然后在托木与牵杠之间摆上格栅，在格栅上钉上三角撑。如果雨篷板顶面低于梁顶面，则在过梁侧板上口（靠雨篷板的一侧）钉通长木条，木条高度为两者顶面标高之差。安装完后，要检查各部分尺寸及标高是否正确，如有不符，需进行调整	

表 3-7 预制柱木模板安装技术

模板类型	项目	项 目 说 明	图 示
预制柱木模板	单层生产	工形柱的支模，如有较宽敞的场地条件，可以采取单层生产。工形柱模板的特点是上下都要做芯模，芯模用方木和木板钉成。下芯模钉于底板上，其顶面及侧面要符合工形断面形状；上芯模吊在搭头木上（搭头木要适当加大），侧面要符合工字形断面形状，没有底面，方便筑捣混凝土，其他部位与矩形柱模相同，如图 3-26 所示 为了使木底模在浇筑混凝土后能尽早拆除，提高底模周转使用率，亦可采用分节脱模法 分节脱模法是：将构件的底模分成若干节，安装底模时，先设置若干固定支座，固定支座可用砖墩或用方木，在固定支座之间安装木底模。当混凝土强度达到 40%～50%时，木底模可以拆出再周转使用，构件重量全部由固定支座支承，如图 3-27 所示。当柱子模板长度不大时，适宜采用两个固定支座三节底模。当柱子较长时，则可采用多支点分节脱膜。支座距离以不超过 3m 为宜 支座（即构件支点）的位置及拆模时间须经验算，应使构件自重产生的弯矩不应引起构件产生裂缝	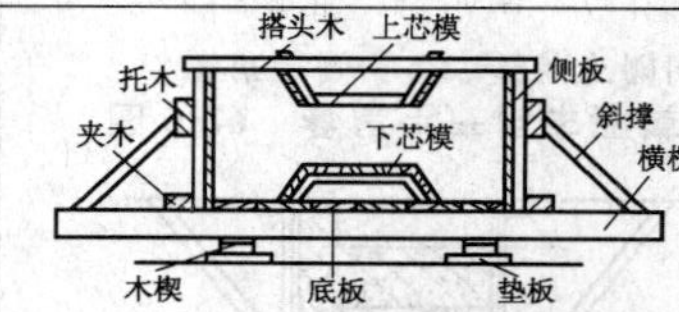 图 3-26 工形柱模板 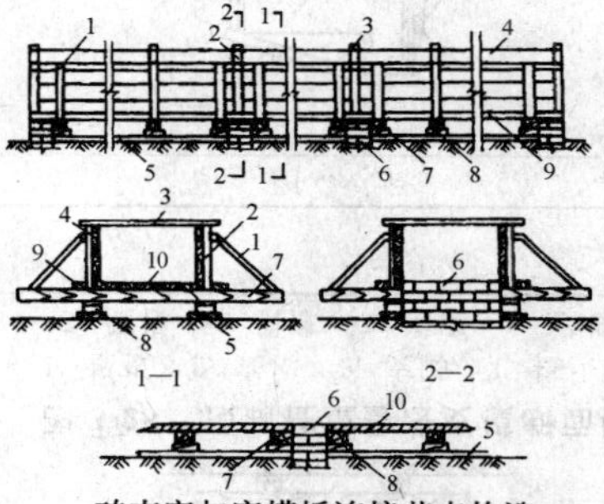 砖支座与底模板连接节点构造 图 3-27 分节脱模预制柱的木模板 1. 斜撑 2. 木档 3. 搭头木 4. 侧板 5. 垫板 6. 砖墩支座 7. 横楞 8. 木楔 9. 夹木 10. 活动底板

续表 3-7

模板类型	项目	项目说明	图示
预制木柱模板	重叠生产	当场地较小时，为了减少预制构件占地面积，以及节约底模材料，可以利用已浇筑构件作底模，沿构件两侧安装侧板，再制作同类构件 用重叠法支模时，应使侧板和端板的宽度大于构件的厚度，至少要大 50mm，第一层构件支模时，要在侧板和端板里侧弹出构件的厚度线。上几层构件支模时要使侧模和端板与下层构件搭接一部分，如图 3-28 所示	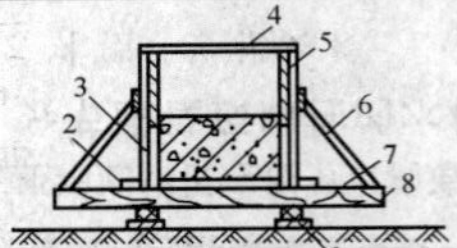 图 3-28　预制柱重叠法支模断面图 1. 垫板　2. 夹木　3. 支脚　4. 搭头木 5. 侧板　6. 斜脚　7. 木模　8. 横楞

表 3-8　预制吊车梁木模板安装技术

模板类型	项目	项目说明	图示
预制吊车梁木模板	水平浇注	模板是由底模，侧模，端板，夹木等组成。底模用木料斜成或用砖砌（上抹水泥砂浆）。底模的形状和尺寸要符合吊车梁两侧的尺寸。侧模分有翼缘上侧模、翼缘下侧模及肋底侧模。这些均应根据相应尺寸先配好，侧模外面要钉上托木。端模呈"丁"形符合吊车梁断面形状 支模时，先在平整的水泥地面上弹出吊车梁中线及翼缘宽度线，依线把底模放置好。再在两端立翼缘及底侧模、侧模。侧模边用夹木夹住，夹木搭头于木块上。在钉有斜撑撑住。沿侧模上口可钉些搭头木。搭头钉于上端模 底边外面夹头些搭头木。搭头钉于上端模厚度面，侧需另做芯模，厚度等于翼缘厚度。芯模用方木和木板钉出底模边两端钉于吊车梁伸出翼缘。如采取重叠生产吊车梁，则需另做芯模，厚度等于翼缘厚度。芯模放置在下层吊车梁上口吊车梁伸出翼缘，芯模的宽度，宽度等于两个吊车梁的总长减去两侧翼缘的宽度。侧模外面钉支脚。侧模靠翼缘侧面。侧模外面加钉支脚，如图 3-29 所示	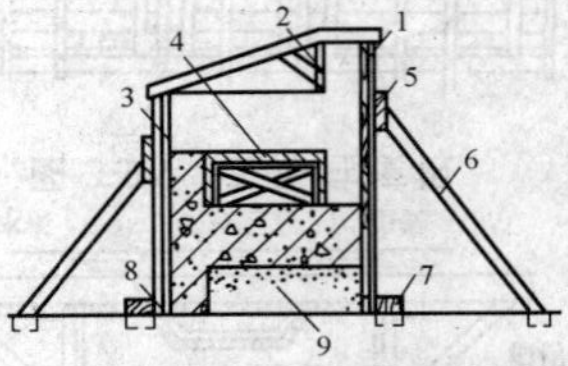 图 3-29　叠层生产吊车梁模板 1. 翼缘上侧模　2. 芯模　3. 肋底侧模　4. 翼缘下侧模　5. 托木 6. 斜撑　7. 夹木　8. 木模　9. 底模

续表 3-8

模板类型	项目	项 目 说 明	图 示
预制吊车梁木模板	垂直浇注	模板是由侧板、端板、夹木、斜撑、立档等组成，如图3-30所示。立档模主要是保持侧模的形状，每隔一定距离设一道侧模，夹木夹于侧模外侧。斜撑上端钉于托木上，下端钉于地面中的木桩上。 这种方法是在地面上铺通长的垫板，在垫板上均匀摆放横楞，如现场为土地面，则应在地面上铺通长的垫板，之间加钉托木模，在横楞上铺设底模，沿底模两侧立侧模，斜撑的下端钉在横楞上，如图3-31所示	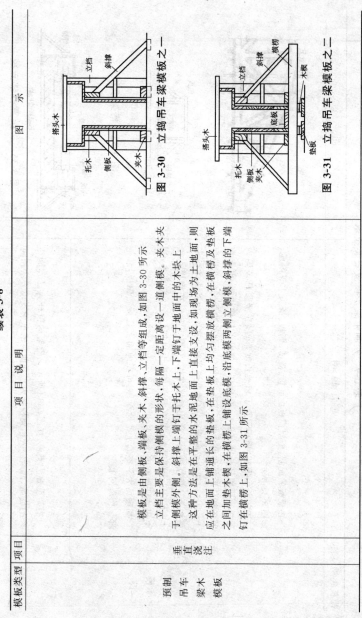 图 3-30 立捣吊车梁模板之一 图 3-31 立捣吊车梁模板之二

表 3-9　预制桁架木模板安装技术

模板类型	项目	项目说明	图示
预制桁架木模板	单层生产	1) 模板的配制：桁架模板由底板、横楞、侧板、搭头木等组成，如图 3-32 所示 2) 模板的安装：横楞垂直于桁架长度方向布置（在竖腹杆范围内要垂直于腹杆长度方向布置）。在横楞上弹出各杆件边线，事先按照各杆件形状和尺寸做好底模，底模依所弹下部边线铺在横楞上。沿底模两边立起侧模。侧模外侧上部用夹木夹住，夹木钉在横楞上。侧模外侧下部用斜撑支住。斜撑上端钉在侧模木档上，下端钉于横楞上口加钉若干搭头木，用来保持杆件宽度达到要求 如现场为平整的水泥地面，则可在地面上直接立侧板，其他部位构造同上	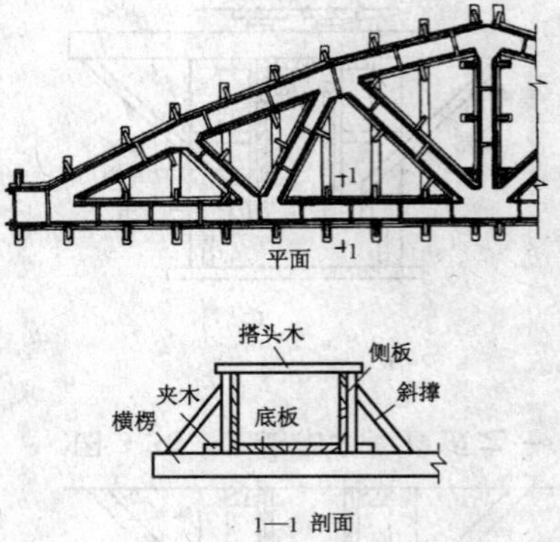 搭头木　侧板　斜撑 夹木　横楞　底板 1—1 剖面 图 3-32　桁架模板
	重叠生产	桁架重叠法支模，如图 3-33 所示。桁架的腹杆为已预制生产的成品，两端嵌入桁架模板内。其他与吊车梁支模方法相同	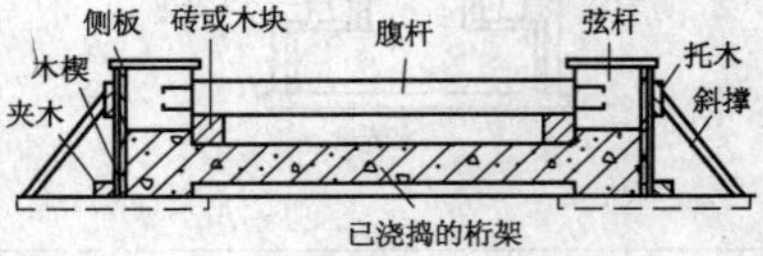 弦杆　托木　斜撑 腹杆　侧模　砖或木块　木模　夹木 已浇捣的桁架 图 3-33　桁架重叠法支模

第二节　木、竹胶合板模板

本节导读：

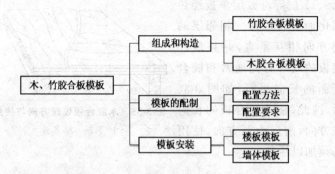

技能要点 1:竹胶合板模板组成和构造

混凝土模板用竹胶合板,其面板与芯板所用材料既有不同之处,又有相同之处。不同的材料是芯板将竹子劈成竹条(称竹帘单板),宽度为 14~17mm,厚度为 3~5mm,在软化池中进行高温软化,处理后作烤青、烤黄、去竹衣及干燥等进一步处理。竹帘的编织可用人工或编织机编织。面板通常为编席单板,做法是竹子劈成篾片,由编工编成竹席。表面板采用薄木胶合板。这样既可利用竹材资源,又可兼有木胶合板的表面平整度。

另外,也有采用竹编席作面板的,这种板材表面平整度较差,并且胶粘剂用量较多。

在竹胶合板断面构造,如图 3-34 所示。

为了提高竹胶合板

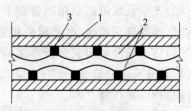

图 3-34　竹胶合板断面示意图
1. 竹席或薄木片表板　2. 竹帘芯板　3. 胶粘剂

的耐水性、耐磨性和耐碱性,经过试验证明,在竹胶合板表面进行环氧树脂涂面的耐碱性较好,进行瓷釉涂料涂面的综合效果最佳。

技能要点 2:木胶合板模板组成和构造

模板用的木胶合板通常由 5、7、9、11 层等奇数层单板经热压固化而胶合成形。相邻层的纹理方向相互垂直,并且最外层表板的纹理方向通常和胶合板板面的长向平行,如图 3-35 所示,因此,整张胶合板的长向为强方向,短向为弱方向,使用时必须加以注意。

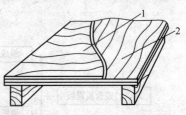

图 3-35　木胶合板纹理方向与使用
1. 表板　2. 芯板

技能要点 3:胶合板模板的配制

1. 配制方法

同木模板配制方法。

2. 配制要求

(1)应整张直接使用,尽量减少随意锯截,造成胶合板浪费。

(2)木胶合板常用厚度一般为 12mm 或 18mm,竹胶合板常用厚度一般为 12mm,内、外楞的间距,根据胶合板的厚度,通过设计计算进行调整。

(3)支承系统可以采用钢管脚手架,也可采用木支承;采用木支承时,不得选用脆性、严重扭曲和受潮容易变形的木材。

(4)钉子长度应为胶合板厚度的 1.5～2.5 倍,每块胶合板与木楞相叠处至少要钉 2 个钉子。第二块板的钉子要转向第一块模板方向斜钉,使拼缝严密。

(5)配制好的模板应在反面编号并写明规格,分别堆放保管,防止错用。

技能要点 4:胶合板模板安装

1. 楼板模板

楼板模板的支设方法有以下几种:

(1)采用脚手钢管搭设排架铺设楼板模板。常采用的支模方法是:用 $\phi48mm \times 3.5mm$ 脚手钢管搭设排架,在排架上铺放 $50mm \times 100mm$ 方木,间距为 $400mm$ 左右,作为面板的搁栅(楞木),在其上铺设胶合板面板,如图 3-36 所示。

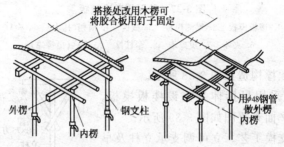

图 3-36　楼板模板采用脚手钢管(或钢支柱)排架支承

(2)采用木顶撑支设楼板模板。

1)楼板模板铺设在搁栅上。搁栅两头搁置在托木上,搁栅一般用断面为 $50mm \times 100mm$ 的方木,间距为 $400 \sim 500mm$。当搁栅跨度较大时,应在搁栅下面再铺设通长的牵杠,用来减小搁栅的跨度。牵杠撑的断面要求与顶撑立柱一样,下面须垫木楔及垫板。一般用 $(50 \sim 75)mm \times 150mm$ 的方木。楼板模板应垂直于搁栅方向铺钉,如图 3-37 所示。

2)楼板模板安装时,先在次梁模板的两侧板外侧弹水平线,水平线的标高应为楼板底标高减去楼板模板厚度及搁栅高度,然后按照水平线钉上托木,托木上口与水平线相齐。再把靠梁模旁的搁栅先摆上,等分搁栅间距,摆中间部分的搁栅。最后在搁栅上铺钉楼板模板。为了方便拆模,只在模板端部或接头处钉牢,中间尽量少钉。当中间设有牵杠撑及牵杠时,应在搁栅摆放前先将牵杠撑立起,将牵杠铺平。

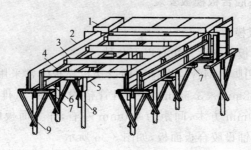

图 3-37　肋形楼盖木模板

1. 楼板模板　2. 梁侧模板　3. 搁栅　4. 横档(托木)　5. 牵杠
6. 夹木　7. 短撑木　8. 牵杠撑　9. 支柱(琵琶撑)

木顶撑构造如图 3-38 所示。

(3)采用早拆体系支设楼板模板。典型的平面布置图如图 3-39 所示。

1)支模工艺。立可调支承立柱及早拆柱头→安装模板主梁→安装水平支承→安装斜撑→调平支承顶面→安装模板次梁→铺设木(竹)胶合板模板→面板拼缝粘胶带→刷脱模剂→模板预检→进行下道工艺。

图 3-38　木顶撑

帽木
(50~100)×100
方木
斜撑
50×75方木
立柱
100×100方木
或φ120圆木
垫板　　木楔

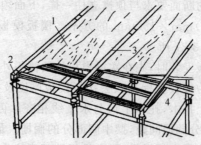

图 3-39　无边框木(竹)胶合板楼(顶)板模板组合示意图

1. 木(竹)胶合板　2. 早拆柱头板　3. 主梁　4. 次梁

2)拆模工艺。落下柱头托板,降下模板主梁→拆除斜撑及上部水平支承→拆除模板主、次梁→拆除面板→拆除下部水平支承→清理拆除支承件→运至下一流水段→待楼(顶)板达到设计强度,拆除立柱(现浇顶板可根据强度的增长情况再保留1~2层的立柱)。

2. 墙体模板

(1)直面墙体模板常规的支模方法是:胶合板面板外侧的立档用50mm×100mm方木,横档(又称牵杠)可用 ϕ48mm×3.5mm脚手钢管或方木(一般为100方木),两侧胶合板模板用穿墙螺栓拉结,如图3-40所示。

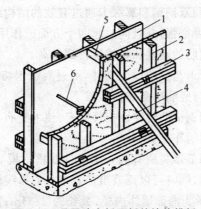

图 3-40　采用胶合板面板的墙体模板
1. 胶合板　2. 立档　3. 横档　4. 斜撑　5. 撑头　6. 穿墙螺栓

1)墙模板安装时,根据边线先立一侧模板,临时用支承撑住,用线坠进行校正,当模板的垂直时,加以固定牵杠,再用斜撑固定。大块侧模组拼时,上下竖向拼缝要互相错开,先立两端,后立中间部分。

待钢筋绑扎后,按同样方法安装另一侧模板及斜撑等。

2)为了保证墙体的厚度正确,在两侧模板之间可用小方木撑头(小方木长度等于墙厚),防水混凝土墙要加有止水板的撑头。

小方木要随着浇筑混凝土逐个取出。为了防止浇筑混凝土的墙身鼓胀,可使用 8～10 号钢丝或直径 12～16mm 螺栓拉结两侧模板,间距不大于 1m。螺栓要纵横排列,并在混凝土凝结前经常转动,以便在凝结后取出,如墙体不高,厚度不大,也可在两侧模板上口钉上搭头木即可。

(2)可调曲线墙体模板。

1)构造。可调曲线模板主要使由面板、背楞、紧伸器、边肋板等四部分组成,构造简单。标准板块的尺寸为 4880mm × 3660mm、混凝土侧压力按 60kN/m² 设计,面板采用 15mm 厚酚醛覆膜木质胶合板,竖肋采用 10 号槽钢,翼缘卡采用 3mm 厚钢板轧制而成,横肋双槽钢和翼缘卡通过有效的结构组合,使之成为一个整体,使刚度增强,并且同时起四个方面的作用:

①双槽钢横肋的刚度和整体性得到提高。

②本身翼缘卡与横肋即为一体,通过翼缘卡将竖肋与横肋固定后,可使横肋与竖肋的整体性增强。

③通过双槽钢横肋将穿墙拉杆固定,使木竖肋与面板紧贴,完全发挥整个背楞的作用。

④用曲率调节器将所有同一水平的双槽钢模肋连接,使独立的横肋变为整体,同时可以调节出任意半径的弧线模板。

图 3-41 所示为曲面墙体内模,弧长为 2.34m;图 3-42 所示为曲面墙体外模,弧长 2.44m,内外墙模配套使用;图 3-43 所示为弧形墙模。以上三种模板形成圆弧的原理,是通过调节螺栓调节圆弧半径,实现不同半径的圆弧墙体模板支设。

2)可调曲线模板施工要点:

①工艺流程。可调曲线墙体模板的搭设工艺流程见表 3-10。

②操作注意事项。

a. 主背楞钢件竖向拼接时,接头位置要错开。

b. 调节器安装时方向统一,方便调节弧度时向同一方向操作,防止混淆。

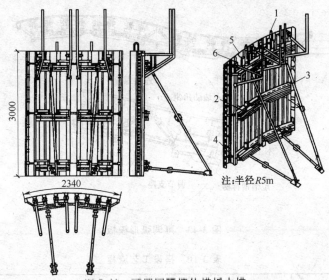

图 3-41　可调圆弧墙体模板内模

1. 吊钩　2. 调节支座　3. 短槽钢背楞　4. 调节螺栓　5. 面板　6. 木工字梁

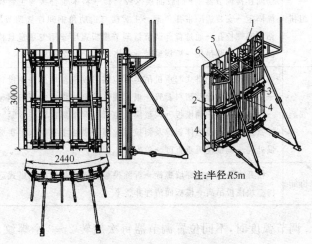

图 3-42　可调圆弧墙体模板外模

1. 吊钩　2. 调节支座　3. 短槽钢背楞　4. 调节螺栓　5. 面板　6. 木工字梁

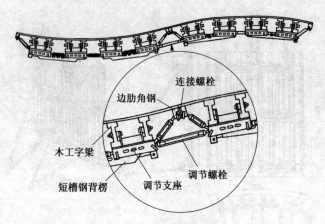

图 3-43　可调弧形模板

表 3-10　搭设工艺流程

序号	项目	具体操作内容
1	组拼	搭设组拼操作架→铺放主背楞钢件→主背楞长向拼接→相邻主背楞间连接调节器1→铺放面层木胶合板→将木胶合板与主背楞用螺栓固定→安装边肋带孔角钢→主背楞与边肋角钢间连接调节器2→钻穿墙螺栓孔→通过背部调节器调节模板弧度→用专用量具检测模板弧度→安装吊钩→模板编号→合格后吊至存放架内存放
2	安装	测量放线→用塔式起重机吊运对应编号模板至墙体一侧设计位置→插放穿墙螺栓及塑料套管→根据墙体控制线将模板下口调整到位→吊运墙体另一侧模板→调整模板位置→穿墙螺栓初步拧紧→螺栓拧紧连接→加设墙体斜撑及斜拉钢丝绳→模板主背楞水平拼缝处加强处理→调整模板垂直度→验收
3	拆卸	松开支承→抽出穿墙螺栓→拆除模板横向拼接螺栓→塔式起重机将整块模板吊离→模板面清理并整平

c. 调节弧度时,不同位置调节器每次旋转 2~3 个螺纹,同步进行。

d. 模板横向拼接螺栓按照间距不大于 300mm 布置,同时应保证与边肋连接的调节器处于拧紧状态。

e. 由于模板只有竖向背楞,所以要在其水平拼接处加设横向方木,再用钢管和穿墙螺栓将方木与模板主背楞背紧。

第三节 钢框胶合板模板

本节导读:

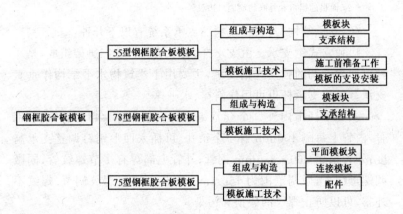

技能要点 1:55 型钢框胶合板模板

1. 组成与构造

(1)模板块。55 型钢框胶合板模板。这种模板可与 55 型小钢模通用,但比 55 型小钢模约轻 1/3,具有单块面积大、拼缝少、施工方便的优点。

模板是由钢边框、加强肋和防水胶合板模板组成。边框采用带有面板承托肋的异型钢,宽度为 55mm,厚度为 5mm,承托肋宽度为 6mm。边框四周设 $\phi13$ 连接孔,孔距 150mm,模板加强肋采用-40mm×3mm 扁钢,纵横间距为 300mm。在模板四角及中间一定距离位置设斜铁,用沉头螺栓同面板连接。面板采用 12mm

厚防水胶合板。模板允许承受混凝土侧压力为 $30kN/m^2$。

轻型钢框胶合板模板的规格见表 3-11。

表 3-11   轻型钢框胶合板模板的规格

项 目	尺 寸
长度	900mm、1200mm、1500mm、1800mm、2100mm、2400mm
宽度	300mm、450mm、600mm、900mm

注:1. 常用规格为 600mm×1200(1800、2400)mm;

2. 面板的锯口和孔眼均涂刷封边胶。

(2)支承结构。梁、板模板的支承系统有以下几种:

1)独立式钢支承。由支承杆、支承头和折叠三脚架组成,是一种可伸缩微调的独立式钢支承,主要用于建筑物水平结构作垂直支承。单根支承杆也可用作斜撑、水平撑。

①支承杆由内外 2 个套管组成。内管采用 $\phi48\times3.5mm$ 钢管,内管上每隔 100mm 有 1 个销孔,可插入回形销钉调整支承高度;外管采用 $\phi60\times3.5mm$ 钢管,外管上部焊有 1 节螺纹管,同微调螺母配合,微调范围为 150mm。由于采用内螺纹调节,螺纹不外露,可以防止螺纹的碰损和污染。

②支承头插入支承杆顶部,支承头上焊有 4 根小角钢。85mm 宽的方向用于搭接单根空腹工字钢梁;170mm 宽的方向用于搭接双根钢梁。

③折叠三脚架的腿部用薄壁钢板压制成[形,核心部分有左右 2 个卡瓦,靠偏心锁紧。折叠三脚架打开后卡住支承杆,用锁紧把手紧固,使支承杆独立、稳定,如图 3-44 所示。

2)空腹工字钢梁:空腹工字钢梁上下翼缘采用厚度为 1.5mm 冷轧薄钢板压制而成,腹部斜杆为 40mm×35mm 薄壁矩形焊接钢管,翼缘内侧开口处用厚度为 1.2mm 薄钢板封口。

3)钢木工字梁:钢木工字梁其上下翼缘采用木方,腹板由薄钢板压制而成,并与翼缘木方连接,腹板之间用薄壁钢管铆接。上下翼缘木方尺寸为 80mm×40mm。

2. 模板施工技术

(1)施工前的准备工作。

1)安装前,要做好模板的定位
基准工作,其工作步骤是:

①进行中心线和位置的放线。
引测建筑的边柱或墙轴线,以该轴
线为起点,引出每条轴线。

模板放线时,根据施工图用墨
线弹出模板的内边线和中心线,墙
模板要弹出模板的边线和外侧控制
线,方便模板安装和校正。

②做好标高量测工作。用水准
仪测出建筑物水平标高,根据实际
标高的要求,可直接引测到模板安
装位置。

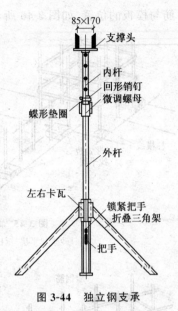

图 3-44　独立钢支承

③进行找平工作。模板承垫底部应预先找平,用来确定模板
位置正确,防止模板底部漏浆。常用的找平方法是沿模板边线(构
件边线外侧)用 1∶3 水泥砂浆抹找平层(图 3-45a)。另外,在外
墙、外柱部位,继续安装模板前,要设置模板承垫条带(图 3-45b),
并校正其平直。

④设置模板定位基准。传统作法是,按照构件的断面尺寸先
用同强度等级的细石混凝土浇筑 50～100mm 的导墙,作为模板
定位基准。

另一种作法是采用钢筋定位:墙体模板可根据构件断面尺寸
切割一定长度的钢筋焊成定位梯子支承筋(钢筋端头刷防锈漆),
绑(焊)在墙体两根竖筋上,起到支承作用,间距 1200mm 左右;柱
模板,可在基础和柱模上口用钢筋焊成井字形套箍撑住模板并固
定竖向钢筋,也可在竖向钢筋靠模板一侧焊一短截钢筋,以保持钢

筋与模板的位置,如图 3-46 所示。

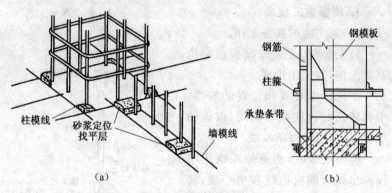

图 3-45   墙、柱模板找平

(a)砂浆找平层   (b)外柱外模板设承垫条带

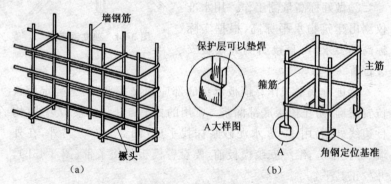

图 3-46   钢筋定位示意图

(a)钢筋定位   (b)角钢头定位

⑤合模前要检查构件竖向接岔处面层混凝土是否已经凿毛。

2)采取预组装模板施工时,预组装工作应在组装平台或经平整处理的地面上进行,并按表 3-12 要求逐块检验后进行试吊,试吊后再进行复查,并检查配件数量、位置和紧固情况。

3)模板安装前,应做好下列准备工作:

①向施工班组进行技术交底,并且做样板,经监理、有关人员

认可后,再大面积展开。

表 3-12　模板施工组装质量标准　　　(单位:mm)

序号	项　目	允　许　偏　差
1	两块模板之间拼接缝隙	≤2.0
2	相邻模板板面的高低差	≤2.0
3	组装模板板面平面度	≤2.0(用2m长平尺检查)
4	组装模板板面的长宽尺寸	≤长度和宽度的1/1000,最大±4.0
5	组装模板两对角线长度差值	对角线长度的1/1000,最大≤7.0

②支承支柱的土壤地面,应事先夯实整平,并且做好防水、排水设置,准备支柱底垫木。

③竖向模板安装的底面应平整坚实,并采取可靠的定位措施,按照施工设计要求预埋支承锚固件。

④模板应涂刷脱模剂。结构表面需作处理的工程,严禁在模板上涂刷废机油或其他油类。

(2)模板的支设安装。

1)模板的支设安装,应遵守下列规定:

①按配板设计循序拼装,以保证模板系统的整体稳定。

②配件必须装插牢固。支柱和斜撑下的支承面应平整垫实,要有足够的受压面积。支承件应着力于外钢楞。

③预埋件与预留孔洞必须位置准确,安设牢固。

④基础模板必须支承牢固,防止变形,侧模斜撑的底部应加设垫木。

⑤墙和柱子模板的底面应找平,下端应与事先做好的定位基准靠紧垫平,在墙、柱子上继续安装模板时,模板应有可靠的支承点,其平直度应进行校正。

⑥楼板模板支模时,应先完成一个格构的水平支承及斜撑安装,再逐渐向外扩展,以保持支承系统的稳定性。

⑦预组装墙模板吊装就位后,下端应垫平,紧靠定位基准;两侧模板均应利用斜撑来调整和固定其垂直度。

⑧支柱所设的水平撑与剪刀撑,应按照构造与整体稳定性布置。

⑨多层支设的支柱,上下应设置在同一竖向中心线上,下层楼板应具有承受上层荷载的承载能力或加设支架支承。下层支架的立柱应铺设垫板。

2)模板安装时,应符合下列要求:

①同一条拼缝上的 U 形卡,不宜向同一方向卡紧。

②墙模板的对拉螺栓孔应平直相对,穿插螺栓不得斜拉硬顶。钻孔应采用机具,严禁采用电、气焊灼孔。

③钢楞宜采用整根杆件,接头应错开设置,搭接长度不应少于 200mm。

3)对现浇混凝土梁、板,当跨度不小于 4m 时,模板应按设计要求起拱;当设计没有具体要求时,起拱高度宜为跨度的 1/1000~3/1000。

4)曲面结构可用双曲可调模板,采用平面模板组装时,应使模板面与设计曲面的最大差值不得超过设计的允许值。

5)模板安装及应注意的事项:

模板的支设方法基本上有两种,即单块就位组拼(散装)和预组拼,其中预组拼又可分为分片组拼和整体组拼两种。采用预组拼方法,可以加快施工速度,提高工效和模板的安装质量,但必须具备合适的吊装设备和有较大的拼装场地。

①柱模板。

a. 保证柱模的长度符合模数,不符合部分放到节点部位处理;或以梁底标高为准,由上往下配模,不符合模数部分放到柱根部位处理;高度在 4m 和 4m 以上时,一般应四面支承。当柱高超过 6m 时,不宜单根柱支承,宜几根柱同时支承连成构架。

b. 柱模根部要用水泥砂浆堵严,防止跑浆;柱模的浇筑口和清扫口,在配模时应一并考虑留出。

c. 梁、柱模板分两次支设时,应在柱子混凝土达到拆模强度时,最上一段柱模先保留不拆,方便与梁模板连接。

d. 柱模的清碴口应留置在柱脚一侧,如果柱子断面较大,为了方便清理,也可两面留设。清理完毕,立即封闭。

e. 柱模安装就位后,立即用四根支承或有张紧器花篮螺栓的缆风绳与柱顶四角拉结,并校正其中心线和偏斜(图 3-47),全面检查合格后,再群体固定。

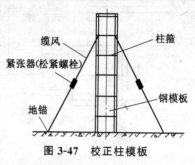

图 3-47　校正柱模板

②梁模板。

a. 梁柱接头模板的连接特别重要,一般可按图 3-48 和图 3-49 处理;或用专门加工的梁柱接头模板。

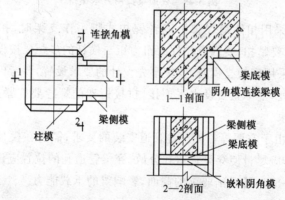

图 3-48　柱顶梁口采用嵌补模板

b. 梁模支柱的设置,应经过模板设计计算决定,一般情况下采用双支柱时,间距以 60～100cm 为宜。

c. 模板支柱纵、横方向的水平拉杆、剪刀撑等,均应按设计要求布置;一般工程当设计无规定时,支柱间距一般不宜大于 2m,纵横方向的水平拉杆的上下间距不宜大于 1.5m,纵横方向的垂直剪刀撑的间距不宜大于 6m;跨度大或楼层高的工程,必须认真进行设计,尤其是对支承系统的稳定性,必须进行结构计算,按照设计精心施工。

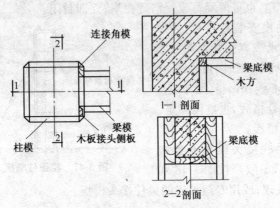

图 3-49　柱顶梁口用方木镶拼

d. 采用扣件钢管脚手或者碗扣式脚手作支架时,扣件要拧紧,杯口要紧扣,要抽查扣件的扭力矩。横杆的步距要按设计要求设置。采用桁架支模时,要按事先设计的要求设置,要考虑桁架的横向刚度,上下弦要设水平连接,拼接桁架的螺栓要拧紧,数量要满足要求。

e. 由于空调等各种设备管道安装的要求,需要在模板上预留孔洞时,应尽量使穿梁管道孔分散,穿梁管道孔的位置应设置在梁中(图 3-50),防止削弱梁的截面,影响梁的承载能力。

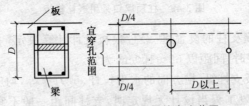

图 3-50　穿梁管道孔设置的高度范围

③墙模板。

a. 组装模板时,要使两侧穿孔的模板对称放置,确保孔洞对准,以使穿墙螺栓与墙模保持垂直。

b. 相邻模板边肋用 U 形卡连接的间距,不得大于 300mm,预组拼模板接缝处宜满上。

c. 预留门窗洞口的模板应有锥度,安装要牢固,既不变形,又便于拆除。

d. 墙模板上预留的小型设备孔洞,当遇到钢筋时,应设法确保钢筋位置正确,不得将钢筋移向一侧(图 3-51)。

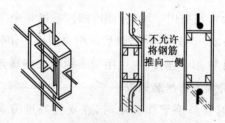

图 3-51　墙模板上设备孔洞模板做法

e. 优先采用预组装的大块模板,必须要有良好的刚度,以便于整体装、拆、运。

f. 墙模板上口必须在同一水平面上,严防墙顶标高不一。

④楼板模板。

a. 采用立柱作支架时,从边跨一侧开始逐排安装立柱,并同时安装外钢楞(大龙骨)。立柱和钢楞(龙骨)的间距,根据模板设计计算决定,一般情况下立柱与外钢楞间距为 600～1200mm,内钢楞(小龙骨)间距为 400～600mm。调平后即可铺设模板。

在模板铺设完标高校正后,立柱之间应加设水平拉杆,其道数根据立柱高度决定。一般情况下离地面为 200～300mm 处设一道,往上纵横方向每隔 1.6m 左右设一道水平拉杆。

b. 采用桁架作支承结构时,一般应预先支好梁、墙模板,然后将桁架按模板设计要求支设在梁侧模通长的型钢或方木上,调平固定后再铺设模板(图 3-52)。

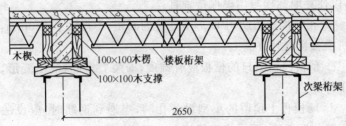

图 3-52　梁和楼板桁架支模

c. 楼板模板当采用单块就位组拼时,宜以每个节间从四周先用阴角模板与墙、梁模板连接,然后向中央铺设。相邻模板边肋应按设计要求用 U 形卡连接,也可用钩头螺栓与钢楞连接。亦可采用 U 形卡预拼大块再吊装铺设。

d. 采用钢管脚手架作支承时,在支柱高度方向每隔 1.2～1.3m 设一道双向水平拉杆。

e. 要优先采用支承系统的快拆体系,加快模板周转速度。

⑤楼梯模板。楼梯模板一般比较复杂,常见的有板式和梁式楼梯两种,它们的支模工艺基本相同。

施工前应根据实际层高放样,先安装休息平台梁模板,再安装楼梯模板斜楞,然后铺设楼梯底模、安装外帮侧模和踏步模板。安装模板时要特别注意斜向支柱(斜撑)的固定,防止浇筑混凝土时模板移动。

楼梯段模板组装情况如图 3-53 所示。

⑥预埋件和预留孔洞的设置。梁顶面和板顶面预埋件的留设方法如图 3-54 所示。预留孔洞的留置如图 3-55 所示。

技能要点 2:78 型钢框胶合板模板

1. 组成与构造

(1)模板块。78 型钢框胶合板模板与 55 型钢框胶合板模板相比约重1倍。该模板刚度大,面板平整光洁,可以整装整拆,也可散装散拆。

模板是由钢边框、加强肋和防水胶合板面板组成。边框采用带有面板承托肋的异型钢,宽度为78mm,厚度为5mm,承托肋宽度为6mm。边框四周设17mm×21mm连接孔,孔距为300mm。模板加强肋采用钢板压制成型的[60mm×30mm×3mm槽钢,肋距为300mm,在加强肋两端设节点板,节点板上留有与背楞相连的连接孔17mm×21mm椭圆孔,面板上有ϕ25穿墙孔。在模板四角斜铁及加强位置用沉头螺栓同面板连接。面板采用18mm厚防水胶合板。

模板允许承受混凝土侧压力为50kN/m^2。

78型钢框胶合板模板的规格,见表3-13。

表3-13 78型钢框胶合板模板的规格

项 目	尺 寸
长度	900mm、1200mm、1500mm、1800mm、2100mm、2400mm
宽度	300mm、450mm、600mm、900mm、1200mm

(2)支承结构。78型钢框胶合板模板的支承系统与55型钢框胶合板模板的支承系统相同。

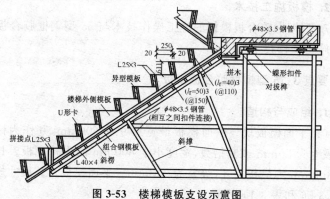

图3-53 楼梯模板支设示意图

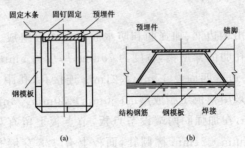

图 3-54　水平构件预埋件固定示意图

（a）梁顶面　（b）板顶面

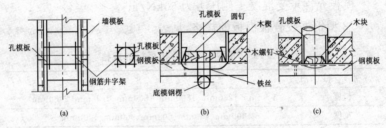

图 3-55　预留孔洞留设方法

（a）梁、墙侧面　（b）、（c）楼板板底

2. 模板施工技术

78 型钢框胶合板模板的施工操作技术与 55 型钢框胶合板模板的施工操作技术相同。

技能要点 3:75 型钢框胶合板模板

1. 组成与构造

（1）平面模板块。平面模板最宽尺寸为 600mm，并作为标准板，级差为 50mm 或其倍数，宽度小于 600mm 的为补充板。长度以 2400mm 为最长尺寸，级差为 300mm。平面模板及其尺寸规格如图 3-56 和表 3-14 所示。

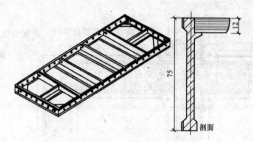

图 3-56　平面模板块

表 3-14　平面模板规格　　　　（单位:mm）

项　　目	尺　　寸
高度	75
宽度	200、250、300、450、600
长度	900、1200、1500、1800、2400

（2）连接模板。连接模板有阴角角模、连接角钢与调缝角钢三种。

1）为了加强阴角模边框的刚度，采用了专用热轧型钢，其角肢宽度为 150mm×150mm、150mm×100mm 两种，长度为 900mm、1200mm、1500mm，共 6 种规格。

2）75 模板体系中设置阳角模，凡结构阳角处均采用 75mm×75mm 连接角钢，具有点每一平面上可少两条拼缝，加工简单，成本低，精度高的优点。

3）调缝角钢宽度有 200mm、150mm 两种，长度为 900mm、1200mm、1500mm 共 6 种规格。

4）75 模板体系中，以宽度 600mm 标准板为主体与其他狭窄的补充板、调缝板、连接角钢、铰接模等组合，可满足拼装柱、梁板、电梯井筒模各种结构尺寸的需要。

5）平面模板和连接模板共 44 种规格，可满足拼装柱、梁、板、井梯井筒模各种结构尺寸的需要，如图 3-57 和图 3-58 所示。

（3）配件。配件有连接件、支承架两部分。

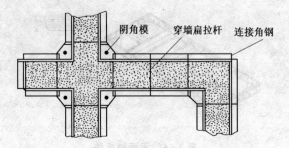

图 3-57　用角模拼装的 90°转角、十字、端头模板

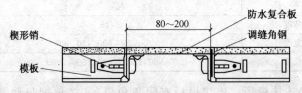

图 3-58　用调缝角钢拼装的 80～200mm 的非标准模板

1)连接件。连接件有楔形销、单双管背楞卡、L 形插销、扁杆对拉、厚度定位板等,其用法如图 3-59 和图 3-60 所示。

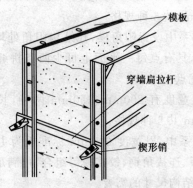

图 3-59　穿墙扁拉杆用法

2)支承件。支承件有脚手架钢管背楞、操作平台、斜撑等。其用法如图 3-61 所示。

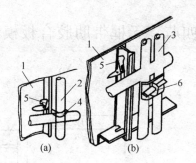

图 3-60　单、双管背楞用法

（a）单管背楞　（b）双管背楞

1. 模板　2. 单管背楞　3. 双管背楞　4. 单背楞卡　5. 楔形销　6. 双背楞卡

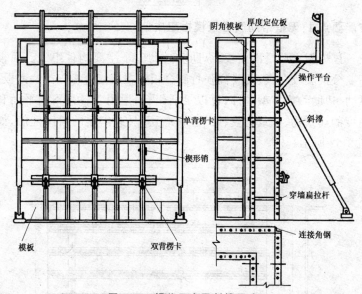

图 3-61　操作平台及斜撑用法

2. 模板施工技术

　　75 型钢框胶合板模板的施工操作技术与 55 型钢框胶合板模板的施工操作技术相同。

第四节　无框带肋胶合板模板

本节导读：

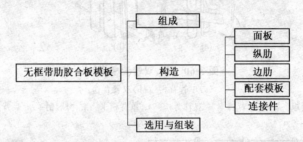

技能要点 1：无框带肋胶合板模板组成

　　该模板主要是由面板、纵肋和边肋三个主要构件组成。面板主要分覆膜胶合板、覆膜高强竹胶合板和覆膜复合板三类。面板、纵肋、边肋均为定型构件，可以灵活组合，适用于各种不同平面和高度的建筑物、构筑物模板工程命名用，具有广泛的通用性能，如图 3-62 所示。

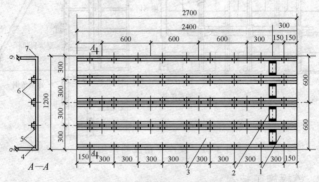

图 3-62　无框带肋模板(45 系列)构造图

1. 拼接面板(1200mm×300mm)　2. 拼缝节点　3. 基本面板(1200mm×2400mm)

4. 边肋　5. M8×25 螺栓、螺母　6. 纵肋　7. 封边条

技能要点 2：无框带肋胶合板模板构造

无框带肋模板按纵肋高度分为 45 和 70 两个系列，前者承受侧压力为 60kN/m²，后者承受侧压力为 100kN/m²，如图 3-62所示。

用定型面板和高度拼接面板和不同高度的纵肋和边肋，可组装成平面尺寸为 1200mm×2400mm、900mm×2400mm、600mm×2400mm、1500mm×2400mm 四种，高度尺寸为 2700mm、3000mm、3300mm、3600mm、3900mm 五种无框模板为基本模板。

（1）面板。面板为无框模板构件之一，有酚醛覆膜高强竹胶合板、酚醛覆膜竹复合板、酚醛覆膜木胶合板和其他面板。

1）基本面板：用于各种建筑物、构筑物无框模板体系用的定型板面共有 1200mm×2400mm、900mm×2400mm、600mm×2400mm、150mm×2400mm 四种。基本面板按照受力性能带有固定拉杆孔位置，根据平面组合需要，拉杆孔位置的设置不同，基本面板共有四种规格、七种产品。

2）高度拼接面板：根据纵肋高度扣除基本面板高度 2400mm外的相应高度的面板为高度拼接面板，如图 3-62 所示。

3）强力塑胶封边条：为了提高面板抗破损能力，在基本面板和高度接面板的四周的板边开槽，镶嵌强力 PVC 塑胶条，用胶粘剂固定。其功能是增加板边抗破损能力，防止面板吸湿变形。

4）拉杆孔塑胶加强套：为了提高面板抗破损能力，在带有拉杆孔的基本面板和高度拼接面板上的拉杆孔位置，镶嵌强力 PVC 塑胶加强套，其功能是增加拉杆孔处面板的抗破损能力，防止面板吸湿变形。

（2）纵肋。纵肋为无框带肋模板构件之一，是主要受力构件。用热轧钢板碾压成形，表面做酸洗除锈喷塑处理，其受力断面高度有 45mm、70mm 两种规格。

纵肋按建筑物、构件物不同层高需要，有 2700mm、3000mm、

3300mm、3600mm、3900mm 五种不同长度,可组合成层高为 2700～4200mm 不同高度的建筑物、构筑物模板。纵肋在工程上的使用,如图 3-63 所示。

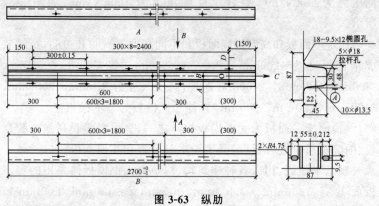

图 3-63 纵肋

(3)边肋。边肋为模板构件之一,是模板组合时的连接构件,用热轧钢板折弯成形。表面酸洗除锈喷塑处理。高度有 45mm、70mm 两种,分别用于 45、70 系列无框模板连接使用。

边肋按建筑物、构筑物不同层高需要,有 2700mm、3000mm、3300mm、3600mm、3900mm 五种不同长度,可组合成层高为 2700～4200mm 的不同高度的建筑物、构筑物模板。边肋在工程上的使用,如图 3-64 所示。

(4)配套模板。用基本模板和补缺模板、阴角、阳角、固定角等配套模板就可任意组合满足各种不同平面的建筑物、构筑物模板工程的需要。

1)补缺模板:组配各种不同尺寸的模板,当基本模板不能满足平面配模需求时,其不足部分为补缺模板。补缺模板应安排在角模两侧,如图 3-65 所示。

2)阴角:平面模板组合时用于转角处模板之一,宽度为 200mm,用热轧钢板折弯成形,表面酸洗除锈后喷塑处理,有

2700mm、3000mm、3300mm、3600mm、3900mm 五种不同长度，如图 3-66 所示。

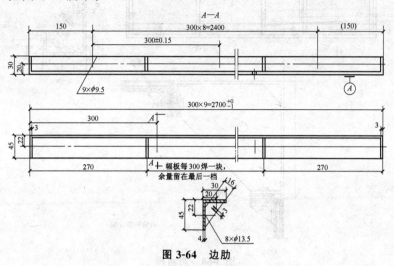

图 3-64 边肋

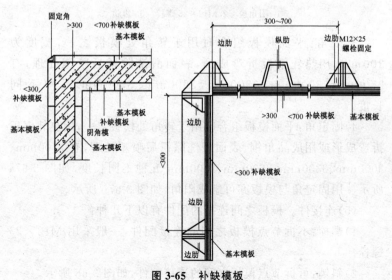

图 3-65 补缺模板

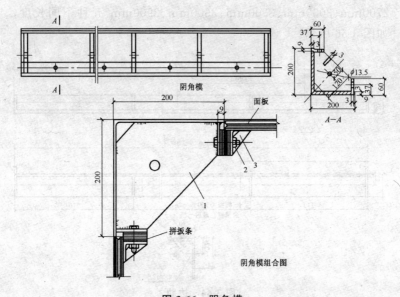

图 3-66   阴角模

1. 阴角模   2. M12×25 螺栓   3. 边肋

3)阳角:平面模板组合时用于转角处模板之一,宽度为 200mm,用热轧钢板折弯成形,表面酸洗除锈后喷塑处理,有 2700mm、3000mm、3300mm、3600mm、3900mm 五 种 不 同 长度。

4)固定角:平面模板组合时用于转角处模板之一,用热轧钢板折弯成形或用成品角钢,表面酸洗除锈后喷塑处理,有 2700mm、3000mm、3300mm、3600mm、3900mm 五种不同长度,如图 3-67a 所示。用固定角与模板亦可组成阳角,如图 3-67b 所示。

(5)连接件。模板之间连接的配件有以下几种:

1)螺栓:不拆节点模板之间的连接配件,一般采用 M12×25 螺栓。

2)斜销:可拆节点模板之间的连接配件,如图 3-68 所示。

3)连接钢板:用于基本面板与高度拼接面板、接高面板之间的连接和加强,如图 3-69 所示。

4)垫板:模板连接处加设的弹性垫板,可用胶合板、木板、塑胶条制作,如图 3-68 所示。

5)钩头螺栓:钩头螺栓主要用于外楞连接,如图 3-70 所示。

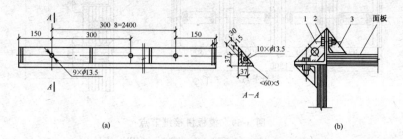

(a)   (b)

图 3-67 固定角

(a)固定角 (b)用固定角与面板组成阳角

1. 固定角 2. M2×25 3. 边肋

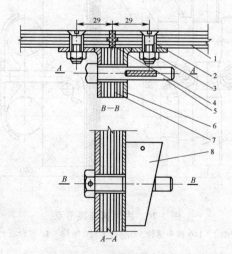

图 3-68 模板拼接可拆节点

1. 面板 2. M8×25 螺栓 3. M8 螺母 4. PVC 密封条
5. 螺杆(Q235A) 6. 边肋 7. 连接垫板 8. 斜销

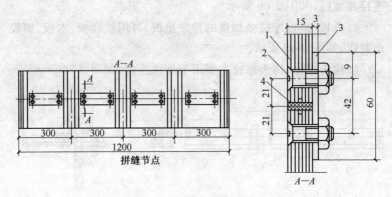

图 3-69　模板拼接缝节点

1. 面板　2. M6×25 螺栓　3. 连接板　4. PVC 密封条

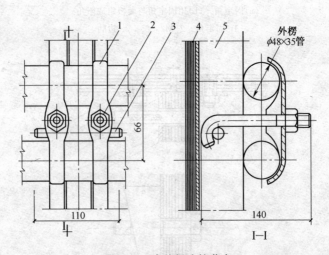

图 3-70　内外楞连接节点

1. 3 型扣件　2. M12×140 钩头螺栓　3. φ12×110 短轴　4. 胶合板　5. 纵肋（内楞）

技能要点 3：无框带肋胶合板模板选用与组装

（1）楼板模板选用，参见表 3-15。

表 3-15　楼板模板选用参考表

			混凝土楼板厚度(m)	10	12	13	16	18
面板厚度选择 h(mm)	荷载 g (kN/m²)		变形计算	2.76	3.28	3.80	4.33	4.85
			强度计算	5.76	5.78	6.30	6.83	7.35
	$S=450mm$	$h=12mm$	挠度 l/f	761	641	554	485	433
			应力 δ_{max}(MPa)	5.52	6.07	6.62	7.17	7.72
		$h=15mm$	挠度 l/f	—	—	—	—	—
			应力 δ_{max}(MPa)	—	—	—	—	—
	$S=600mm$	$h=15mm$	挠度 l/f	627	527	455	400	—
			应力 δ_{max}(MPa)	6.31	6.94	7.56	8.20	—
		$h=18mm$	挠度 l/f	—	—	—	—	619
			应力 δ_{max}(MPa)	—	—	—	—	6.13
横梁跨度选择 l(mm)	$S=450mm$	荷载 g /(kN/m²)	变形计算	1.34	1.58	1.81	2.05	2.28
			强度计算	2.47	2.70	2.94	3.17	3.41
		最大允许跨度 l(m)		2.70	2.55	2.45	2.35	2.25
		应力 δ_{max}(MPa)		8.79	8.57	8.62	8.55	8.43
	$S=600mm$	荷载 g /(kN/m²)	变形计算	1.76	2.07	2.38	2.70	3.01
			强度计算	3.26	3.57	3.88	4.20	4.51
		最大允许跨度 l(m)		2.45	2.35	2.25	2.15	2.05
		应力 δ_{max}(MPa)		9.55	9.63	9.59	9.48	9.25
纵梁刚度选择 $EI\times10^{11}$ (N·mm²)	$S=450mm$	荷载 P/kN	变形计算	3.72	4.13	4.53	4.92	5.23
			强度计算	5.55	6.18	6.09	6.50	6.75
		最小截面刚度 $EI\times10^{11}$		2.39	2.65	2.91	3.16	3.36
		截面应力 δ_{max}(MPa)		124.5	138.7	136.6	145.8	151.1
	$S=600mm$	荷载 P/kN	变形计算	4.41	4.96	5.46	5.91	6.27
			强度计算	6.61	7.07	7.48	7.84	8.12
		最小截面刚度 $EI\times10^{11}$		2.03	2.28	2.51	2.72	2.88
		截面应力 δ_{max}(MPa)		9.9	105.8	111.9	117.3	121.5

注：1. 表中 S 为横梁间距。横梁间距＝面板跨度；横梁跨度＝纵梁间距；纵梁跨度＝支承间距＝1.8m。

　　2. 模板荷载组合。

　　(1)强度计算：模板自重＋新浇混凝土重＋钢筋自重＋施工人员及施工设备的自重。

　　(2)变形计算：模板自重＋新浇混凝土重＋钢筋自重。

　　3. 纵梁截面应力系按所选定的 2 根内卷边槽钢 $EI=4.21\times10^{11}$ N·mm²、截面抵抗矩 $w=40120$mm³求得。

(2)墙、柱、楼板模板的组装,如图 3-71～图 3-73 所示。

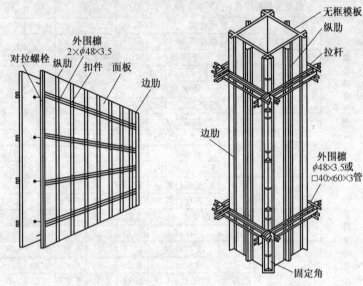

图 3-71 墙模组配示意图   图 3-72 柱模组配示意图

图 3-73 楼板模板组配示意图

第四章 组合钢模板施工

第一节 55型组合钢模板

本节导读：

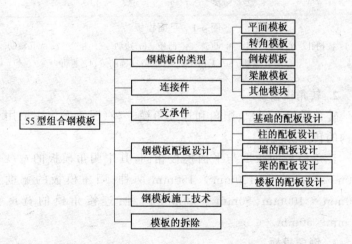

技能要点 1：钢模板的类型

钢模板主要包括平面模板、转角模板、倒棱模板、梁腋模板、阴角模板、阳角模板、连接角模等。

1. 平面模板

平面模板由面板和肋条组成，采用 Q235 钢板制成，面板厚2.5mm，对于≥400mm 宽面钢模板的钢板厚度采用 2.75mm 或3.0mm 钢板。肋条上设有 U 形卡孔（图 4-1）。平面模板利用 U

形卡和 L 形插销等可拼装成大块模板。U 形卡孔两边设凸鼓,以增加 U 形卡的夹紧力。边肋倾角处有 0.3mm 的凸棱,可使模板的刚度增强和拼缝严密。

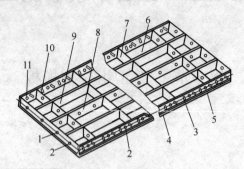

图 4-1   平面模板

1. 插销孔 2. U 形卡孔 3. 凸鼓 4. 凸棱 5. 边肋 6. 主板 7. 无孔横肋 8. 有孔纵肋 9. 无孔纵肋 10. 有孔横肋 11. 端肋

2. 转角模板

转角模板有阴角、阳角和连接角模三种(图 4-2)。主要用于结构的转角部位。

转角模板的长度与平面模板相同,其中阴角模板的宽度有 150mm×150mm、100mm×150mm 两种;阳角模板的宽度有 100mm×100mm、50mm×50mm 两种;连接角模的宽度为 50 mm×50mm。

3. 倒棱模板

倒棱模板分角棱和圆棱模板两种(图 4-3),主要用于梁、柱、墙等阳角的倒棱部位。倒棱模板的长度与平面模板相同,其中角棱模板的宽度有 17mm、45mm 两种;圆棱模板的半径有 R20、R35 两种。

4. 梁腋模板

梁腋模板主要用于渠道、沉箱和各种结构的梁腋部位,如图 4-4 所示。宽度有 50mm×150mm、50mm×100mm 两种。

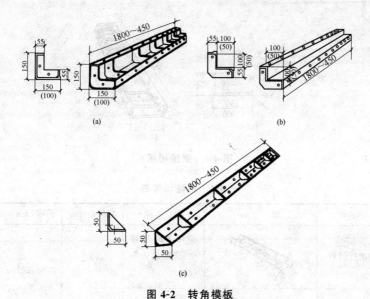

图 4-2　转角模板

(a)阴角模板　(b)阳角模板　(c)连接角模

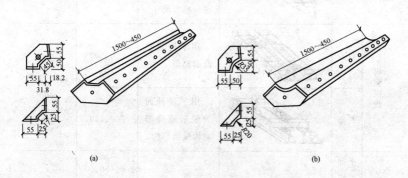

图 4-3　倒棱模板

(a)角棱模板　(b)圆棱模板

5. 其他模板

其他模板包括柔性模板、搭接模板、可调模板和嵌补模板等，其用途和规格见表 4-1。

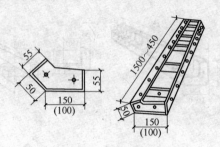

图 4-4　梁腋模板

表 4-1　用途和规格

名称		图　示	用　途	宽度(mm)	长度(mm)
柔性模板			用于圆形筒壁、曲面墙体等部位	100	1500、1200、900、750、600、450
搭接模板			用于调节50mm 以内的拼装模板尺寸	75	
可调模板	双曲		用于构筑物曲面部位	300、200	1500、900、600
	变角		用于展开面为扇形或梯形的构筑物结构	200、160	
嵌补模板	平面嵌板	图略	用于梁柱、板、墙等结构接头部位	200、150、100	300、200、150
	阴角嵌板			150×150 100×150	
	阳角嵌板			100×100 50×50	

技能要点 2：连接件

1. U 形卡

U 形卡主要用于钢模板纵横向的自由拼接，宜用 30 钢制作，如无 30 钢时，也可 Q235 钢板代替使用，直径为 12mm。

2. L 形插销

L 形插销是用来增强钢模的纵向拼接刚度、确保接头处板面平整的连接件。用 Q235 圆钢制成，直径为 12mm。

3. 钩头螺栓

钩头螺栓用于钢模板与内、外钢楞之间的连接固定，用 Q235 圆钢制成，直径为 12mm。

4. 紧固螺栓

紧固螺栓用于紧固内、外钢楞，增强模板拼装后的整体刚度，用 Q235 圆钢制成，直径为 12mm。

5. 扣件

扣件的图示、用途与规格见表 4-2。

表 4-2　扣件的图示、用途与规格

名称		图　　示	用　　途	规格	备注
扣件	3号扣件	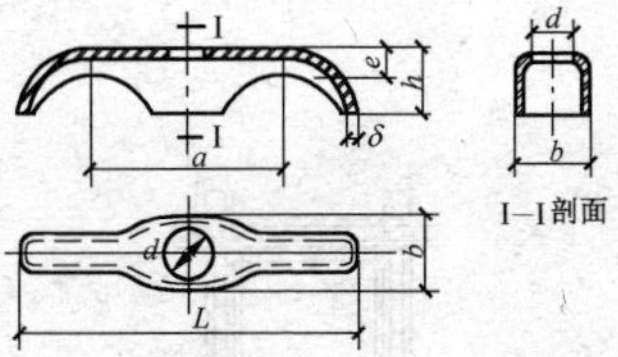	用于钢楞与钢模板或钢楞之间的紧固连接，与其他配件一起将钢模板拼装连接成整体，扣件应与相应的钢楞配套使用。按钢楞的不同形状，分别采用蝶形和 3 形扣件，扣件的刚度与配套螺栓的强度相适应	26 型、12 型	Q235 钢板
	蝶形扣件	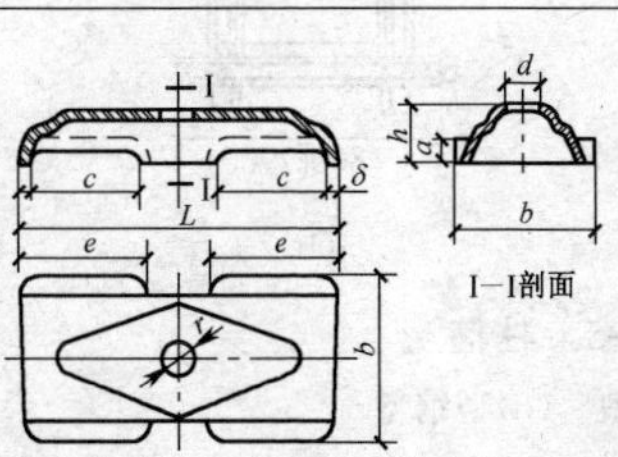		26 型、18 型	

6. 拉杆

用于连接内、外模板,保持内、外模板的间距,承受新浇筑混凝土的侧压力和其他荷载,使模板具有足够的刚度和强度。常用的为圆杆式拉杆,又称穿墙螺栓、对拉螺栓,分组合式和整体式两种,由 Q235 圆钢制成,规格有 M12、M14、M16 等。

整体式拉杆一般为自制通长螺栓。拆除时,可将对拉螺栓齐混凝土表面切断,亦可在混凝土内加埋套管,将对拉螺栓从套管中抽出重复使用。

技能要点 3:支承件

1. 钢楞

钢楞又称龙骨,主要用于支承钢模板并加强其整体刚度。钢楞的材料,有 Q235 圆钢管、矩形钢管、内卷边槽钢、轻型槽钢、轧制槽钢等,可根据设计要求和供应条件选用。

内钢楞直接支承模板,承受模板传递的多点集中荷载。

2. 柱箍

柱箍又称柱卡箍、定位夹箍,用于直接支承和夹紧各类柱模的支承件,可根据柱模的外形尺寸和侧压力的大小来选用(图4-5)。

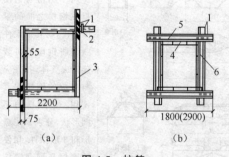

图 4-5 柱箍

(a)角钢型 (b)型钢型

1. 插销 2. 限位器 3. 夹板 4. 模板 5. 型钢 6. 钢型B

3. 梁卡具

梁卡具又称梁托架。是一种将大梁、过梁等钢模板夹紧固定的装置,并承受混凝土侧压力,其种类较多,其中钢管型梁卡具适用于断面为 700mm×500mm 以内的梁;扁钢和圆钢管组合梁卡具适用于断面为 600mm×500mm 以内的梁,上述两种梁卡具的高度和宽度都能调节。

4. 圈梁卡

圈梁卡用于圈梁、过梁、地基梁等方(矩)形梁侧模的夹紧固定。目前各地使用的形式多样,用角钢和钢板加工成的工具式圈梁卡如图 4-6 所示。

5. 钢支柱

钢支柱用于大梁、楼板等水平模板的垂直支承,采用 Q235 钢管制作,有单管支柱和四管支柱多种形式。

6. 早拆柱头

早拆柱头用于梁和楼板模板的支承柱头,以及模板的早拆柱头。

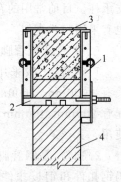

图 4-6　圈梁卡
1. 钢模板　2. 卡具
3. 拉铁　4. 砖墙

7. 斜撑

斜撑用于承受墙、柱等侧模板的侧向荷载和调整竖向支模的垂直度。

8. 桁架

(1)平面可调桁架。平面可调桁架用于楼板、梁等水平模板的支架。用它支设模板,可以节省模板支承和扩大楼层的施工空间,有利于加快施工速度。

平面可调桁架采用的类型较多,其中轻型桁架采用角钢、扁钢和圆钢筋制成,由两榀桁架组合后,其跨度可调整到 2100～3500mm,一个桁架的承载力为 20kN(均匀放置)。

(2)曲面可变桁架。曲面可变桁架由桁架、连接件、垫板、连接板、方垫块等组成。适用于筒仓、沉井、圆形基础，明渠、暗渠、水坝、桥墩、挡土墙等曲面构筑物模板的支承。

桁架用扁钢和圆钢筋焊接制成，内弦与腹筋焊接固定，外弦可以伸缩，曲面弧度可以自由调节，最小曲率半径为 3m。

9. 钢管脚手支架

钢管脚手支架主要用于层高较大的梁、板等水平构件模板的支承柱。目前常用的有扣件式钢管脚手架和碗扣式钢管脚手架，也有采用门式支架。

（1）扣件式钢管脚手支架。

1）钢管：一般采用外径 $\phi48\text{mm}$，壁厚 3.5mm 的焊接钢管，长有 2000mm、3000mm、4000mm、5000mm、6000mm 几种，另配有 200mm、400mm、600mm、800mm 长的短钢管，供接长调距使用。

2）扣件：是钢管脚手架连接固定的重要部件。按材质分为玛钢扣件和钢板扣件；按用途分为直角扣件、回转扣件和对接扣件。

3）底座：安装在立杆下部，分可调式和固定式两种。

4）调节杆：用于调节支架的高度。可调高度为 150～350mm，容许荷载为 20kN。分螺栓调节和螺管调节两种。

（2）碗扣式钢管脚手架。碗扣式钢管脚手架又称多功能碗扣型钢脚手架。它由上、下碗扣、横杆接头和上碗扣的限位销等组成。碗扣接头是该脚手架系统的核心部件。

碗扣接头可以同时连接 4 根横杆，完全避免了螺栓作业。上、下碗扣和限位销按 600mm 间距设置在钢管立杆上。

（3）门式支架。门式支架又称框组式脚手架，其主要部件有门形框架、剪刀撑，水平梁架和可调底座等。

门形框架有多种形式，标准型门架的宽度为 1219mm，高度为 1700mm。剪刀撑和水平梁架亦有多种规格，可以根据门架间距来选择，一般多采用 1.8m。可调底座的可调高度为 200～550mm。

技能要点 4：基础的配板设计

混凝土基础中箱基、筏基等是由厚大的底板、墙、柱和顶板所组成，可以参照柱、墙、楼板的模板进行配板设计。下面介绍条形基础、独立基础和大体积设备基础的配板设计。

(1)组合特点。基础模板的配制有以下特点：

1)一般配模为竖向，且配板高度可以高出混凝土浇筑表面，所以有较大的灵活性。

2)模板高度方向如用两块以上模板组拼时，一般应用竖向钢楞连接固定，其接缝齐平布置时，竖楞间距一般宜为 750mm；当接缝错开布置时，竖楞间距最大可为 1200mm。

3)基础模板由于可以在基槽设置锚固桩作支承，所以可以不用或少用对拉螺栓。

4)高度在 1400mm 以内的侧模，其竖楞的拉筋或支承，可按最大侧压力和竖楞间距计算竖楞上的总荷载布置，竖楞可采用 $\phi48mm\times3.5mm$ 钢管。高度在 1500mm 以上的侧模，可按墙体模板进行设计配模。

(2)条形基础。条形基础模板两边侧模，一般可横向配置，模板下端外侧用通长横楞连接固定，并与预先埋设的锚固件楔紧。竖楞用 $\phi48mm\times3.5mm$ 钢管，用 U 形钩与模板固连。竖楞上端可对拉固定(图 4-7a)。

阶形基础，可分次支模。当基础大放脚不厚时，可采用斜撑(图 4-7b)；当基础大放脚较厚时，应按计算设置对拉螺栓(图 4-7c)，上部模板可用工具式梁卡固定，亦可用钢管吊架固定。

(3)独立基础。独立基础为各自分开的基础，有的带地梁，有的不带地梁，多数为台阶式(图 4-8)。其模板布置与单阶基础基本相同。但是，上阶模板应搁置在下阶模板上，各阶模板的相对位置要固定结实，以免浇筑混凝土时模板位移。杯形基础的芯模可用楔形木条与钢模板组合。

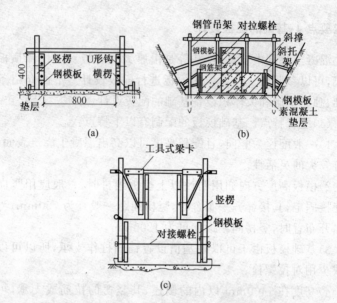

图 4-7　条(阶)形基础支模示意图

(a)竖楞上端对拉固定　(b)斜撑　(c)对拉螺栓

　　1)各台阶的模板用角模连接成方框,模板宜横排,不足部分改用竖排组拼。

　　2)竖楞间距可根据最大侧压力经计算选定。竖楞可采用 $\phi48\text{mm}\times3.5\text{mm}$ 钢管。

　　3)横楞可采用 $\phi48\text{mm}\times3.5\text{mm}$ 钢管,四角交点用钢管扣件连接固定。

　　4)上台阶的模板可用抬杠固定在下台阶模板上,抬扛可用钢楞。

　　5)最下一层台阶模板,最好在基底上设锚固桩支承。

　　(4)筏基、箱基和设备基础。

　　1)模板一般宜横排,接缝错开布置。当高度符合主钢模板块时,模板亦可竖排。

　　2)支承钢模的内、外楞和拉筋、支承的间距,可根据混凝土对模板的侧压力和施工荷载通过计算确定。

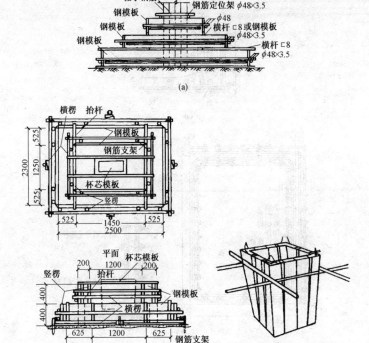

图 4-8　独立基础支模示意图

(a)现浇柱独立基础　(b)杯形基础

3)筏基宜采取底板与上部地梁分开施工、分次支模(图 4-9a)。当设计要求底板与地梁一次浇筑时,梁模要采取支垫和临时支承措施。

4)箱基一般采用底板先支模施工。要特别注意施工缝止水带及对拉螺栓的处理,一般不宜采用可回收的对拉螺栓(图 4-9b)。

5)大型设备基础侧模的固定方法,可以采用对拉方式(图4-9c),亦可采用支拉方式(图4-9d)。

厚壁内设沟道的大型设备基础,配模方式可如图 4-9e 所示。

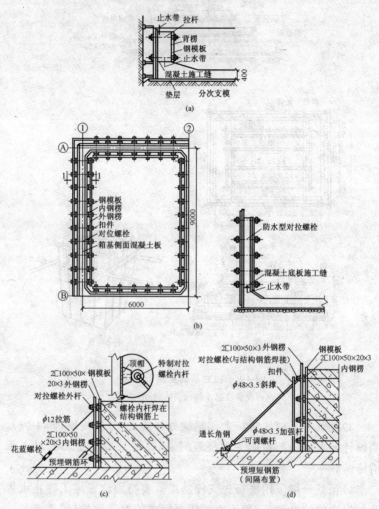

图 4-9　筏基、箱基和大型设备基础支模示意图

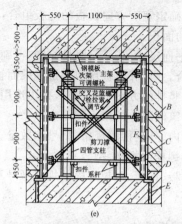

图 4-9　筏基、箱基和大型设备基础支模示意图(续)

(a)单管横向支杆,两头设可调千斤顶　(b)对拉螺栓　(c)2[100×50×20×3mm 外楞
(d)施工缝　(e)模板支承架

技能要点 5:柱的配板设计

厚壁内设沟道的大型设备基础,配模方式如图 4-9e 所示。

柱模板的施工设计,首先应根据单位工程中不同断面尺寸和长度的柱,所需的配制模板的数量作出统计,并编号、列表。然后,再进行每一种规格柱模板的施工设计,其具体步骤如下:

(1)依照断面尺寸选用宽度方向的模板规格组配方案并选用长(高)度方向的模板规格进行组配。

(2)根据施工条件,确定浇筑混凝土的最大侧压力。

(3)通过计算,选用柱箍、背楞的规格和间距。

(4)按结构构造配置柱间水平撑和斜撑。

技能要点 6:墙的配板设计

根据图纸,统计所有配模平面的尺寸并进行编号,然后对每一种平面进行配板设计,其具体步骤如下:

(1)平面尺寸。

1)根据墙的平面尺寸,若采用横排原则,则先确定长度方向模板的配板组合,再确定宽度方向模板的配板组合,然后计算模板块数和需镶拼木模的面积。

2)根据墙的平面尺寸,若采用竖排原则,可确定长度和宽度方向模板的配板组合,并计算模板块数和拼木模面积。

对于上述横、竖排的方案进行比较,择优选用。

(2)计算新浇筑混凝土的最大侧压力。

(3)计算确定内、外钢楞的规格、型号和数量。

(4)确定对拉螺栓的规格、型号和数量。

(5)对需配模板、钢楞、对拉螺栓的规格型号和数量进行统计、列表,以便备料。

技能要点 7:梁的配板设计

梁模板往往与柱、墙、楼板相交接,故配板比较复杂。另外,梁模板既需承受混凝土的侧压力,又承受垂直荷载,故支承布置也比较特殊。因此,梁模板的施工设计有它的独特情况。

梁模板的配板,宜沿梁的长度方向横排,端缝一般都可错开,配板长度虽为梁的净跨长度,但配板的长度和高度要根据与柱、墙和楼板的交接情况而定。

正确的方法是在柱、墙或大梁的模板上,用角模和不同规格的钢模板作嵌补模板拼出梁口(图 3-48),其配板长度为梁净跨减去嵌补模板的宽度。或在梁口用方木镶拼(图 3-49),不使梁口处的板块边肋与柱混凝土接触,在柱身梁底位置设柱箍或槽钢,用以搁置梁模。

梁模板与楼板模板交接,可采用阴角模板或木材拼镶(图 4-10)。

梁模板侧模的纵、横楞布置,主要与梁的模板高度和混凝土侧压力有关,应通过计算确定。

直接支承梁底模板的横楞或梁夹具,其间距尽量与梁侧模板的纵楞间距相适应,并照顾楼板模板的支承布置情况。在横楞或梁夹具下面,沿梁长度方向布置纵楞或桁架,由支柱加以支承。纵楞的截面和支柱的间距,通过计算确定。

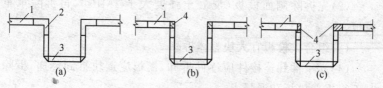

图 4-10 梁模板与楼板模板交接

(a)阴角模连接 (b)、(c)木材拼镶

1. 楼板模板 2. 阴角模板 3. 梁模板 4. 木材

技能要点 8:楼板的配板设计

楼板模板一般采用散支散拆或预拼装两种方法。配板设计可在编号后,对每一平面进行设计。其步骤如下:

(1)可沿长边配板或沿短边配板,然后计算模板块数及拼镶木模的面积,通过比较作出选择。

(2)根据模板的荷载来选用钢楞。

(3)计算选用钢楞。

(4)计算确定立柱规格型号,并作出水平支承和剪刀撑的布置。

技能要点 9:钢模板施工技术

组合钢模板的施工,是以模板工程施工设计为依据,根据结构工程流水分段施工的布置和施工进度计划,将钢模板、配件和支承系统组装成柱、墙、梁、板等模板结构,供混凝土浇筑使用。

55 型组合钢模板的施工操作技术与 55 型钢框胶合板模板的施工操作技术相同。

技能要点 10:模板的拆除

(1)模板拆除的顺序和方法,应按照配板设计的规定进行,遵循先支后拆、先非承重部位后承重部位以及自上而下的原则。拆模时,严禁用大锤和撬棍硬砸硬撬。

（2）先拆除侧面模板（混凝土强度大于 1MPa），再拆除承重模板。

（3）组合大模板宜大块整体拆除。

（4）支承件和连接件应逐件拆卸，模板应逐块拆卸传递，拆除时不得损伤模板和混凝土。

（5）拆下的模板和配件均应分类堆放整齐，附件应放在工具箱内。

第二节　中型组合钢模板

本节导读：

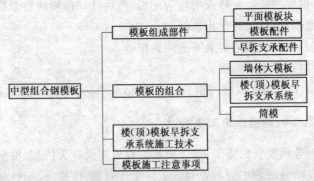

技能要点 1：模板组成部件

1. 平面模板块

平面模板全部采用厚度为 2.75～3mm 的优质薄钢板制成；四周边肋呈 L 形，高度为 70mm，弯边宽度为 20mm，模板块内侧每 300mm 高设一条横肋，每 150～200mm 设一条纵肋。模板边肋及纵、横肋上的连接孔为蝶形，孔距为 50mm，采用板销连接，也可以用一对楔板或螺栓连接。

G-70 组合钢模平面模板块基本规格：标准块长度有

1500mm、1200mm、900mm 三种，宽度有 600mm、300mm 两种，非标准块的宽度有 250mm、200mm、150mm、100mm 四种，总共有十八种规格。

2. 模板配件

G-70 组合钢模板的配件如图 4-11 所示。

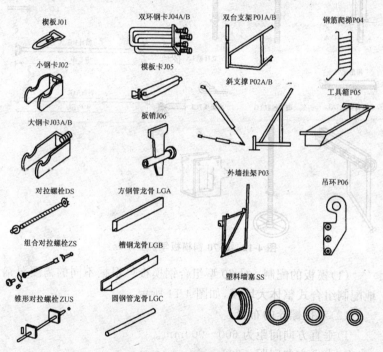

楔板 J01　　双环钢卡 J04A/B　　双台支架 P01A/B　　钢筋爬梯 P04

小钢卡 J02　　模板卡 J05　　斜支撑 P02A/B　　工具箱 P05

大钢卡 J03A/B　　板销 J06

对拉螺栓 DS　　方钢管龙骨 LGA　　外墙挂架 P03　　吊环 P06

组合对拉螺栓 ZS　　槽钢龙骨 LGB

锥形对拉螺栓 ZUS　　圆钢管龙骨 LGC　　塑料墙塞 SS

图 4-11　G-70 钢模板配件

3. 早拆支承配件

早拆支承配件如图 4-12 所示。

技能要点 2：模板的组合

1. 墙体大模板

墙体大模板由 G-70 型组合钢模板平面模板块、50mm×

100mm 方钢管纵横龙骨、模板连接件、操作平台支架、斜支承等组成,如图 4-13 所示。

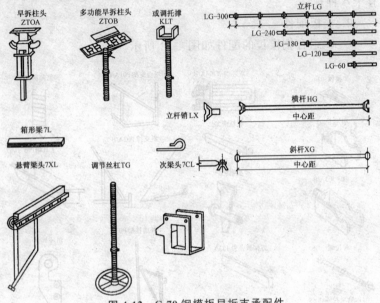

图 4-12　G-70 钢模板早拆支承配件

(1)模板的配制。G-70 型组合钢模板可根据不同的需要灵活地配制组合式整体大墙模,如图 4-14 所示。

(2)对拉螺栓的布置。

1)垂直方向间距为 600～900mm。

2)水平方向间距＜300mm。

3)模板上下左右端头与对拉螺栓的距离＜300mm。

4)当墙体混凝土侧压力≤50kN/m² 时,各种高度墙体模板对拉螺栓的布置如图 4-15 所示。

2. 楼(顶)模板早拆支承系统

(1)楼(顶)板模板早拆支承系统组成、性能及组合。

1)早拆支承系统的组成:早拆支承系统包括早拆柱头、多功能早拆柱头、主次梁、立杆、横杆、斜杆、地脚调节丝杠。

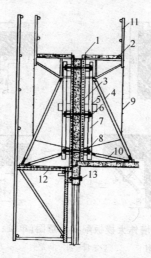

图 4-13　内外墙组合大模板及外墙挂架示意图

1. 吊环　2. 操作平台　3. 平面模板块　4. 斜支承斜杆

5. 工具箱　6. 穿墙对拉螺栓　7.(50mm×100mm)方钢管纵龙骨

8.(50mm×100mm)方钢管横龙骨　9. 钢筋爬梯　10. 斜支承横杆

11. 护身栏立杆　12. 外墙挂架　13. 高强穿墙对拉螺栓

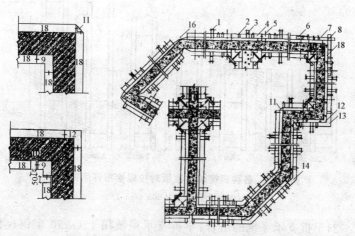

图 4-14　墙体大模板配模示意图(单位:mm)

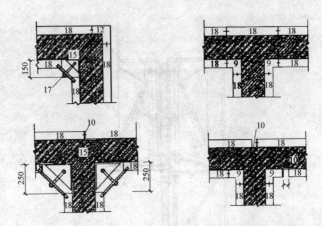

图 4-14　墙体大模板配模示意图(单位:mm)(续)

1. 双环钢卡　2. 大钢卡　3. 竖龙骨　4. 横龙骨　5. 穿墙螺栓　6. 小钢卡

7.48 钢管　8. 马钢扣件　9. 阴角模　10. L 形可调板　11. 连接角钢

12. 阳角模　13. L 形龙骨　14. 异形龙骨　15. 可调阴角模

16. 铰链角模　17. 钩头螺栓　18. 平面模板

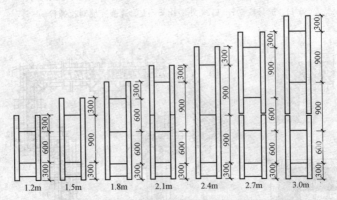

图 4-15　各种高度墙体模板对拉螺栓布置示意图

(混凝土侧压力为 50kN/m²)

2)早拆支承系统的组合:早拆支承系统用于 G -70 型钢模板的组合布置如图 4-16 所示。支承格构共 16 种可供选用,其格构示意如图 4-17 和图 4-18 所示。

应用于密肋梁结构施工,也能实现模壳早拆,密肋梁楼(顶)板模壳组合示意图如图 4-19 所示。

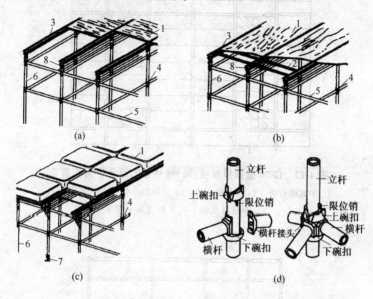

(a)　　　　　　　　　　　　(b)

(c)　　　　　　　　　　　　(d)

图 4-16　早拆支承系统的组合布置

(a)楼板模板(有框)组合　(b)楼板模板(无框)组合

(c)采用模壳密肋梁的组组合　(d)碗和型接头

1. 平面模板块/胶合板/模壳　2. 次梁　3. 主梁　4. 碗扣型接头

5. 横杆　6. 立杆　7. 可调丝杠　8. 多功能早拆柱头

3. 筒模

(1)单轴铰链筒模。单轴铰链筒模是由标准的 G-70 型平面模板、模板连接件、紧固件、单轴铰链、花篮螺栓式脱模器、纵横龙骨等组成。适用于电梯井筒模或简体结构工程的施工。其构造如图 4-20 所示。

(2)三轴铰链筒模。以 G-70 型标准模板、三轴铰链和花篮螺栓脱模器,组成不同开间和进深尺寸的筒模,适用于电梯井和简体结构施工。其构造如图 4-21 所示。

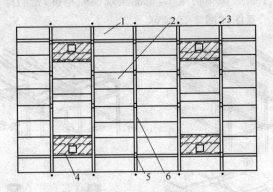

图 4-17　G-70 型钢模板楼(顶)板模板的组合平面布置图
1. 半宽模板块　2. 全宽模板块　3. 防护栏　4. 结构柱周围构造
5. 早拆柱头板　6. 模板支承主梁

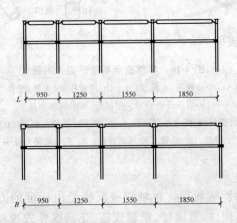

图 4-18　G-70 型钢模板楼(顶)板模板支承格构示意图

　　(3)电梯井筒模工作平台。由主梁、次梁、支脚组件、托板、支撑架、吊环、面板等部件组成,是支承筒模和支拆筒模的工作平台,如图 4-22 所示。

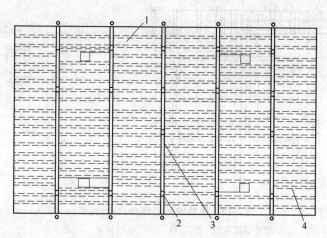

图 4-19 无边框木(竹)胶合板典型楼(顶)板模板平面布置图
1. 胶合板 2. 早拆支承 3. 主梁 4. 次梁

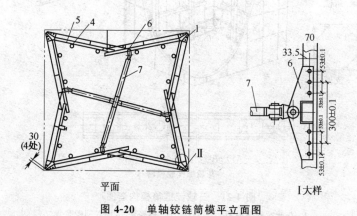

平面   I 大样

图 4-20 单轴铰链筒模平立面图

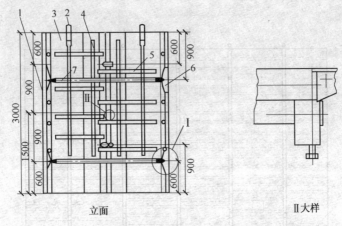

立面　　　　　　　　　　Ⅱ大样

图 4-20　单轴铰链筒模平立面图(续)

1. 单轴铰链角模　2. 吊环　3. 平面模板块　4. 立龙骨
5. 横龙骨　6. 连接板　7. 脱模器

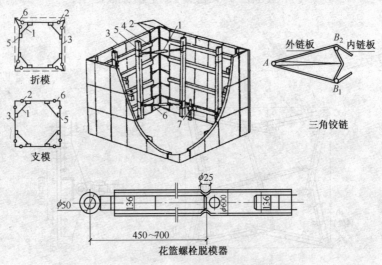

折模

支模

外链板　　　内链板

三角铰链

花篮螺栓脱模器

图 4-21　三轴铰链筒模构造图

1. 花篮螺栓脱模器　2. 铰链　3. 模板块　4. 方钢横龙骨
5. 方钢纵龙骨　6. 三角铰链　7. 支腿

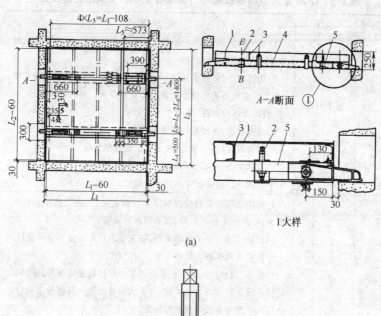

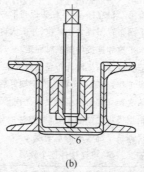

图 4-22　电梯井筒模工作平台

(a)工作平台平面布置　　(b)工作平台主梁剖面

1. 面板　2. 螺杆　3. 次梁　4. 主梁　5. 支腿组件　6. 托板

技能要点 3:楼(顶)模板早拆支承系统施工技术

G-70 型组合钢模板楼(顶)板模板及早拆支承系统施工工艺见表 4-3。

表 4-3　G-70 型组合钢模板楼(顶)板模板及早拆支承系统施工工艺

序号	项目		项 目 说 明
1	施工前准备工作		1)技术标准:根据工程结构的设计以及模板块的规格、支承格构,绘制模板施工设计图 2)物资准备:根据模板设计,准备模板块、早拆柱头、模板主梁(无边框模板还需要增加模板次梁)、悬臂梁、立柱、可调螺栓、横撑、斜撑及各种附件 3)测量准备:在墙或柱子上弹出距地面 50cm 高水平控制线,并根据模板设计,在楼、地面上弹出立柱位置线 4)工具准备:主要工具有铁(木)榔头、活动及套口板子、钢尺、水平尺、线坠、轻便爬梯和脚手板等
2	普通早拆柱头支承系统支拆工艺	支模工艺	1)根据楼层标高初步调整好立柱的高度,并安装好早拆柱头板,将早拆柱头板托板升起,并用楔片楔紧 2)根据模板设计平面布置图,按测量的控制线立第一根立柱 3)将第一榀模板主梁挂在第一根立柱上 4)将第二根立柱、早拆柱头板与第一根模板主梁挂好,按模板设计平面布置图将立柱就位,并依次再挂上第一根模板主梁,然后用水平撑和连接件做临时固定 5)依次按照模板设计布置图完成第一个格构的立柱和模板梁的支设工作,当第一个格构完全架好后,随即安装模板块 6)依次架立其余的模板梁和立柱 7)根据模板主梁的长度,调整柱的位置,使立柱垂直,然后用水平尺调整全部模板的水平度 8)安装斜撑,将连接件逐个锁紧
		拆模工艺	1)用榔头将早拆柱头板铁楔打下,落下托板,模板主梁随之落下 2)逐块卸下模板块。卸时要轻轻敲击,使模板块落在主梁的翼缘上,然后向一端移开退出卸下 3)卸下模板主梁 4)拆除水平撑及斜撑 5)将卸下的模板块、模板主梁、悬挑梁、水平撑、斜撑等整理码放好备用 6)待楼板混凝土强度达到设计要求后,再拆除全部支承立柱

续表 4-3

序号	项目		项目说明
3	多功能早拆柱头支承系统支拆工艺	支模工艺	1）根据楼层标高按配模设计选择合适高度的主柱，并安装好多功能早拆柱头 2）根据模板设计平面布置图，按测量的控制线立第一根立柱 3）立第二根立柱，按配模设计，用两根横杆将第一根主柱和第二根立柱连接起来 4）依次立第三、第四根立柱和横杆，形成一个方形封闭的格构 5）按前四根立柱、横杆安装次序，逐步扩展 6）按配模设计，在调整好立杆垂直度的基础上安装斜杆 7）调整好多功能早拆柱头的高度，使所有柱头上口保持在同一个水平面上 8）安装模板梁 9）安装模板块 10）用水平尺调整全部模板的水平度 11）将连接件逐个锁紧
		拆模工艺	1）用榔头将多功能早拆柱头支承梁托板的铁楔板打下（或将支承楔板的丝扣逆时针方向旋转），落下托板，模板主梁随之落下 2）逐块卸下模板块。卸时要轻轻敲击，使模板块落在主梁上，然后逐一移开退出卸下 3）卸下模板主梁 4）拆除水平撑及斜撑 5）将卸下的模板块、模板主梁、悬挑梁、水平撑、斜撑等整理码放好备用 6）待楼板混凝土程度达到设计要求后，再拆除全部支承立柱
4	模板、支承的周转、循环及配置		G-70组合钢模板楼（顶）板模板及早拆支承系统，由于它可以做到早拆模板，在施工中可以形成高效率的生产循环。典型的七天循环是：第一天放线架设模板；第二天绑扎钢筋；第三天浇筑混凝土；第四、五、六天进行混凝土养护；第七天拆除模板梁和模板块，并清理后为下一循环做好准备。所以，模板及支承系统经过合理的安排，采用小流水段循环作业，可以加快模板及支承的周转。以 A、B、C 三段流水为例，模板及支承的周转如图 4-23 所示

续表 4-3

序号	项目	项目说明
4	模板、支承的周转、循环及配置	图中 A、B、C 表示三个流水段,配制了一个流水段的模板块、水平支承和两个流水段的垂直支承,即可满足流水施工的需要。垂直支承包括:早拆柱头、立柱和调节螺栓(约占全部支承的 2/3)。模板快拆除时楼板混凝土尚未达到规范规定的拆模强度,垂直支承乃需保留,因此在下一个流水段施工时,需采用备用的垂直支承。水平支承包括:主次梁、横撑、斜撑,这部分支承在一般情况下可与模板块同时拆除,并转入下一个流水段施工。按上述方法配制模板,称为"一板两支"。如因混凝土强度增长缓慢或因施工进度快,两套垂直支承仍不能满足施工需要时,需再增加一套垂直支承、则称之为"一板三支" 　　在全现浇的钢筋混凝土结构施工中,一般情况下,楼板施工需配一层的模板、一层的水平支承和两层的垂直支承。在冬期或滑模施工时,需配一层的模板和水平支承、三层的垂直支承

图 4-23　模板及支承系统的三段流水

技能要点 4:模板施工注意事项

(1)严格控制柱顶标高,一般要求误差不大于±1mm。

(2)模板安装时,必须严格按模板设计平面布置图就位施工,所有立柱必须垂直。模板块相邻板面高差不得超过 2mm。所有节点必须逐个检查是否连接牢固、卡紧。

(3)模板块、使用前均应刷脱模剂。底脚螺栓及接头使用后,应及时清理并定期刷油防锈。

(4)严格控制模板和立柱的拆除时间。在进行模板设计时,为使模板能达到早期拆模的要求,应对混凝土楼板在有效支承情况下的承载能力进行必要的验算,以便确定拆除模板块的时间。一般要求楼(顶)板混凝土达到设计强度 50％时方可拆模;立柱要求楼(顶)板混凝土达到设计强度的 75％以后,并保留有两层立柱支顶的情况下方可拆除。要严格建立模板和立柱的拆除申请和批准手续,防止盲目拆模。

(5)模板在组装和拆运时,均应人工传递,要轻拿轻放,严禁摔、扔、敲、砸。

(6)严格控制楼层荷载,施工用料要分散堆放。

(7)在支模过程中,必须先完成一个格构的水平支承及斜撑安装,再逐渐向外扩展,以保持支承系统的稳定性。

(8)临时性的爬梯、脚手板,均应搭设牢固,在楼层边缘施工时,要设防护栏和安全网,以防摔人。

(9)拆模时须在立柱的下层水平支承上铺设脚手板,操作人员行走,不宜直接踩在水平支承上操作。拆下的模板,必须及时码放在楼层上,以防坠落伤人。

第五章 工具式模板施工

第一节 大 模 板

本节导读：

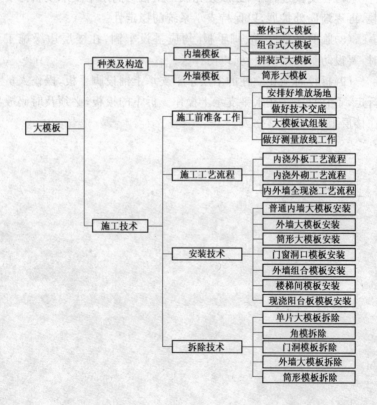

技能要点 1：大模板的种类及构造

1. 内墙模板

内墙用大模板的形式主要有整体式、组合式、拼装式和筒形式。

(1)整体式大模板。整体式大模板的特点及构造见表 5-1。

表 5-1　整体式大模板

序号	项目	项 目 说 明
1	特点	整体式大模板又称平模，是将大模板的面板、骨架、支承系统和操作平台组拼焊成一体。由于这种大模板是按照建筑物的开间、进深尺寸加工制作的，通用性较差，并需要用小角模解决纵、横墙角部位模板的拼接问题，仅适用于大面积标准住宅的施工，目前应用较少
2	构造	整体式大模板的板面结构包括面板、横肋和竖向龙骨。面板采用 4～5mm 厚钢板，横肋用匚8 槽钢，间距为 300～350mm（中-中距离）。竖向龙骨用成对的匚8 槽钢，间距约 100mm 左右，承受对拉螺栓传来的压力。板面结构直接承受混凝土的侧压力，要求有足够的刚度，板面要平整，拼缝需严密 　支承架与竖向龙骨连接，用来调节大模板的竖向稳定性和垂直度。上部铺设脚手板，作为操作平台 　施工时需配备角模来解决纵横墙之间的连接问题

(2)组合式大模板。组合式大模板的特点及构造见表 5-2。

表 5-2　组合式大模板

序号	项目	项 目 说 明
1	特点	1)组合式大模板是目前最常用的模板形式。板面结构与支承架、操作平台分别加工制作。使用时组装成整体，使用后可拆解，便于运输 　2)大模板角部设置角模，将纵、横墙模板同时安装，整体浇筑混凝土，有利于结构的完整性 　3)为了适应墙体开间、进深和层高的变化，可以加工若干条形模板，与大模板连接成整体使用。这种模板加工制作简单，灵活性大，适应性强

续表 5-2

序号	项目	项 目 说 明
2	构造	组合式大模板由板面结构、三角支承架和操作平台组成 　1)板面系统由面板、横肋、竖肋以及竖向龙骨和角模组成 　面板可采用 4～6mm 的钢板,也可选用其他板面材料。要求板面平整、拼缝严密,有足够的刚度和强度,与横、竖肋的焊接必须牢固 　2)横肋与竖肋承受面板传来的荷载。横肋采用⌷8 槽钢,间距为 300～350mm。竖肋用 6mm 厚扁钢,间距为 400～500mm。横肋竖肋与面板用断续焊焊接成整体。焊缝间距不得大于 20cm 　3)竖向龙骨通常采用⌷8 槽钢,成对放置,中间穿过穿墙螺栓,竖向龙骨与横肋要求满焊 　4)在大模板的两端焊接角钢作边框,使板面结构形成一个封闭骨架,并形成小角模。在功能上也可以解决纵横墙模板之间的连接 　5)支承系统的功能在于支持板面结构、维持大模板的竖向稳定,以及调节板面的垂直度 　6)地脚螺栓下端做成球形,以适应多方位转动。地脚螺栓采用 45 钢制作;支承系统用 Q235 钢制作 　7)操作平台系统由操作平台、护身栏、铁爬梯等部分组成。操作平台设置在模板上部,用三脚架插入竖向龙骨的套管内,三脚架上满铺脚手板。三脚挂架外端焊有 φ37.5mm 的钢管,用以插放护身栏的立杆。铁爬梯用 φ20mm 钢筋焊接而成,供操作人员上下平台使用,附设于大模板上,随大模板一起起吊安装

(3)拼装式大模板。拼装式大模板的特点及构造,见表 5-3。

表 5-3　拼装式大模板

序号	项目	项 目 说 明
1	特点	拼装式大模板比组合式大模板拆装方便,也可减少因焊接而产生的模板变形问题。可以根据房间大小拼装成不同规格的大模板,适应开间、轴线尺寸变化的要求;结构施工完毕后,还可将拼装式大模板拆散另作他用,从而减少工程费用的开支
2	构造	拼装式大模板是将面板、骨架、支承系统以及操作平台全部采用螺栓或销钉连接固定组装成的大模板 　采用组合钢模板或者钢框胶合板模板作面板,以管架或型钢作横肋和竖肋,用角钢(或槽钢)作上下封底,用螺栓和角部焊接作连接固定

（4）筒形大模板。筒形大模板的特点及构造，见表5-4。

表5-4 筒形大模板

序号	项目	项目说明
1	特点	模板的稳定性能好，不易倾覆。缺点是自重较大，堆放时占用施工场地大，拆模时需落地，不易在楼层上周转使用
2	类型与构造	筒形大模板是将一个房间或电梯井的2道、3道或4道现浇墙体的大模板，通过固定架和铰链、脱模器等连接件，组成一组大模板群体 筒形大模板主要有如下类型： 1）模架式筒形模。这是较早使用的一种筒模，通用性较差 2）组合式铰接筒模。在筒模四角采用铰接式角模与大模板相连，利用脱模器开启，完成模板支拆 3）电梯井筒模。将模板与提升机及支架结合为一体，可用于进深为2～2.5m，开间为3m的电梯井施工

2. 外墙模板

用于全现浇大模板剪力墙结构建筑的外墙模板，可以采用与内墙模板相同的材料和形式加工，但由于它处于特殊部位，因此与内墙模板在构造上有所不同。

全现浇剪力墙结构工程的外墙大模板，一般由内侧和外侧两片模板组成，其内侧大模板可采用与内墙模板相同的做法。外侧模板的构造则不同，具体见表5-5。

表5-5 外墙大模板外侧模板的构造

序号	项目	内容
1	外墙模板尺寸	1）宽度：比内侧模板多出一个内墙的厚度 2）高度：比内侧模板下端多出10～15cm，以使模板下部与外墙面贴紧，形成导墙，防止漏浆
2	门窗洞口的设置	1）将门窗洞口部位的模板骨架拆除，按门窗洞口的尺寸，在骨架上作一边框，与大模板焊接为一体，如图5-1所示。门窗洞口宜在内侧大模板上开设，以便在振捣混凝土时进行观察 2）保存原有的大模板骨架，将门窗洞口部位的钢筋面拆除。同样做一型钢边框，并采取散支散拆或板角结合的做法，如图5-2所示 具体做法：门窗洞口各侧面做成条形模板，用铰链固定在大模板骨架上。各个角用钢材做成专用角模。支模时用钢筋钩将各片侧模支承就位，然后安装角模，角模与侧模采用企口缝搭接

续表 5-5

序号	项目	内 容
3	支设 平台	外墙外侧大模板在有阳台的部位,可以支设在阳台上,但要注意调整好水平标高。在没有阳台的部位,要搭设支模平台架,将大模板搭设在支模平台架上。支模平台架由三角挂架、平台板、安全护身栏和安全网组成。三角挂架是承受大模板和施工荷载的部件,其用两个∟50×5 杆件焊接而成。每个开间设置 2 个,用 $\phi40mm$ 的 L 形螺栓挂钩固定在下层的外墙上,如图 5-3 所示

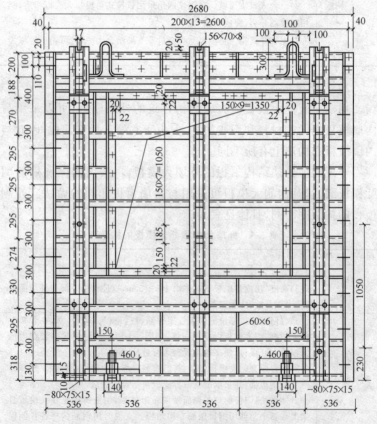

图 5-1   外墙大模板门窗洞口做法

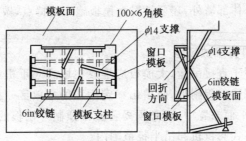

图 5-2 外墙窗洞口模板固定方法

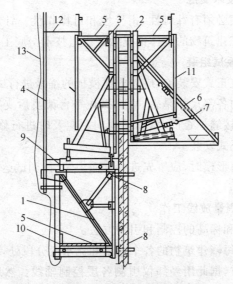

图 5-3 三角挂架平台

1. 三角挂架 2. 外墙内侧大模板 3. 外墙外侧大模板 4. 护身栏
5. 操作平台 6. 防侧移撑杆 7. 防侧移位花篮螺栓 8. L 形螺栓挂钩
9. 模板支承滑道 10. 下层吊笼吊杆 11. 上人爬梯
12. 临时拉结 13. 安全网

技能要点 2:大模板施工前准备工作

大模板工程施工,除了按照常规要求编制施工组织设计,做好

施工准备总体部署外,还要针对大模板施工的特点,做好以下准备工作:

1. 安排好堆放场地

为了便于直接吊运,大模板应堆放在塔式起重机工作半径范围内。在拟建工程附近,应留出一定面积的堆放区。如为外板内浇工程,在平面布置中,还必须妥善安排预制外墙板的堆放区,亦应堆放在塔式起重机起吊半径范围内。

2. 做好技术交底

技术交底必须有针对性、指导性和可操作性。针对大模板施工特点及每栋建筑物的具体情况做好班组技术交底工作。

3. 大模板试组装

大模板在正式安装前,应先根据模板的编号进行试验性安装,以检查模板的各部尺寸是否合适,操作平台架及后支架是否相互影响,模板的接缝是否严密,如发现问题应及时进行修理,待问题解决后方可正式安装。

如采用筒形模时,应事先进行全面组装,待调试运转自如后方能使用。

4. 做好测量放线工作

(1)轴线和标高的控制和引测方法。

1)轴线:每幢建筑物的各个大角和流水段分段处,均应设置标准轴线控制桩,据此用经纬仪引测各层控制轴线。然后拉通尺放出其他墙体轴线、墙体的边线、大模板安装位置线和门洞口位置线等。

由于受场地限制,用经纬仪外测控制轴线比较困难。目前,很多单位进行竖向轴线控时使用激光铅垂仪。它优点是精度高、误差小。通常作法是用激光铅直仪垂直投点,用经纬仪在楼层水平布线。具体做法是:在制定施工组织设计或测量方案时,根据建筑物的轴线情况设计出激光测量用的洞口位置。该位置宜选在墙角处,每个流水段不少于3个,呈L形,分别控制纵、横墙的轴线。

测量时,在首层支放激光铅直仪,使其定位于控制点上,将水平气泡对中,使激光束垂直通过铅垂控制点。

测设时,把激光铅直仪安放稳定,在其上方设立防护板,以防坠物损坏仪器。操作时,上下联系使用对讲机,操作后,预留的测量方孔要用盖板封严。

2)水平标高:每幢建筑物设 1～2 个标准水平桩,并将水平标高引测到建筑物的首层墙上,作为水平控制线。各楼层的标高均以此线为基准,用钢尺逐层引测。每个楼层设两条水平线,一条离地面 50cm 高,供立口和装修工程使用;另一条距楼板下皮 10cm,用以控制墙体找平层和楼板的安装高度。

另外,在墙体钢筋上应弹出水平线,据此抹出砂浆找平层,以控制墙体和大模板安装的水平度。

(2)验线。质量检查人员、施工员或监理员应在轴线、模板位置线测设完成后进行验线。

技能要点 3:大模板施工工艺流程

1. 内浇外板工艺流程

内浇外板施工工艺流程如图 5-4 所示。

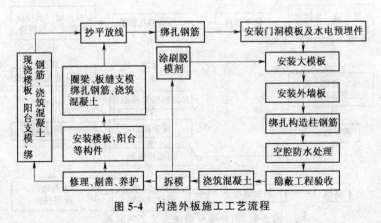

图 5-4 内浇外板施工工艺流程

2. 内浇外砌工艺流程

内浇外砌施工工艺流程如图 5-5 所示。

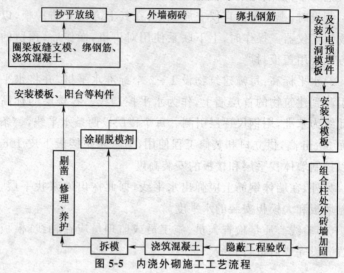

图 5-5 内浇外砌施工工艺流程

3. 内外墙全现浇工艺流程

内、外墙为同一品种混凝土时,应同时进行内、外墙施工,其工艺流程如图 5-6 所示。

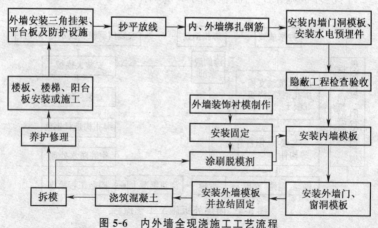

图 5-6 内外墙全现浇施工工艺流程

技能要点4:大模板安装技术

大模板的安装技术,见表5-6。

表5-6 大模板的安装

序号	项目	主 要 内 容
1	普通内墙大模板安装	1)安装大模板前,内墙钢筋必须绑扎完毕,水电预埋管件必须安装完毕。外砌内浇工程安装大模板之前,外墙砌砖及内墙钢筋和水电预埋管件等工序也必须完成。必须做好抄平放线工作,并在大模板下部抹好找平层砂浆,依据放线位置进行大模板的安装就位。拼装式大模板,在安装前要检查各个连接螺栓是否拧紧,保证模板的整体稳定 2)安装大模板时,关键要做好各节点部位的处理,必须按施工组织设计中的安排,对号入座吊装就位。先从第二间开始,安装一侧横墙模板靠吊垂直,并放入穿墙螺栓和塑料套管后,再安装另一侧的模板,经靠吊垂直后,旋紧穿墙螺栓。横墙模板安装后,再安装纵墙模板。安装一间,固定一间 3)模板的安装必须保证位置准确,立面垂直。安装的模板可用双十字靠尺在模板背面靠平垂直度(图5-7)。发现不垂直时,通过支架下的地脚螺栓进行调整。模板的横向应水平一致,发现不平时,亦可通过模板下部的地脚螺栓进行调整 每面墙体大模板就位后,要拉通线进行调直,然后进行连接固定。紧固对拉螺栓时要用力得当,不得使模板板面产生变形 4)模板安装后接缝部位必须严密,防止漏浆。底部若有空隙,应用聚氨酯泡沫条、纸袋或木条塞严,以防漏浆。为不影响墙体断面尺寸,不可将纸袋、木条塞入墙体内
2	外墙大模板安装	1)安装外墙大模板之前,必须先安装三角挂架和平台板。利用外墙上的穿墙螺栓孔,插入L形连接螺栓,在外墙内侧放好垫板,旋紧螺母,然后将三角挂架钩挂在L形螺栓上,再安装平台板。也可将平台板与三角挂架连为一体,整拆整装 L形螺栓如从门窗洞口上穿过时,应防止碰坏新浇筑的混凝土 2)要放好模板的位置线,保证大模板就位准确。应把下层竖向装饰线条的中线,引至外侧模板下口,作为安装该层竖向衬模的基准线,以保证该层竖向线条的顺直

续表 5-6

序号	项目	主　要　内　容
2	外墙大模板安装	3)当安装外侧大模板时,应先使大模板的滑动轨道(图 5-8)搁置在支承挂架的轨枕上,要先用木楔将滑动轨道与前后轨枕固定牢,在后轨枕上放入防止模板向前倾覆的横栓,方可摘除塔吊的吊钩。然后松开固定地脚盘的螺栓,用撬棍拨动模板,使其沿滑动轨道滑至墙面位置,调整好标高位置后,使模板下端的横向衬模进入墙面的线槽内(图 5-9),并紧贴下层外墙面,防止漏浆。待横向及水平位置调整好以后,拧紧滑动轨道上的固定螺钉,将模板固定 4)外侧大模板经校正固定后,以外侧模板为准,安装内侧大模板。为了防止模板位移,必须与内墙模板进行拉结固定。其拉结点应设置在穿墙螺栓位置处,使作用力通过穿墙螺栓传递到外侧大模板,防止拉结点位置不当而造成模板位移 5)当外墙采取后浇混凝土时,应在内墙外端留好连接钢筋,并用堵头模板将内墙端部封严 6)外墙大模板上的门窗洞口模板必须安装牢固,垂直方正 7)装饰混凝土衬模要安装牢固,在大模板安装前要认真进行检查,发现松动应及时进行修理,防止在施工中发生位移和变形,防止拆模时将衬模拔出
3	筒形大模板的安装	1)组合式提模的安装:模板涂刷脱模剂后,便可进行安装就位。先校正好位置后,再校正垂直度,并用承力小车和千斤顶进行调整,将大模板底部顶至筒壁。再用可调卡具将大模板精调至垂直。连接好四角角模,将预留洞定位卡压紧,门洞外将内外模的钢管紧固,穿好穿墙螺栓,检查无误后,即可浇筑混凝土 2)组合式铰接筒模的安装:先在平整坚实的场地上将筒模组装好。成型后要求垂直方正,每个角模两侧的板面保持一致,误差不超过 10mm,两对角线长度误差不超过 10mm 筒模吊装就位之前,要将筒模通过脱模器收缩到最小位置,然后起吊入模,就位找正

续表 5-6

序号	项目	主 要 内 容
4	门窗洞口模板安装	墙体门窗洞口有两种做法: 1)先立口:就是把门窗框在支模时预先留置在墙体的钢筋上,在浇筑混凝土时浇筑于墙内。其做法是用方木或型钢做成带有斜度的(约1～2cm)门框套模,夹住安装就位的门框,然后用大模板将套模夹紧,用螺栓固定。门框的横向用水平横撑加固,防止浇捣混凝土时发生位移或变形。如果采用标准设计,门窗洞口位置不变时,为了方便施工,利于保证门窗框安装就位的质量,可设计成定型门窗框模板,固定在大模板上 2)后立口:现在采用后立口的做法较为普遍,是用门窗洞口模板和大模板把门窗洞口预留好,然后再安装门窗框
5	外墙组合模板安装	1)预制外墙板与现浇内墙相交处的组合柱模板,一般借助内墙大模板的角模,不需要单独支模,但必须将角模与外墙板之间的缝隙封严,防止出现漏浆现象 2)山墙及大角部位的组合柱模板,为利于浇筑混凝土需另配钢模或木模,并设立模板支架或操作平台。对这一部位的模板必须加强支承,保证缝隙严密,不走形,不漏浆 3)预制岩棉复合外墙板的组合柱模板,需另设计配置。可采用2mm厚钢板压制成型,中间加焊加强肋,通过转轴与大模板连接固定。支模时模板要进入组合柱0.5mm,以防拆模后剔凿。大角部位的组合柱模板,为防止振捣混凝土时模板位移或变形,可用角钢框与外墙板固定,并通过穿墙螺栓与组合柱模板拉结在一起
6	楼梯间模板安装	1)利用导墙支模:楼梯间墙的上部设置导墙,楼梯间墙大模板的高度与外墙大模板相同,将大模板下端紧贴于导墙上,下部用螺旋钢支柱和木方支承大模板。两面楼梯间墙用数道螺旋钢支柱做横撑,支顶两侧的大模板。大模板下部用泡沫条塞封,防止漏浆 2)楼梯踏步段支模:在全现浇大模板工程中,楼梯踏步段往往与墙体同时浇筑施工。楼梯模板支承采用碗扣支架或螺旋钢支柱。底模用竹胶合板,侧模用□16槽钢,依照踏步尺寸,在槽钢上焊12mm厚三角形钢板,踏面挡板用6mm厚钢板做成,各踢脚挡板用□12槽钢做斜支承进行固定

续表 5-6

序号	项目	主要内容
7	现浇阳台板模板安装	大模板全现浇工程中,阳台板往往与结构同时施工 　　阳台板模板可做成定型的钢模板,一次吊装就位,也可采用散支散拆的办法。支承系统采用螺旋钢支柱,下铺 5cm 厚木板。钢支柱横向要用钢管及扣件连接,保持稳定。散支散拆时,立柱上方放置 10cm×10cm 方木做龙骨,然后铺 5cm×10cm 小龙骨,间距为 25cm,面板和侧模可采用竹胶合板或木胶合板。阳飞模的外端要比根部高 5mm。在阳飞模板外侧 3cm 处,可用小木条固定 U 形塑料条,以使浇筑成滴水线

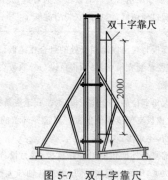

图 5-7　双十字靠尺

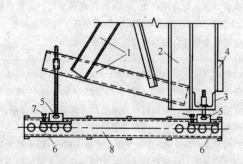

图 5-8　外墙外侧大模板与滑动轨道安装示意图

1. 大模板三角支承架　2. 大模板竖龙骨　3. 大模板横龙骨

4. 大模板下端横向腰线衬模　5. 大模板前、后地脚

6. 滑动轨道辊轴　7. 固定地脚盘螺栓　8. 轨道

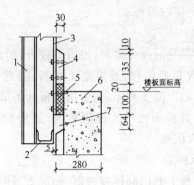

图 5-9 大模板下端横向衬模安装示意图

1. 大模板竖龙骨 2. 大模板横龙骨 3. 大模板板面 4. 硬塑料衬模
5. 橡胶板导向和密封衬模 6. 已浇筑外墙 7. 已形成的外墙横向线槽

技能要点 5：大模板的拆除技术

大模板的拆除时间，以能保证其表面不因拆模而受到损坏为原则。一般情况下，当混凝土强度达到 1.0MPa 以上时，可以拆除大模板。但在冬期施工时，应视其施工方法和混凝土强度增长情况决定拆模时间。

门窗洞口底模、阳台底模等部位的拆除，必须依据同条件养护的试块强度和国家现行规范执行。模板拆除后混凝土强度尚未达到设计要求时，底部应加设临时支承支护。

拆完模板后，要注意控制施工荷载，不要集中堆放模板和材料，防止造成结构受损。

1. 单片大模板拆除

拆除顺序是：先拆纵墙模板，后拆横墙模板和门洞模板及组合柱模板。

每块大模板的拆除顺序是：先将连接件，如花篮螺栓、上口卡子、穿墙螺栓等拆除，放入工具箱内，再松动地脚螺栓，使模板与墙面逐渐脱离。脱模困难时，可在模板底部用撬棍撬动，不得在上口撬动、晃动和用大锤砸模板。

2. 角模拆除

角模的两侧都是混凝土墙面,吸附力较大,加之施工中模板有时封闭不严,或者角模位移,被混凝土握裹,因此拆模比较困难。可先将模板外表的混凝土剔除,然后用撬棍从下部撬动,将角模脱出。千万不可因拆模困难用大锤砸角模,造成变形,为以后的支模、拆模造成更大困难。

3. 门洞模板拆除

固定于大模板上的门洞模板边框,一定要当边框离开墙面后,再吊出。

后立口的门洞模板拆除时,要防止将门洞过梁部分的混凝土拉裂。

角模及门洞模板拆除后,凸出部分的混凝土应及时进行剔凿。凹进部位或掉角处应用同强度等级水泥砂浆及时进行修补。

跨度大于1m的门洞口,拆模后要加设支承,或延期拆模。

4. 外墙大模板拆除

(1)外墙大模板的拆除顺序。拆除内侧外墙大模板的连接固定装置如倒链、钢丝绳等→拆除穿墙螺栓及上口卡子→拆除相邻模板之间的连接件→拆除门窗洞口模板与大模板的连接件→松开外侧大模板滑动轨道的地脚螺栓紧固件→用撬棍向外侧拨动大模板,使其平稳脱离墙面→松动大模板地脚螺栓,使模板外倾→拆除内侧大模板→拆除门窗洞口模板→清理模板、刷脱模剂→拆除平台板及三角挂架。

(2)拆除外墙装饰混凝土模板必须使模板先平行外移,待衬模离开墙面后,再松动地脚螺栓,将模板吊出。要注意防止衬模拉坏墙面,或衬模坠落。

(3)拆除门窗洞口框模时,要先拆除窗飞模并加设临时支承后,再拆除洞口角模及两侧模板。上口底模要待混凝土达到规定强度后再行拆除。

(4)脱模后要及时清理模板及衬模上的残渣,刷好脱模剂。脱模剂一定要涂刷均匀,衬模的阴角内不可积留有脱模剂,并防止脱模剂污染墙面。

(5)脱模后,如发现装饰图案有破损,应及时用同一品种水泥所拌制的砂浆进行修补,修补的图案造型力求与原图案一致。

5. 筒形模板拆除

筒形大模板拆模时应先拆除连接件和穿墙螺栓。

铰接式筒模拆除时应先转动脱模器的螺套,使其向内移动,使螺杆做轴向运动,正反扣螺杆变短,促使两侧大模板向内移动,并带动角模滑移,使模板脱离墙面。

筒形大模板由于自重大,四周与墙体的距离较近,故在吊出时,挂钩要挂牢,起吊要平稳,不准晃动,防止碰坏墙体。

第二节 爬升模板

本节导读:

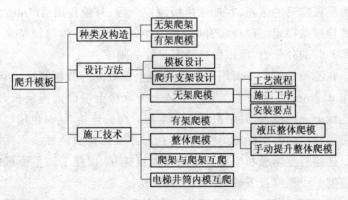

技能要点 1:爬模的种类及构造

常见的爬模有无架爬模与有架爬模两类。

1. 无架爬模

无架爬模的模板由甲、乙两类模板组成,爬升时两类模板互为依托,用提升设备使两类相邻模板交替爬升。

(1)模板。模板分甲、乙两种,甲型模板为窄板,高度大于两个层高;乙型模板按建筑物外墙尺寸配制,高度略大于层高,与下层墙体稍有搭接,以避免漏浆和错台。两类模板交替布置,甲型模板布置在内、外墙交接处,或大开间外墙的中部,如图 5-10 所示。

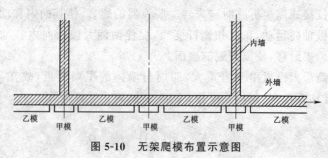

图 5-10　无架爬模布置示意图

每块模板的左右两侧均拼接有调节板缝的钢板以调整板缝,并使模板两侧形成轨槽以利模板爬升。模板背面设有竖向背楞,作为模板爬升的依托,并加强模板刚度。内、外模板用 $\phi 16$mm 穿墙螺栓拉结固定。模板爬升时,利用相邻模板与墙体的拉结来抵抗爬升时的外张力,所以模板要有足够的刚度。

在乙型模板的下面用竖向背楞作生根处理。背楞紧贴墙面,并用 $\phi 22$mm 螺栓固定在下层墙体上。背楞上端设置连接板,用来支承上面的模板,并解决模板与生根背楞的连接,同时也用以调节生根背楞的水平标高,使背楞螺孔与穿墙螺孔的位置能相互吻合。连接板与模板和生根背楞均用螺栓连接,以便于调整模板的垂直度。甲型模板下端则不放生根背楞。

(2)爬升装置。爬升装置由三角爬架、爬杆、卡座和液压千斤顶组成。

三角爬架插在模板上口两端套筒内,套筒用 U 形螺栓和竖向背楞连接。三角爬架用来支承卡座和爬杆,可以自由回转。

爬杆长 303cm,用 ϕ25mm 的圆钢制成,上端用卡座固定,支承在三角爬架上,爬升时处于受拉状态。

每块模板安装两台液压千斤顶,最大起重量为 3.5t。甲型模板的千斤顶安装在模板中间偏下处,乙型模板安装在模板上口两端。供油系统采用齿轮泵(额定压力 10MPa,排油量 48L/min),用高压胶管作油管。

(3)操作平台挑架。操作平台用三角挑架作支承,安装在乙型模板竖向背楞和其下面的生根背楞上,上下放置 3 道。上面铺设脚手板,外侧设置护身栏和安全网。上、中层平台供安装、拆模时使用,并在中层平台上加设模板支承一道,使模板、挑架和支承形成稳固的整体,并用来调整模板的角度,也便于拆模时松动模板;下层平台供修理墙面用。甲型模板不设平台挑架。

2. 有架爬模

有架爬模即模板与爬架互爬,工作原理是以建筑物的混凝土墙体为支承主体,通过附着于已完成的混凝土墙体上的爬升支架或大模板,利用连接爬升支架与大模板的爬升设备,使一方固定,另一方做相对运动,交替向上爬升,以完成模板的爬升、下降、就位和校正等工作。

爬升模板由大模板、爬升支架和爬升设备三部分组成,如图 5-11 所示。

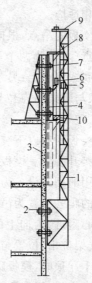

图 5-11 有架爬升模板构造
1. 爬架 2. 螺栓 3. 预留爬架孔
4. 爬模模板 5. 爬架千斤顶
6. 爬架千斤顶 7. 爬杆
8. 模板挑横梁 9. 爬架挑横梁
10. 脱模架千斤顶

(1)模板。

1)与一般大模板相同,模板由面板、横肋、竖向大肋、对销螺栓等组成。面板一般用组合钢模板或薄钢板,也可用木(竹)胶合板。横肋用⌐6.3槽钢。竖向大肋用⌐8或⌐10槽钢。横、竖肋的间距按实际计算确定。

2)模板的高度一般为建筑标准层高加100～300mm(属于模板与下层已浇筑墙体的搭接高度,用于模板下端的定位和固定)。为了防止漏浆,模板下端需增加橡胶衬垫。

3)模板的宽度可根据一扇墙的宽度和施工段的划分确定,可以是一个开间、一片墙或一个施工段的宽度。其分块要与爬升设备能力相适应。

4)模板的吊点,根据爬升模板的工艺要求,应设置两套吊点:一套吊点(一般为两个吊环)用于分块制作和吊运时用,在制作时焊在横肋或竖肋上;另一套吊点是用于模板爬升,设在每个爬架位置,要求与爬架吊点位置相对应,一般在模板拼装时进行安装和焊接。

5)模板附有以下装置:

①爬升装置。模板上的爬升装置主要用来安装和固定爬升设备。常用的爬升设备为倒链和单作用液压千斤顶。采用倒链时,模板上的爬升装置为吊环,其中用于模板爬升的吊环,设在模板中部的重心附近,为向上的吊环;用于爬架爬升的吊环设在模板上端,由支架挑出,位置与爬架重心相符,为向下的吊环。采用单作用液压千斤顶时,模板爬升装置分别为千斤顶座(用于模板爬升)和爬杆支座架(用于爬架爬升),如图5-12所示。

模板背面安装千斤顶的装置尺寸应与千斤顶底座尺寸相对应。模板爬升装置为安装千斤顶的铁板,位置在模板的重心附近。用于爬架爬升的装置是爬杆的固定支架,安装在模板的顶端。因此,要注意模板的爬升装置与爬架爬升设备的装置,要处在同一条竖直线上。

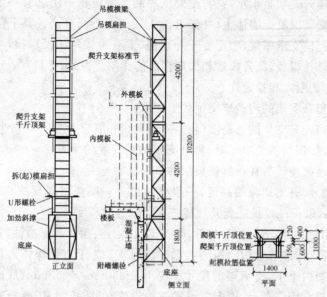

图 5-12 爬升支架构造示意图

②外附脚手和悬挂脚手。外附脚手架和悬挂脚手设在模板外侧,供模板的拆模、爬升、安装就位、校正固定、穿墙螺栓安装与拆除、墙面清理和嵌塞穿墙螺栓等操作使用。脚手的宽度为 600～900mm,每步高度为 1800mm。

大模板如采用多块模板拼接,由于在模板爬升时,模板拼接处会产生弯曲和剪切应力,所以在拼接节点处应比一般大模板加强,可采用规格相同的短型钢跨越拼接缝,以保证竖向和水平方向传递内力的连接性。

(2)爬架(爬升支架)。爬升支架由立柱和底座组成。立柱用作悬挂和提升大模板,结构必须牢靠,一般由角钢焊成方形桁架标准节,节与节用法兰螺栓连接。最低一节底端与底座也用法兰螺栓连接。底座(附墙架)承受整个爬升模板荷载,通过穿墙螺栓传送给下层已达到规定强度的混凝土墙体上。

爬升支架是承重结构,主要依靠底座固定在下层已有一定强度的钢筋混凝土墙体上,并随着施工层的上升而升高。其下部有水平起模支承横梁,中部有千斤顶座,上有挑梁和吊模扁担,主要起到悬挂模板、爬升模板和固定模板的作用。因此,要具有一定的承载力、刚度和稳定性。

爬升支架的构造应满足如下要求:

1)爬升支架的总高度(包括附墙架),一般应为 3～3.5 个楼层高度,如层高为 2.8m 时,爬升支架的总高度约为 9.3～10m。其中附墙架应设置在待拆模板层的下一层。

2)爬升支架顶端高度,一般要超出上一层楼层高度的 0.8～1.0m,以保证模板能爬升到待施工层位置的高度。

3)为了便于运输和装拆,爬升支架具有通用性和互换性,宜采取分段(标准节)组合,用法兰盘连接为宜。为了方便操作人员在支承架内上下,支承架的尺寸不应小于 650mm×650mm,底座底部应设有操作平台,周围应设置防护设施,以防止工具、螺栓等物件坠落。

4)底座应采用不少于 4 只连接螺栓与墙体连接,螺栓的间距和位置尽可能与模板的穿墙螺栓孔相符,以便用该孔作为底座的固定连接孔。

5)如果底座的位置在窗口处,可利用窗台作支承。但底座的位置安装必须准确,防止模板安装时出现偏差。

6)为了确保模板紧贴墙面,爬升支架的支架部分要离墙面 0.4～0.5m,使模板在、爬升、安装和拆模时,有一定的活动空间。

7)吊模扁担、千斤顶架(或吊环)的位置,要与模板上的相应装置处在同一竖线上,以提高模板的安装精度,使模板或爬升支架能竖直向上爬升。

(3)爬升动力设备。爬升的动力设备,可以根据施工现场实际情况进行选用。常用的爬升设备有电动葫芦、倒链、单作用液压千斤顶等,其起重能力一般要求为计算值的 2 倍以上。

1)爬杆:采用 Q235 钢,其直径为 $\phi25mm$(按千斤顶规格选用),长度根据楼层层高或模板一次要求升高的高度决定,一般爬升模板用的爬杆长度为 4~5m。

2)千斤顶:

①单作用液压千斤顶即滑模施工用的滚珠式或卡块式穿心液压千斤顶。它能同步爬升,动作平稳,操作人员少,但爬升模板和爬升爬架各需一套液压千斤顶,且每爬升一个楼层后需抽、插 1 次爬杆。千斤顶的底盘与模板或爬架的连接底座,用 4 只 $\phi14$~$\phi16mm$ 螺栓固定。插入千斤顶内的爬杆上端用螺钉与挑架固定,安装后的千斤顶和爬杆应呈垂直状态。

②双作用液压千斤顶中各有一套向上和向下动作的卡具,既能沿爬杆向上爬升,又能使爬杆向上提升,因此用一套双作用液压千斤顶,在其爬杆上下端分别固定模板和爬架,在油路控制下就能分别完成爬升模板和爬升爬架的工作。

③专用爬模千斤顶是一种长行程千斤顶。活塞端连接模板,缸体端连接附墙架,不用爬杆和支承架,进油时活塞将模板举高一个楼层高度,等墙体混凝土达到一定强度,模板作为支承,拆去附墙架螺栓,千斤顶回油,活塞回程将缸体连同附墙架爬升一个楼层高度。

3)倒链:又称环链手拉葫芦。选用倒链时,除了起重能力应比设计计算值大 1 倍以外,还需使其起升高度比实际需要起升高度大 0.5~1m,以便于模板或爬升支架爬升到就位高度时,仍有一定长度的起重倒链可以摆动,利于就位和校正固定。

(4)油路和电路。

1)油路。爬模爬升一个楼层高度需要千斤顶进行 100 多个冲程,并且是连续进行,因此要求油泵车的速度要较快,要按照爬升模板的特点设计制造。

2)电路。由于爬升一个层高的高度,千斤顶需要进、排油 100 多次,为了减少千斤顶的升差,使进、回油时间达到最短,使每个千斤顶(特别是负荷最大、线路最远处的千斤顶)进油时的冲程和排油的回程都充分,在爬模所用的电路中,需要安装一套自动控制线路。

技能要点 2:爬升模板的设计方法

1. 模板设计

(1)为了便于一次安装、脱模、爬升,根据制作、运输和吊装的条件,尽量使内、外墙均做到每间一整块大模板。

(2)外墙外侧模板的穿墙螺栓孔和爬升支架的附墙连接螺栓孔,应与外墙内侧模板的螺栓孔对齐;内墙大模板可按建筑物施工流水段用量配置,外墙内、外侧模板应配足一层的全部用量。

(3)爬升模板施工一般从标准层开始,如果首层(或地下室)墙体尺寸与标准层相同,则首层(或地下室)先按一般大模板施工方法施工,等墙体混凝土达到要求强度后,再安装爬升支架,从首层或两层开始进行爬升模板施工。

2. 爬升支架设计

(1)根据承载能力和模板重量确定爬升支架的设置间距,一般一块大模板设置两个或一个。每个爬升支架装有两只液压千斤顶或两只倒链,每个爬升支架的承载能力为 20～30kN。而模板连同悬挂脚手的重力为 3.5～4.5kN/m,所以爬升支架间距为 4～5m。

(2)爬升支架的附墙架宜避开窗口固定在无洞口的墙体上。如果必须设在窗口位置,最好在附墙架上安装活动牛腿搁在窗台上,由窗台承受从爬升支架传递来的垂直荷载,再用螺栓连接以承受水平荷载。附墙架螺栓孔应尽量利用模板穿墙螺栓孔。

(3)爬升支架附墙架的安装,应在首层(或地下室)墙体混凝土达到一定强度(10MPa 以上)并拆模后进行,但墙体需预留安装附墙架的螺栓孔,且其位置要与上面各层的附墙架螺栓孔位置处于同一垂直线上。爬升支架安装后的垂直偏差应控制在 $h/1000$

以内。

技能要点 3:无架爬模的施工技术

1. 工艺流程

如图 5-13 所示为某建筑的无架爬模,现以此为例介绍无架爬模的工艺流程。该建筑地面楼层数为17 层,总高度为 69.3m,1～2 层为现浇框架,3 层以上标准层为大开间内外墙全现浇剪力墙,墙厚 18～22cm,平面呈弧形,层高 2.9m,每层面积 1220m²。无架爬模工艺流程框图的流程图如图 5-14 所示。

外墙外侧模板分成 A 型和 B 型两种。施工中两者交替布置,如图 5-15 所示。

A 型和 B 型模板均由组合钢模板组拼制成,每块模板左右两端均设有调节缝用来调整拼缝,并使板端形成轨槽,利于爬升。

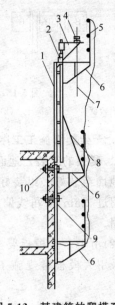

图 5-13 某建筑的爬模系统

1. 模板 2. 千斤顶 3. 三角爬架
4. 卡座 5. 安全网 6. 平台挑架
7. 爬杆 8. 支承 9. 背楞
10. 连接板

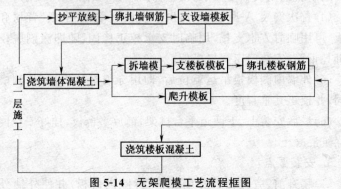

图 5-14 无架爬模工艺流程框图

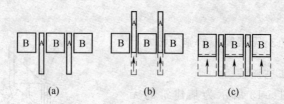

图 5-15　无架爬模施工爬升程序

(a)模板就位,浇筑混凝土　(b)A 型模板爬升　(c)B 型模板爬升就位浇筑混凝土

2. 无架爬模施工工序

(1)爬模的组装在地面进行,即将模板、三角爬架、千斤顶等一并在地面组装好。组装好的模板用 2m 靠尺检查,其板面平整度不得超过 2mm,对角线偏差不得超过 3mm,要求各部位的螺栓连接紧固。

(2)由于 B 型模板要支设在"生根"背楞和连接板上,因此可以先采用大模板常规施工方法完成首层结构,然后再安装爬升模板。

(3)A、B 型模板按图 5-16 的要求交替布置。首先安装 B 型模板下部的"生根"背楞和连接板。"生根"背楞用穿墙螺栓与首层已浇筑墙体拉结,再安装中间一道平台挑架,加设支承,铺好平台板。然后吊运 B 型模板,置于连接板上,并用螺栓连接。同时利用中间一道平台挑梁设临时支承,校正稳固模板,如图 5-16 所示。

(4)首次安装 A 型模板时,由于模板下端无"生根"背楞和连接板,可用临时方木支托,用临时支承校正稳固,随即涂刷脱模剂和绑扎钢筋,安装门窗洞口模板。

(5)外墙内侧模板吊运就位后,即用穿墙螺栓将内、外侧模板紧固,并校正其垂直度。

(6)最后安装上、下两道平台挑架,铺放平台板,挂好安全网即可浇筑混凝土。

3. 安装要点

(1)爬升前,应先松开穿墙螺栓,拆除内模板,并使外墙外侧

A、B 型模板与混凝土墙体脱离。然后将 B 型模板上口的穿墙螺栓重新装入并紧固。

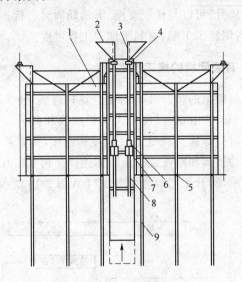

图 5-16 爬升装置立面示意图

1. B 型模板 2. 三角爬架 3. 爬杆 4. 卡座 5. 连接板
6. 千斤顶 7. 千斤顶座 8. A 型模板 9. 背楞

(2)调整 B 型模板三角爬架的角度,装上爬杆,用卡座卡紧。爬杆的下端穿入 A 型模板中部的千斤顶中。

(3)拆除 A 型模板底部的穿墙螺栓,装设好限位卡,起动液压泵,将 A 型模板爬至预定高度,随即用穿墙螺栓与墙体固定。

(4)A 型模板爬升后,再爬升 B 型模板。首先松开卡座,取出 B 型模板上的爬杆。然后调整 A 型模板三角爬架的角度,装上爬杆,用卡座卡紧。爬杆下端穿入 B 型模板上端的千斤顶中,再拆除 B 型模板上口的穿墙螺栓,使模板与墙体脱离,装好限位卡,起动液压泵,将 B 型模板升至预定高度并加以固定。

(5)校正 A、B 两种模板,安装好内模板,装好穿墙螺栓并紧固,即可浇筑混凝土。

(6)施工时,应使每个流水段内的 B 型模板同时爬升,不得单块模板爬升。

模板的爬升,可以与楼板支模、绑钢筋同时进行。所以这种爬升方法,不占用施工工期,有利于加快工程进度。

技能要点 4:有架爬模的施工技术

大模板与爬架的爬升套架用法兰螺杆连接,使大模板能沿水平方向平移 50~80mm,以便于大模板脱模和爬升。大模板通过留孔钢管及对拉螺栓与混凝土墙作可靠连接,爬架的底部和中部分别设置活动靴脚和刚性拉杆与墙体连接。相互爬升的动力采用手动起重葫芦,爬升工艺示意如图 5-17 和图 5-18 所示。

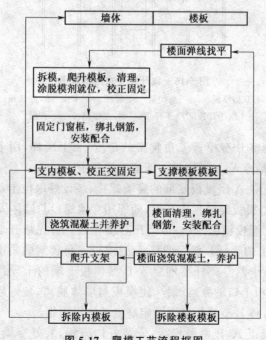

图 5-17　爬模工艺流程框图

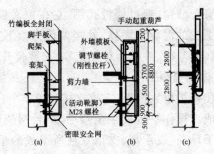

图 5-18 爬模施工流程示意图

(a)模板、架体组装 (b)爬架固定,模板上升 (c)模板固定,架体上升

技能要点 5:整体爬模的施工技术

整体爬升模板施工,必须着重解决楼板水平构件对模板爬升的影响。

整体爬模主要由内、外爬架和内、外模板组成,如图 5-19 所示。

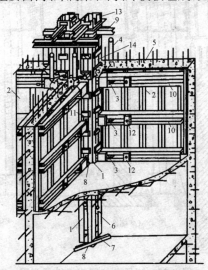

图 5-19 整体爬模示意图

1. 内爬架 2. 内模架 3. 固定插销(安全销) 4. 提升动力机构
5. 混凝土 6. 穿墙螺栓 7. 短横扁担 8. 内爬架通道口 9. 顶架
10. 横肋 11. 缀板 12. 垫板 13. 外爬架 14. 外模架

　　内爬架设置于墙角,通过楼板孔洞,立在短横扁担上,并用穿墙螺栓传力于下层的混凝土墙体,外爬架传力给下层混凝土外墙体,形成内、外爬架与内、外模板相互依靠、交替爬升的施工过程。

1. 液压整体爬模施工

　　液压整体爬模板由大模板、支承立柱与操作平台、液压整体提升三大系统组成。操作平台覆盖全楼层,平台钢架通过导向架搁置于由串心式千斤顶、支承杆、支承立柱所组成的承载体上,大模板用手动倒链吊挂在平台钢架下面。立柱对称布置,通过楼板孔洞支承于下一层楼板上。启动液压动力装置使平台钢架、大模板、吊脚手等分组间隔交替整体提升,如图 5-20 所示。

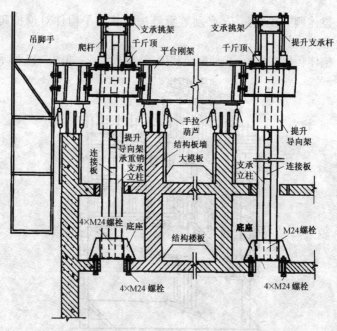

图 5-20　液压整体爬模系统示意图

　　(1)工艺流程。液压整体爬模施工工艺流程,如图 5-21 所示。提升支承立柱前,应先按平台单元分组间隔将底座螺栓松开,启动液压千斤顶,将立柱连同底座提升到上一楼层固定。

底座固定,千斤顶向上爬升时,平台及大模板随之提升。当平台到位后,将承重销搁在导向架下面的立柱缀板上,使平台稳固在承担施工荷载,并通过导向架和承重销传递到支承立柱和楼板、墙体上。

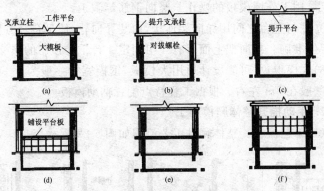

图 5-21 液压整体爬模施工工艺流程

(a)浇捣墙体混凝土 (b)提升支承立柱

(c)提升平台、模板、绑扎钢筋 (d)楼板、模板、支模、绑扎钢筋

(e)浇捣楼板混凝土 (f)墙体模板就位固定、浇捣混凝土

(2)构造组成。

1)液压提升系统:支承挑架均匀支承四根爬杆(ϕ25mm 圆钢筋 ϕ48mm 钢管)及四个串心式液压千斤顶(30kN 或 60kN),组成液压提升系统。爬杆上端与挑架采用螺栓连接;下端为自由端,方便爬杆安装、调换。爬杆应按拉应力设计。

2)工具式钢立柱:工具式钢立柱是基本承载与传力构件,每根立柱由四根角钢与缀板焊成,长度相当于三个楼层的高度,应有足够的强度与刚度,截面 20cm×20cm,长度为 11.2m 左右,自重 220~300kg。立柱的底座由钢板焊成,用四根 M24 螺栓固定在楼板上,立柱插入其中后用钢销固定。立柱顶设挑梁,由槽钢焊成,留 4 孔悬挂千斤顶爬杆。

除固定于楼板上的立柱外,还可以采用附墙式立柱,在立柱下端设钢牛腿,与墙锚固。支承立柱的混凝土强度,均应作荷载验算,不得低于 C15。

操作平台平面根据标准层平面布置,由型钢构成,满铺脚手板,保证整体刚度和操作安全。平台外围挂有 3~4 排角钢制成的吊脚手,用于外墙模板的操作与竖向钢筋等施工。

立柱与平台之间用导向架连接,内装导向轮,使平台轻方便提升,定位准确。导向架上面留有 4 组固定 4 台千斤顶用的螺栓孔。

3)大模板:尽可能设计通用大模板,钢模宽度一般为 4~6m,高度一般在 3m 左右。根据工程特点配置辅助模板。

2. 手动提升整体爬模施工

(1)工艺流程。整体爬升工艺流程如图 5-22 所示。

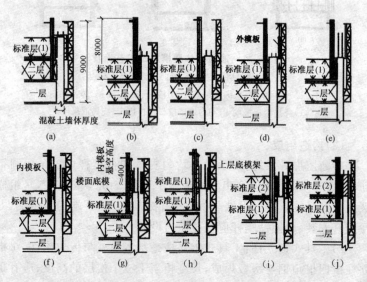

图 5-22 整体爬升工艺流程

(a)弹现浇导墙 (b)升内架(外墙边) (c)升外架 (d)升外模
(e)扎筋 (f)升内模 (g)铺楼面底模 (h)绑扎楼板钢筋浇楼板混凝土
(i)校正内外模搭飞模架 (j)浇上层混凝土

(2)施工要点。

1)第一层墙体混凝土的浇筑,仍采用大模板工程的常规施工方法进行。待一层外墙拆模后,即可进行外爬架和外墙外侧模板的组装。待一层楼顶板浇筑混凝土后,即可安装内爬架及外墙内侧模板和内墙模板。

2)内爬架的安装,应先将控制轴线引测到楼层,并按"偏心法"放出50cm通长控制轴线,然后按开间尺寸划分弹出墙体中心线,才能作内爬架限位。

3)由于内爬架带有角模,因此内爬架支设位置的正确和垂直,是确保模板工程质量的关键。必须经质量检查人员复验无误后,才能进行下一道支模工序。

4)水平标高的控制,可采取在每根内爬架上画出50cm高的红色标记;此外,当一层墙体混凝土浇筑完毕并拆除内模两侧角铁后,立即将下一层墙体上的水平线引到上一层墙体上,并做好红色标记,作为内爬架红色标记对齐的依据。当内墙模板和外墙内侧模板提升后,按此用墨线弹出整个房间的水平线,作为支承楼板模板控制标高的依据。

5)爬架的提升,应先提升靠外墙的内爬架,作为以后提升内、外模板的连接依靠。内爬架提升到位后,应立即作好临时固定,并在其底部加小横扁担搭在楼板上作安全支承,同时用楔子校正其垂直度。内墙的内爬架,可根据施工要求穿插提升。

6)整体爬升模板的支模工作,主要是使模板紧靠内爬架上的内模,其他可按常规操作施工。

7)为了施工安全和便于绑扎外墙钢筋,当外爬架提升后应立即提升外墙外侧模板。在模板到位后立即用螺栓与内爬架连接,并立即清理模板和涂刷脱模剂。

8)当墙体钢筋绑扎完毕,内爬架全部就位后,即可提升内墙模板和外墙内侧模板,并立即由专人清理模板和涂刷脱模剂,做好就位校正固定工作。

9)外爬架应均匀布置,并应尽量避开窗口。高层建筑首层主立面的进出口处,往往设有悬挑结构,外爬架的布置要尽量避开此处,或从第两层开始布置。

10)由于内爬架的设置,每个房间楼板四角预留了内爬架通道孔洞,在完成本层结构施工内爬架提升后,应在做地面时加钢筋网片补平。

11)每层墙体混凝土施工缝应错开留设,楼板应整块浇筑混凝土。

技能要点6:爬架与爬架互爬的施工技术

爬架与爬架互爬工艺,可分为外墙内外侧模板随同爬升提升和外墙外侧模板随同爬架提升两种。

(1)外墙内外侧模板随同爬升提升(单机双爬)。是以摆线针轮减速机作动力,通过螺杆传动,使大爬架与小爬架交替爬升,从而使固定在大爬架的大模板支架上升到规定的高度,再松开U形螺栓,用水平丝杠并借助滑轮推动外侧大模板就位。内侧大模板通过模板支架上的悬挂架与外侧大模板同步提升。每层需3次爬升,每次约上升1m。其构造如图5-23所示。

(2)外墙外侧模板随同爬架提升。主要是以固定在混凝土外表面的爬升挂靴为支点,以摆线针轮减速机为动力,通过内外爬架的相对运动,使外墙外侧模板随同外架相应爬升。爬模由爬模架、平台、传动装置和模板组成,如图5-24所示,其工艺流程如图5-25所示。

技能要点7:电梯井筒内模互爬的施工技术

现以某宾馆电梯井筒施工为例,说明电梯井筒内模互爬的施工操作技术。该宾馆共22层,电梯井筒内模采用无架液压爬模互配施工工艺。

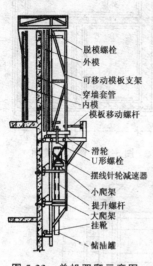

图 5-23 单机双爬示意图

脱模螺栓
外模
可移动模板支架
穿墙套管
内模
模板移动螺杆
滑轮
U 形螺栓
摆线针轮减速器
小爬架
提升螺杆
大爬架
挂靴
储油罐

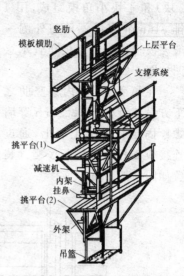

图 5-24 爬模组装示意图

竖肋
模板横肋
上层平台
支撑系统
挑平台(1)
减速机
内架挂鼻
挑平台(2)
外架
吊篮

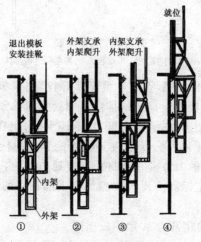

退出模板安装挂靴
外架支承内架爬升
内架支承外架爬升
就位
内架
外架
① ② ③ ④

图 5-25 爬模工艺流程

井筒内模分 A、B、C 三种类型,由 4 块大模板(A 型和 B 型各

2块)和4块小角模组成,用4
排 $\phi16$mm 穿墙螺栓与外侧一
般大模板固定。模板布置示意
图如图 5-26 所示。

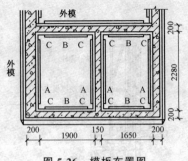

图 5-26　模板布置图

在 A 型、B 型内模竖肋之
下方设置背楞,用 $\phi22$mm 穿墙
螺栓固定在混凝土墙上,通过
连接板支托上部模板。爬升装
置如图 5-27 所示。

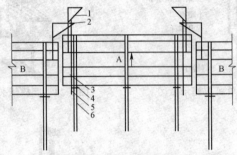

图 5-27　爬升装置

1. 三角爬架　2. 卡座　3. 千斤顶　4. 连接板　5. 爬杆　6. 背楞

爬升前,先松动 A 型和 B 型穿墙螺栓,使模板与混凝土相互
脱离,再将 B 型模板上口的一排穿墙螺栓重新拧紧。调整 B 型模
板上的三角爬架角度,装上爬杆,用卡座卡紧,爬杆的下端穿入 A
型模下端的千斤顶内。拆除 A 型模板的穿墙螺栓及与 A 型模板
之间的连接件,吊出外模,装限位卡,接通电源,启动液压泵,爬升
A 型模板至规定标高。装入 A 型模板下部背楞的穿墙螺栓,初步
固定 A 型模板。

B 型模板的爬升与 A 型模板相同。

C 型角模以 A、B 型大模板为依托,采用手动倒链提升。此
外,可将 C 型角模与 A、B 型大模板悬挂柔性连接,在爬升 A、B 型
模板的同时,将 C 型模板提升到规定标高。

第三节 滑升模板

本节导读：

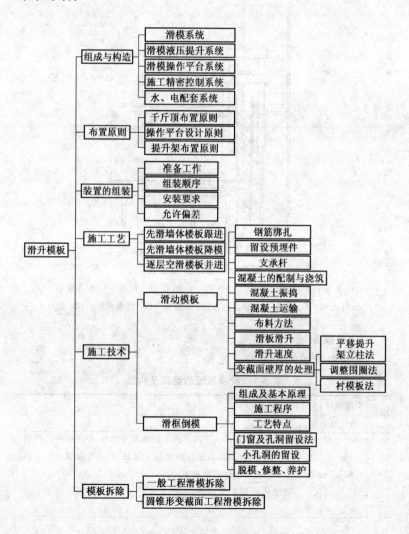

技能要点 1:滑模的组成与构造

　　滑模装置主要由模板系统、操作平台系统、液压系统以及施工精度控制系统及水、电配套系统等部分组成,如图 5-28 所示。

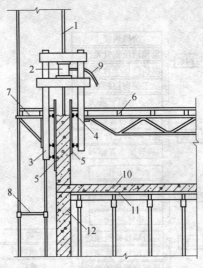

图 5-28　液压滑模装置

1. 支承杆　2. 千斤顶　3. 提升架　4. 围圈　5. 模板　6. 操作平台
7. 外挑架　8. 吊架　9. 油管　10. 现浇楼板　11. 楼板模板　12. 墙体

1. 滑模系统

滑模系统的组成及构造见表 5-7。

表 5-7　滑模系统的组成及构造

序号	系统组成及位置	内 容 说 明
1	模板	又称围板、面板,其固定在围圈上构成箱形结构,保证构件的截面尺寸及结构几何形状;直接与新混凝土接触,承受新浇筑混凝土的侧压力和模板滑动时的摩擦阻力 　一般墙体应用的钢模板,也可采用组合钢模板改装,如图 5-29 所示

续表 5-7

序号	系统组成及位置	内 容 说 明
2	围圈	围圈又称围檩,在模板外侧横向布置,支承在提升架的立杆上,将模板与提升架连接在一起。围圈是固定模板并保证模板所构成的几何形状尺寸的部件,也可作为操作平台、吊脚手架的支承部件。当施工对象的墙体尺寸变化不大时,宜采用围圈与模板组合成一体的围圈组合大模板,如图 5-30 所示 在每侧模板的背后,按建筑物所需要的结构形状,通常设置上下各一道间距为 450～750mm 的闭合式围圈。围圈要求有一定的强度和刚度,其截面应根据荷载大小由计算确定。围圈可使用角钢、槽钢或工字钢,一般采用 8～10 号槽钢或工字钢。围圈的连接宜采用等效刚度的型钢连接,连接螺栓每边不少于 2 个,如图 5-31 所示 提升架的距离较大或操作平台的桁架直接支承在围圈上时,可在上下围圈之间加设腹杆,形成平面桁架,以提高承受荷载的能力,如图 5-32 所示。模板与围圈的连接,一般采用挂在围圈上的方式,围圈为横卧工字钢时用双爪钩将模板与围圈钩牢,并用顶紧螺栓调节位置,如图 5-33 所示
3	提升架	提升架的立面构造形式,一般可分为单横梁"丌"形,双横梁的"开"形或单立柱的"厂"形等几种。提升架的平面布置形式,一般可分为"I"形、"Y"形、"X"形、"Ⅱ"形和"口"形等几种,如图 5-34 所示

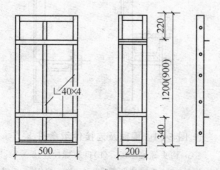

图 5-29　一般墙体钢模板示意图

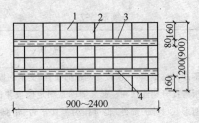

图 5-30   围圈组合大模板

1.40mm 钢板   2. 肋板   3. 上围圈   4. 下围圈

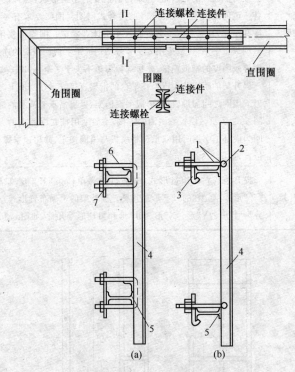

图 5-31   围圈及连接件示意图

(a)钩头螺栓连接   (b)U 形螺栓连接

1. 钩头螺栓   2. 模板边肋留孔   3. 钩头扁钢   4. 模板

5. 围圈   6.U 形螺栓   7. 扁钢

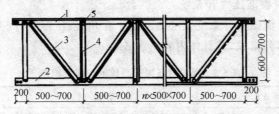

图 5-32 围圈桁架

1. 上围圈 2. 下围圈 3. 斜腹杆 4. 垂直腹杆 5. 连接螺栓

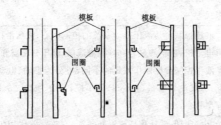

图 5-33 模板与围圈连接结构示意图

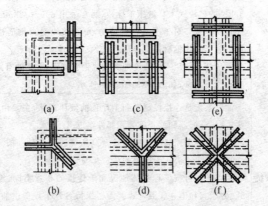

图 5-34 提升架平面布置示意图

(a)"I"形提升架 (b)L形墙用"Y"形提升架 (c)"Ⅱ"形提升架
(d)T形墙用"Y"形提升架 (e)"口"形提升架 (f)"X"形提升架

2. 滑模液压提升系统

滑模液压提升系统主要由液压千斤顶、液压控制台、支承杆和油路等部分组成,其具体内容见表 5-8。

表 5-8　滑模液压提升系统的组成及构造

序号	控制系统	内 容 说 明
1	液压千斤顶	又称为穿心式液压千斤顶或爬升器。其中心穿过支承杆,在周期式的液压动力作用下,千斤顶可沿支承杆作爬升动作,用来带动提升架、操作平台和模板随之一起上升 目前国内生产的滑模液压千斤顶型号主要有滚珠式、楔块式和松卡式等
2	液压控制台	液压控制台是液压传动系统的控制中心,液压滑模的心脏。主要由电动机、齿轮油泵、换向阀、溢流阀、液压分配器和油箱等组成 液压控制台按操作方式的不同,可分为手动、电动和自动控制等形式;按油泵流量(L/min)的不同,可分为 15、36、56、72、100、120 等型号
3	支承杆	又称爬杆、千斤顶杆或钢筋轴等,它支承着作用于千斤顶的全部荷载。目前使用的额定起重量为 30kN 的珠式卡具液压千斤顶,其支承杆一般采用 $\phi 25mm$ 的 Q235 圆钢制作。如使用额定起重量为 30kN 的楔块式卡具液压千斤顶,通常采用 $\phi 25 \sim \phi 28mm$ 的螺纹钢筋作支承杆。对于框架柱等结构,可直接以受力钢筋作支承杆使用。为了节约钢材用量,应尽可能采用工具式支承杆 支承杆一般用一定强度的圆钢或钢管制作,常见的有圆钢支承杆和钢管支承杆,如图 5-35、图 5-36 所示
4	油路系统	油路系统是连接控制台到千斤顶的液压通路,主要由油管、管接头、液压分配器和截止阀等元器件组成 油管一般采用高压无缝钢管及高压橡胶管两种。根据滑模工程面积大小决定液压千斤顶的数量及编组形式 油路系统可按工程具体情况和千斤顶的布置不同,组装成串联式、并联式和串并联混合式。为了保持各台千斤顶供油均匀,便于调整千斤顶的升差,一般宜采用三级并联方式。即从液压控制台通过主油管至分油器为一级,从分油器经分油管至支分油器为二级,从支分油器经支油管(胶管)至千斤顶为三级

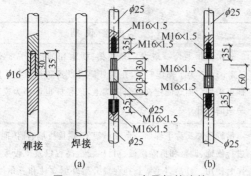

图 5-35　φ25mm 支承杆的连接

(a)双母丝扣连接　(b)丝扣连接

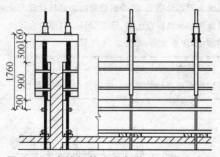

图 5-36　内墙钢管支承杆体外布置示意图

3. 滑模操作平台系统

滑模操作平台系统的组成及构造见表 5-9。

表 5-9　滑模操作平台系统的组成及构造

序号	分项	内　容　说　明
1	主操作平台	操作平台用来完成钢筋绑扎、混凝土浇筑及堆放施工机具和材料,也是随升垂直运输机具及料台的支承结构,是供设备堆放和施工人员进行操作的场所。为与施工结构相适应,操作台支承在提升架上,如图 5-37 所示。 主操作平台承受的荷载基本上是动荷载,且变化幅度较大,应安放平稳牢靠,同时还要考虑揭盖方便。按结构平面形状的不同,操作平台的平面可组装成矩形、圆形等各种形状

续表 5-9

序号	分项	内 容 说 明
2	外挑操作平台	外挑操作平台一般由三角挑架、楞木和铺板组成。外挑宽度为0.8~1m。为了操作安全,在其外侧需设置防护栏杆。防护栏杆立柱可采用承插式固定在三角挑架上,该栏杆也可作为夜间施工架设照明的灯杆
3	料台及吊脚手架	吊脚手架又称下辅助平台或吊架子,供检查墙、柱体混凝土质量并进行修饰、调整和拆除模板、引设轴线、高程以及支设梁底模板等操作时使用。外吊脚手架悬挂在提升架外侧立柱和三角挑架上,内吊脚手架悬挂在提升架内侧立柱和操作平台上 外吊脚手架可根据需要悬挂一层或多层,为保证安全,每根吊杆必须安装双螺母锁紧,其外侧应设防护栏杆挂设安全网。内、外吊脚手设置两层及两层以上时,除需验算吊杆本身强度外,尚应考虑提升架的刚度,防止变形,如图 5-38 所示
4	运输设施	随升垂直运输设施采用随升井架。随升井架安装在操作平台上,是用作垂直运输的井架。它随操作平台一起提升

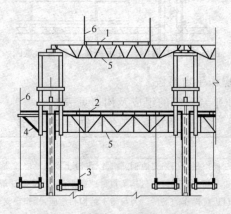

图 5-37 操作平台系统示意图

1. 上辅助平台   2. 主操作平台   3. 吊脚手架

4. 三角挑架   5. 承重桁架   6. 防护栏杆

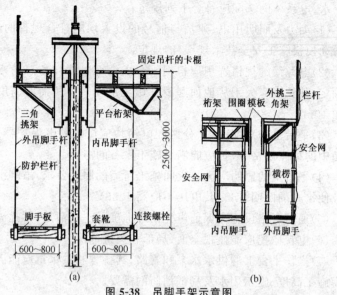

图 5-38 吊脚手架示意图

(a)吊在提升架上 (b)吊在围圈上

4. 施工精密控制系统

施工精度控制系统主要包括:提升设备本身的限位调平装置、滑模装置在施工中的水平度和垂直度的观测和调整控制设施等。

精度控制仪器、设备的选配应符合下列规定:

(1)千斤顶同步控制装置,可采用限位卡挡、激光水平扫描仪、水杯自动控制装置、计算机控制同步整体提升装置等。

(2)垂直度观测设备可采用激光铅直仪、自动安平激光铅直仪、经纬仪和线锤等,其精度不应低于 1/10000。

(3)测量靶标及观测站的设置必须稳定可靠,便于测量操作,并应根据结构特征和关键控制部位确定其位置。

5. 水、电配套系统

水、电配套系统包括动力、照明、信号、广播、通信、电视监控以及水泵、管路设施等。

水、电系统的选配应符合下列规定：

(1)动力及照明用电、通信与信号的设置均应符合现行的《液压滑动模板施工安全技术规程》的规定。

(2)电源线的规格选用应根据平台上全部电器设备总功率计算确定,其长度应大于从地面起滑开始至滑模终止所需的高度再增加 10m。

(3)平台上的总配电箱、分区配电箱均应设置漏电保护器,配电箱中的插座规格、数量应能满足施工设备的需要。

(4)平台上的照明应满足夜间施工所需的照度要求,吊脚手架上及便携式的照明灯具,其电压不应高于 36V。

(5)通信联络设施应保证声光信号准确、统一、清楚,不扰民。

(6)电视监控应能监视全面、局部和关键部位。

(7)操作平台上的供水水泵和管路,其扬程和供水量应能满足滑模施工高度、施工用水及局部消防的需要。

技能要点 2:滑动模板的布置原则

1. 千斤顶的布置原则

千斤顶的布置应使千斤顶受力均衡,布置方式应符合如下规定：

(1)筒壁结构宜沿筒壁均匀布置或成组等间距布置。

(2)框架结构宜集中布置在柱子上,当成串布置千斤顶或在梁上布置千斤顶时,必须对其支承杆进行加固。

(3)墙板结构宜沿墙体布置,并应避开门、窗的洞口。

2. 操作平台的设计原则

操作平台结构必须保证足够的承载力、刚度和稳定性。其结构布置宜采用如下形式：

(1)连续变截面筒壁结构可采用辐射梁、内外环梁以及下拉环和拉杆(或随升井架和斜撑)等组成的操作平台。

(2)等截面筒壁结构可采用桁架(平行或井字形布置)、小梁和支承等组成操作平台,或采用挑三脚架、中心环、拉杆及支承等组成的环形操作平台。

(3)框架、墙板结构可采用桁架、梁与支承组成桁架式操作平台,或采用桁架和带边框的活动平台板组成可拆装的围梁式活动操作平台。

(4)柱子或排架的操作平台,可将若干个柱子的围圈、柱间桁架组成整体稳定结构。

3. 提升架的布置原则

提升架的布置应与千斤顶的位置相适应。当均匀布置时,间距不宜超过 2m;当非均匀布置或集中布置时,可根据结构部位的实际情况确定。

技能要点 3:滑升模板装置的组装

滑模施工的特点之一,是将模板一次组装好,一直到施工完毕,中途一般不发生变化。因此,要求滑模基本构件的组装工作,一定要认真、细致、严格地按照设计要求及有关操作技术规定进行。否则,会给施工中带来困难,甚至影响工程质量。

1. 准备工作

滑模装置装组前,应做好各组装部件编号,操作基准水平,弹出组装线,作好墙、柱标准垫层及有关的预埋铁件等工作。

2. 组装顺序

滑模装置的组装应根据施工组织设计的要求,并按如下顺序进行:

(1)安装提升架。所有提升架的标高应满足操作平台水平度的要求,对带有辐射梁或辐射桁架的操作平台,应同时安装辐射梁或辐射桁架及其环梁。

(2)安装内外围圈,调整其位置,使其满足模板倾斜度正确和对称的要求。

(3)绑扎竖向钢筋和提升架横梁以下钢筋,安设预埋件及预留孔洞的胎模,对体内工具式支承杆套管下端进行包扎。

(4)当采用滑框倒模法时,安装框架式滑轨,并调整倾斜度。

(5)安装模板,宜先安装角模后再安装其他模板。

(6)安装操作平台的桁架、支承和平台铺板。

(7)安装外操作平台的支架、铺板和安全栏杆等。

(8)安装液压提升系统,垂直运输系统及水、电、通信、信号精度控制和观测装置,并分别进行编号、检查和检验。

(9)在液压系统试验合格后,插入支承杆。

(10)安装内外吊脚手架及挂安全网,当在地面或横向结构面上组装滑模装置时,应待模板滑至适当高度后,再安装内外吊脚手架,挂安全网。

3. 安装要求

模板的安装应符合如下要求:

(1)安装好的模板应上口小、下口大,单面倾斜度宜为模板高度的 0.1%~0.3%,对带坡度的筒壁结构,其模板倾斜度应根据结构坡度情况做适当调整。

(2)模板上口以下 2/3 模板高度处的净间距应与结构设计截面等宽。

(3)圆形连续变截面结构的收分模板必须沿圆周对称布置,每对的收分方向应相反,收分模板的搭接处不得漏浆。

(4)液压系统组装完毕,应在插入支承杆前进行试验和检查,并符合如下规定:

1)对千斤顶逐一进行排气,并确保排气彻底。

2)液压系统在试验油压下持压 5min,不得渗油和漏油。

3)整体试验的指标(如空载、持压、往复次数、排气等)应调整适宜,记录准确。

(5)液压系统试验合格后方可插入支承杆,支承杆轴线应与千斤顶轴线保持一致,其偏斜度允许偏差为 2/1000。

4. 滑模装置组装的允许偏差

滑模装置组装完毕,必须按表 5-10 所列各项质量标准进行认真检查,发现问题应立即纠正,并做好记录。

表 5-10 滑模装置组装的允许偏差

内 容		允许偏差(mm)
模板结构轴线与相应结构轴线位置		3
围圈位置偏差	水平方向	3
	垂直方向	3
提升架的垂直偏差	平面内	3
	平面外	2
安放千斤顶的提升架横梁相对标高偏差		5
考虑倾斜度后模板尺寸的偏差	上口	−1
	下口	+2
千斤顶位置安装的偏差	提升架平面内	5
	提升架平面外	5
圆模直径、方模边长的偏差		−2~+3
相邻两块模板平面平整偏差		1.5

技能要点 4:滑升模板施工工艺

1. 先滑墙体楼板跟进施工工艺

当墙体连续滑升至数层高度后,即可自下而上地插入进行楼板的施工。操作平台一般需设置活动平台板。其具体做法是:楼板施工时,先将操作平台的活动平台板揭开,由活动平台的洞口吊入楼板的模板、钢筋和混凝土等材料或安装预制楼板。对于现浇楼板的施工,在操作平台上也可不必设置活动平台板,而由设置在外墙窗口处的受料挑台将所需材料吊入房间,再用手推车运至施工地点。

(1)现浇楼板的模板。采用先滑墙体现浇楼板跟进施工工艺时,楼板的施工顺序为自下而上进行。现浇楼板的模板,除可采用支柱定型钢模等一般支模方法外,还可利用在梁、柱及墙体预留的孔洞或设置一些临时牛腿、插销及挂钩,作为支设模板的支承点。

(2)现浇楼板与墙体的连接方式。

1)钢筋销与凹槽连接:当墙体滑升至每层楼板标高时,可沿墙体间隔一定的距离,预埋插筋及留设通长的水平嵌固凹槽,如图5-39所示。待预留插筋及凹槽脱模后,再扳直钢筋,修整凹槽,并与楼板钢筋连成一体,再浇筑楼板混凝土。

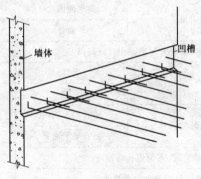

图 5-39　水平嵌固凹槽

预留插筋的直径不宜过大,一般应小于 10mm,否则不易扳直。预埋钢筋的间距,取决于楼板的配筋,可按设计要求通过计算确定。

这种连接方法,楼板的配筋可均匀分布,整体性较好。但预留插筋及凹槽均比较麻烦,扳直钢筋时,容易损坏墙体混凝土。因此,一般只用于一侧有楼板的墙体工程。此外,也可采用在墙体施工时,预留钢板埋设件与楼板钢筋焊接的方法。但由于施工较麻烦,而且造价高,一般很少采用。

2)钢筋混凝土键连接:当墙体滑升至每层楼板标高时,沿墙体间隔一定的间距需预留孔洞,孔洞的尺寸按设计要求确定。一般情况下,预留孔洞的宽度可取 200～400mm,孔洞的高度为楼板的厚度或按板厚上下各加大 50mm，以便操作。相邻孔洞的最小净距离，应大于 500mm。

相邻两间楼板的主筋，可由孔洞穿过，并与楼板的钢筋连成一体。然后，同楼板一起浇筑混凝土，孔洞处即构成钢筋混凝土键，如图 5-40 所示。

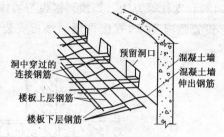

图 5-40 钢筋混凝土键连接

采用钢筋混凝土键连接的现浇楼板，其结构形式可作为双跨或多跨连续密肋梁板或平板。大多用于楼板主要受力方向的支座节点。

(3)预制楼板的施工。当墙体施工至数层后，即可自下而上地隔层插入进行楼板的安装工作。其具体做法：每间操作平台上需设置活动平台板，安装楼板时，先将活动平台板揭开，将楼板自活动平台洞口吊入下层安装，如图 5-41 所示。由于楼板是间隔数层进行安装，其长度一般应小于房间的跨度。因此，在楼板安装时，

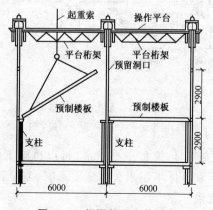

图 5-41 间隔数层安装楼板

需设置临时支承,临时支承可采用预留孔洞、设置临时牛腿(图 5-42)和支柱等方法。如预制楼板与墙体作永久牛腿连接时,可不必设置临时支承,直接将预制楼板安装于永久牛腿上,如图 5-43 所示。

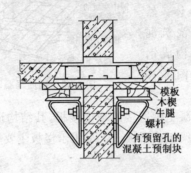

图 5-42　临时牛腿支承

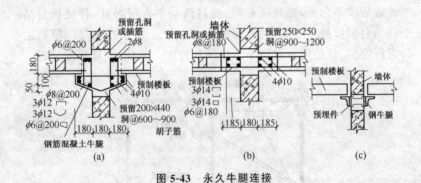

图 5-43　永久牛腿连接

(a)明牛腿　(b)暗牛腿　(c)钢牛腿

　　间隔数层安装时,模板不必空滑,可以边施工墙体边安装楼板,但是当楼板和墙体不用永久牛腿支承时,需设置临时支承,费工费时,比较麻烦。

2. 先滑墙体楼板降模施工工艺

　　(1)降模构造及连接方式。悬吊降模构造,如图 5-44 所示。

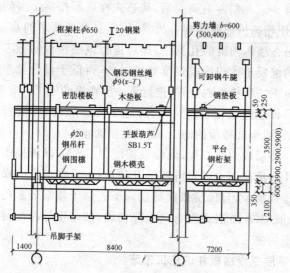

图 5-44　悬吊降模构造示意图

采用降模法施工时,现浇楼板与墙体的连接方式,基本与采用间隔数层楼板跟进施工工艺的做法相同,梁板的主要受力支座部位,宜采用钢筋混凝土键连接方式。即事先在墙体预留孔洞,使相邻两间楼板的主筋,通过孔洞连成一个整体。非主要受力支座部位,可采用钢筋销凹槽等连接方式。如果采用井字形密肋双向板结构时,则四面支座均须采用钢筋混凝土键连接方式。

对于外挑阳台及通道板,可采用现浇和预制两种方式,均可采用在墙体预留孔洞的方式解决。当阳台及通道板为现浇结构时,阳台的主筋可通过墙体孔洞与楼板连接成一个整体,楼板和阳台可同时施工。当阳台及通道板为预制结构时,可将预制阳台及通道板的边梁插入墙体孔洞,并使边梁的尾筋锚固在楼板内,与楼板的主筋焊在一起,也可焊在楼板面的预埋件上。阳台及通道板的吊装时间可与楼板同步,也可待楼板施工后再进行安装。

(2)工艺要点。先滑墙体楼板降模施工法,是针对现浇楼板结构而采用的一种施工工艺。其具体做法是:当墙体连续滑升到顶或滑升至 8～10 层左右高度后,将事先在底层按每个房间组装好的模板,用卷扬机或其他提升机具,缓慢提升到要求的高度,再用吊杆悬吊在墙体预留的孔洞中,即可进行该层楼板的施工。当该层楼板的混凝土达到拆模强度要求时(不得低于设计要求),可将模板降至下一层楼板的位置,进行下一层楼板的施工。此时,悬吊模板的吊杆也随之接长。这样,可施工完一层楼板,模板降下一层,直至完成全部楼板的施工,降至底层为止。

对于楼层较少的工程,降模只需配置一套或以滑模本身的操作平台作降模使用。即当滑模滑升到顶后,可将滑模的操作台改制作为楼板模板,自顶层依次逐层降下。对于楼层较多的超高层建筑,一般应以 10 层高度为一个降模段,按高度分段配置模板和进行降模的施工。

3. 逐层空滑楼板并进施工工艺

逐层空滑楼板并进又称为"逐层封闭"或"滑一浇一",就是采用滑模施工时,当每层墙体滑升至上一层楼板底标高位置,即停止墙体混凝土的浇筑,待混凝土达到脱模强度后,将模板连续提升,直至墙体混凝土脱模,模板再向上空滑至下口与墙体上皮脱空一段高度为止(脱空高度根据楼板的厚度而定)。然后,将操作平台的活动平台板吊开,进行现浇楼板的支模、绑扎钢筋与浇筑混凝土或预制楼板的吊装等工序,如此逐层进行,如图 5-45 所示。

模板空滑过程中,提升速度应尽量缓慢、均匀进行。开始空滑时,由于混凝土强度较低,提升的高度不宜过大,使模板与墙体保持一定的间隙,不粘结即可。待墙体混凝土达到脱模强度后,方可将模板陆续提升至要求的空滑高度。

另外,支承杆的接头应躲开模板的空滑自动高度。

这种方法每层墙体混凝土,都有初试滑升、正常滑升和完成滑升三个阶段。模板脱空后,应趁模板面上水泥浆未硬结时,立即用长把钢丝刷等工具将模板面清除干净,并涂刷一道隔离剂。在涂刷隔离剂时,应避免污染钢筋,以免影响钢筋的握裹力。

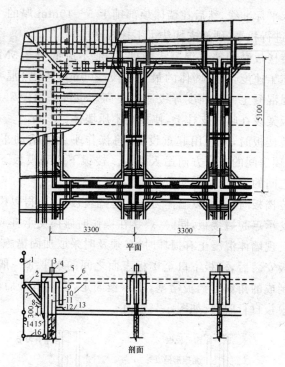

图 5-45　逐层空滑楼板并进施工工艺示意图

1. 栏杆　2. 外操作平台　3. 支承杆　4. 千斤顶　5. 提升架　6. 活动平台板
7. 三角挑架　8. 外围梁　9. 内围梁　10. 围圈　11. 模板　12. 挡板　13. 楼板
14. 吊架　15. 提升架立柱接长部分　16. 外模板

　　(1)逐层空滑预制楼板施工法。逐层空滑预制楼板施工法的做法为:当墙体滑升到楼板底部标高后,待混凝土达到脱模强度,将模板连续提升,直至墙体混凝土全部脱模,再继续将模板向上空滑一段高度(应大于预制楼板的厚度1倍左右),然后,在模板下口与墙体混凝土之间的空当,插入预制楼板。空滑时,为保证模板平台结构的整体稳定,应继续向非承重墙体模板内浇筑一定高度(一般为500mm左右)的混凝土,使非承重墙模板不脱空。

　　安装楼板前,必须对墙体的标高进行认真检查,并在每个房间内划出水平标准线,然后在墙体顶部铺上 5～10mm 厚的 1∶1 水泥砂浆,进行找平(硬架支柱法可不抹找平层)。

安装楼板时的墙体混凝土强度,一般不应低于 2.5MPa。为了加快施工速度,每层墙体的最上一段(300mm 左右)混凝土,可采用早强混凝土或将强度等级适当提高。也可采用硬架支柱法,即将楼板架设在临时支柱上,使板端不压墙体。

安装楼板时,先利用起重设备,将操作平台的活动平台板揭开,然后顺房间的进深方向吊入楼板。楼板下放到模板下口与墙体上口之间的空位时,作 90°的转向,进行就位。

安装楼板时,不得以墙体为支点起撬楼板,也不得以模板或支承杆为支承点起撬楼板,同时,严禁在操作时碰撞支承杆或蹬踩墙体。当发现墙体混凝土有损坏时,必须及时采取加固措施。

楼板安装后,模板下口至楼板表面之间的水平缝一般可采为薄钢板制成的角铁形挡板堵塞,用木楔固定,模板滑升后,角钢形挡板与模板自行脱离,如图 5-46 所示。

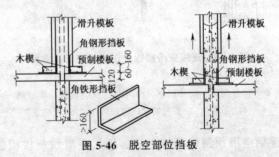

图 5-46　脱空部位挡板

(2)逐层空滑现浇楼板施工法。逐层空滑现浇楼板施工法就是施工一层墙体,现浇一层楼板,墙体的施工与现浇楼板逐层连续地进行。其具体做法是:当墙体模板向上空滑一段高度,待模板下口脱空高度等于或稍大于现浇楼板的厚度后,吊开活动平台板,进行现浇楼板支模、绑扎钢筋和浇筑混凝土的施工,如图 5-47 所示。

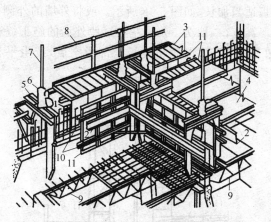

图 5-47　模板空滑现浇楼板

1. 外围梁　2. 内围梁　3. 固定平台板　4. 活动平台板　5. 提升架　6. 千斤顶
7. 支承杆　8. 栏杆　9. 楼板桁架支模　10. 围圈　11. 模板

1) 现浇楼板的模板。逐层空滑楼板并进滑模工艺的现浇楼板施工,通常在吊开活动平台板后进行,与普通逐层施工楼板的方法相同,可采用传统的支柱法,即模板为钢模或木胶合板,下设桁架梁,通过钢管或木柱支承于下一层已施工的楼板上。

与楼板同时施工的外挑阳台,可采取现浇或预制方式。当阳台为现浇时,做法与楼板相似。当阳台为预制时,预制阳台的尾筋可锚固在现浇楼板内,与楼板钢筋连成整体;也可采取在墙体留洞,预制阳台后安装的方法。安装时,将预制阳台的挑梁插入到墙体洞口之中,再将挑梁的尾筋与楼板面的预埋件焊接。有条件时,也可将阳台先在地面组装成整体,并进行装修后,一次吊装就位。

2) 模板与墙体的脱空范围。模板与墙体的脱空范围,主要取决于楼板和阳台的结构情况。当楼板为单向板,横墙承重时,只需将横墙模板脱空,非承重纵墙应比横墙多浇筑一段高度(一般为 50cm 左右),使纵墙的模板与纵墙不脱空,以保持模板的稳定。当楼板为双向板时,则全部内外墙的模板均需脱空。此时,可将外墙的外模板适当加长,如图 5-48 所示。或将外墙的外侧 1/2 墙体多浇筑一段高度(一般为 50cm 左右),使外墙的施工缝部位成企口状,如图 5-49 所示,以防止模板全部脱空后,产生平移或扭转变形。

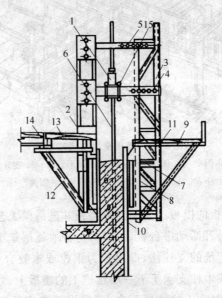

图 5-48 墙体脱空时外模加长

1. 千斤顶 2. 方柱 3. 提升架 4. 提升架下横梁 5. 提升架上横梁 6. 支承杆
7. 桁架围檩 8. 桁架围檩腹杆 9. 外三角挂架 10. 外模板加长 11. 外平台
12. 内三角挂架 13. 内平台 14. 整体平台 15. 千斤顶安装底板

技能要点 5:滑升模板施工技术

1. 钢筋绑扎

钢筋绑扎过程中,应符合如下规定:

(1)每层混凝土浇筑完毕后,在混凝土表面上至少应有一道绑扎好的横向钢筋。

(2)竖向钢筋绑扎时,应在提升架上部设置钢筋定位架,如图

5-50所示,以保证钢筋位置准确。直径较大的竖向钢筋接头宜采用气压焊、电渣压力焊、套筒式冷挤压接头及锥螺纹接头等新型钢筋接头。

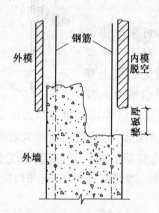

图 5-49 外墙修理口施工缝

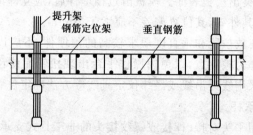

图 5-50 垂直钢筋定位架

(3)双层配筋的竖向结构,其中肋应成对并竖立排列,钢筋网片间应有A字形拉结筋或用焊接钢筋骨架定位。

(4)应有保证钢筋保护层的措施,可在模板上口设置带钩的圆钢筋对保护层进行控制,其直径按保护层的厚度确定,如图5-51所示。

(5)凡带弯钩的钢筋,绑扎时弯钩不得朝向模板面,以防止模板被弯钩卡住。

（6）支承杆作为结构受力钢筋时，其接头处的焊接质量，必须满足相关钢筋焊接规范的规定。

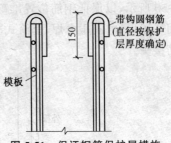

梁的横向钢筋，可采取边滑升边绑扎的方法。为便于横向钢筋的绑扎，可将箍筋做成上部开口的形式，待水平钢筋穿入就

图 5-51　保证钢筋保护层措施

位后，再将上口绑扎封闭。亦可采用开口式活动横梁提升架，或将提升架集中布置于梁端部，将梁钢筋预制成自承重骨架，直接吊入模板内就位。自承重骨架的起拱值：当梁跨度小于或等于 6m 时，应为跨度的 2‰～3‰；当梁跨度大于 6m 时，应由计算确定。

2. 留设预埋件

预埋件的固定一般可采用短钢筋与结构主筋焊接或绑扎等方法，但不得突出模板表面。模板滑过预埋件后，应立即清除表面的混凝土，使其外露，其位置偏差不应大于 20mm。

对于安放位置和垂直度要求较高的预埋件，不应以操作平台上的某点作为控制点，以免因操作平台出现扭转而使预埋件位置偏移。应采用线锤吊线或经纬仪定垂线等方法确定位置。

3. 支承杆

对采用平头对接、榫接或螺纹接头的非工具式支承杆，当千斤顶通过接头部位后，应及时对接头进行焊接加固。

用于筒壁结构施工的非工具式支承杆，当通过千斤顶后，应与横向钢筋点焊连接，焊点间距不宜大于 500mm。

当发生支承杆失稳、被千斤顶带起或弯曲等情况时，应立即进行加固处理。对兼作受力钢筋使用的支承杆，加固时应满足支承杆受力的要求，同时还应满足受力钢筋的要求。当支承杆穿过较高洞口或模板滑空时，应对支承杆进行加固。

工具式支承杆，可在滑模施工结束后一次拔出，也可在中途停歇时分批拔出。分批拔出时,应按实际荷载确定每批拔出的数量并不得超过总数的1/4。对墙板结构,内外墙交接处的支承杆,不宜中途抽拔。

4. 混凝土的配制与浇筑

(1)混凝土的配制。用于滑模施工的混凝土,除应满足设计所规定的强度、抗渗性、耐久性等要求外,应满足如下规定:

1)混凝土早期强度的增长速度,必须满足模板滑升速度的要求。

2)薄壁结构的混凝土宜用硅酸盐水泥或普通硅酸盐水泥配制。

3)混凝土入模时坍落度,应符合表5-11的规定。

表 5-11　混凝土浇筑时的坍落度

结 构 种 类	坍落度(cm)	
	非泵送混凝土	泵送混凝土
墙板、梁、柱	5～7	14～20
配筋密肋的结构(筒壁结构及细柱)	6～9	14～20
配筋特密结构	9～12	16～22

注:采用人工捣实时,非泵送混凝土的坍落度可适当增加。

4)在混凝土中掺入的外加剂或掺和料,其品种和掺量应通过试验确定。

配制混凝土的粗骨料时,最好采用卵石,其最大粒径不得超过结构最小厚度的1/5和钢筋最小净距的3/4,对于墙壁结构,一般不宜超过20mm。另外,在颗粒级配中,可适当加大细骨料的用量,一般要求粒径在7mm以下的细骨料宜达到50%～55%,粒径在0.2mm以下的细骨料宜在5%以上,以提高混凝土的工作度,减少模板滑升时的摩擦阻力。

配制混凝土的水泥,在一个工程上宜采用同一工厂生产的同一强度等级的产品,以便于掌握其特性。水泥的品种,应根据施工的气温、模板的滑升速度及施工对象进行选用。一般情况下,高温时宜选用凝结速度较慢的水泥,低温时宜选用凝结较快、早期强度较高的水泥。气温过高时,宜加入缓凝、减水复合外加剂;气温过低时,宜加入高效减水剂和低温早强、抗冻外加剂。

5)采用高强度混凝土时,尚应满足流动性、可泵性和可滑性等要求。并应使入模后的混凝土凝结速度与模板滑升速度相适应。混凝土配合比设计初定后,应先进行模拟试验,再作调整。

混凝土的初凝时间宜控制在 2h 左右,终凝时间可视工程对象而定,一般宜控制在 4～6h。

(2)混凝土的浇筑。浇筑混凝土前,必须合理划分施工区段,安排操作人员,以使每个区段的浇筑数量和时间大致相等,混凝土的浇筑应满足下列规定:

1)必须分层均匀交圈浇筑,每一浇筑层的混凝土表面应在一个水平面上,并应有计划匀称地变换浇筑方向。

2)分层浇筑的厚度不宜大于 200mm,各层浇筑的间隔时间应不大于混凝土的凝结时间[相当于混凝土达 0.035MPa($0.35kN/cm^2$)贯入阻力值],当间隔时间超过时,对接槎处应按施工缝的要求处理。

3)在气温高的季节,宜先浇筑内墙,后浇筑阳光直射的外墙;先浇筑直墙,后浇筑墙角和墙垛;先浇筑较厚的墙,后浇筑薄墙。

4)预留孔洞、门窗口、烟道口、变形缝及通风管道等两侧的混凝土,应对称均衡浇筑。开始向模板内浇筑的混凝土,浇筑时间一般宜控制在 2h 左右,分 2～3 层将混凝土浇筑至 600～700mm 高度。然后进行模板的初滑。正常滑升阶段的混凝土浇筑,每次滑升前,宜将混凝土浇筑至距模板上口以下 50～100mm 处,并应将最上一道横向钢筋留置在混凝土外,作为绑扎上一道横向钢筋的标志。在浇筑混凝土的同时,应随时清理粘附在模板内表面的砂浆,保持模板洁净,防止结硬后增加滑升的摩擦阻力。

5. 混凝土振捣

混凝土的振捣应满足下列要求:

(1)振捣混凝土时,振捣器不得直接触及支承杆、钢筋或模板。

(2)振捣器应插入前一层混凝土内,但深度不宜超过50mm。

(3)在模板滑动的过程中,不得振捣混凝土。

坍落度较大的混凝土,可用人工振捣;坍落度较小的混凝土,宜用移动方便的小型插入式振捣器振捣(目前我国生产有棒头直径为30mm或50mm,棒长230mm)。如小型振捣器不易解决,可采用普通高频振捣器,但在其头部200mm左右处应作好明显的标志。操作时,严格控制棒头插入混凝土的深度,不得超过标志。

6. 混凝土运输

混凝土的运输,一般可采用井架吊斗或塔吊吊罐,也可直接吊混凝土小车等,将混凝土吊至操作平台上,再利用人工入模浇筑。这种方法需用人工较多,而且运输时间亦较长,不利于滑模的快速施工。有些单位应用混凝土输送泵配合布料杆,解决混凝土的运输和直接入模问题,取得了较好的成果。

7. 布料方法

(1)墙体混凝土布料方法。先把混凝土布在每个房间,然后由人工锹运入模。在逐间布料时,应按每个房间平行长墙方向,布料在靠墙边的位置上,再用锹入模。

(2)楼板混凝土布料顺序。先远后近,逐间布料。一般先从东北角开始,逐间往东南方向布料,直到南边为止。随后,将布料机空转,至西北部位,再逐间往南方向布料,直至西南边外墙为止。

(3)墙体混凝土布料时间。应控制在每个浇筑层(约20cm厚)混凝土,在1h内浇筑入模,振捣完毕。要求每层混凝土之间不得留有任何施工缝。

(4)布料方向。为防止出现结构扭转现象,在奇数层的墙体滑模混凝土布料顺序,应按顺时针方向逐间布料;在偶数层时,应按逆时针方向逐间布料。

(5)必要时,还需考虑到季节风向、气温与日照等因素进行布料。

（6）在楼板混凝土逐间布料以后，随即振实。

8. 滑板滑升

模板的滑升分为初始滑升、正常滑升和完成滑升三个阶段。

（1）模板的初始滑升阶段。模板的初始滑升，必须在对滑模装置和混凝土结状态进行检查后进行。初滑时，应将全部千斤顶同时缓慢平稳升起 50～100mm，脱出模的混凝土用手指按压有轻微的指印且不粘手，及滑升过程中耳闻有"沙沙"声，说明即已具备滑升条件。当模板滑升至 200～300mm 高度后，应稍做停歇，对所有提升设备和模板系统进行全面检查、修整后，即可转入正常滑升。混凝土出模强度宜控制在 0.2～0.4MPa，或贯入阻力值为 0.30～1.05MPa。

（2）模板的正常滑升阶段。正常滑升，其分层滑升的高度应与混凝土分层浇筑的厚度相配合，一般不宜大于 200mm。两次提升的时间间隔不应超过 1.5h。在气温较高时，应增加 1～2 次中间提升，中间提升的高度为 30～60mm，以减少混凝土与模板间的摩擦阻力。

模板滑升时，应使所有的千斤顶充分地进、排油。提升过程中，如出现油压增至正常滑升滑压值的 1.2 倍，尚不能使全部液压千斤顶升起时，应停止提升操作，立即检查原因，及时进行处理。

在滑升过程中，操作平台应保持水平。各千斤顶的相对标高差不得大于 40mm，相邻两个提升架上千斤顶的升差不得大于 20mm。

连续变截面结构，每滑升一个浇筑层高度，应进行一次模板收分。模板一次收分量不宜大于 10mm。

在滑升过程中，应检查和记录结构垂直度、扭转及结构截面尺寸等偏差数值，检查及纠偏、纠扭应符合下列规定：

1）对连续变截面和整体刚度较小的结构，每提升一个浇筑层高度应检查、记录 1 次。

2）对整体刚度较大的结构，每滑升 1m 至少应检查、记录

1 次。

3)在纠正结构垂直度偏差时,应缓慢进行,避免出现硬弯。

4)当采用倾斜操作平台的方法纠正垂直度偏差时,操作平台的倾斜度应控制在 1‰之内。

5)对圆形筒壁结构,任意 3m 高度上的相对扭转值不应大于 30mm。

(3)模板的完成滑升阶段。模板的完成滑升阶段又称作末升阶段。当模板滑升至距建筑物顶部标高 1m 左右时,滑模即进入完成滑升阶段,此时应放慢滑升速度,并进行准确的抄平和找正工作,以使最后一层混凝土能够均匀地交圈,保证顶部标高及位置的正确。

(4)停滑措施。因气候或其他原因,模板在滑升过程中必须暂停施工时,应采取下列停滑措施:

1)混凝土应浇筑到同一水平面上。

2)模板应每隔 0.5～1h 启动千斤顶 1 次,每次将模板提升30～60mm,如此连续进行 4h 以上,直至混凝土与横放不会粘结为止,但模板的最大滑升量,不得大于模板高度的 1/2。

3)当支承杆的套管不带锥度时,应于次日将千斤顶再提升一个行程。

4)框架结构模板的停滑位置,宜设在梁底以下 100～200mm 处。

9. 滑升速度

模板滑升速度,当支承杆无失稳可能时,按混凝土的出模强度控制,可按下式确定:

$$V = \frac{H-h-a}{t} \qquad (5\text{-}1)$$

式中　V——模板滑升速度(m/h);

　　　H——模板高度(m);

　　　h——每个浇筑层厚度(m);

　　　a——混凝土浇筑满后,其表面到模板上口的距离,取

0.05～0.1m；

t——混凝土达到出模强度所需的时间(h)。

10. 变截面壁厚的处理

(1)平移提升架立柱法。在提升架的立柱与横梁之间装设一

个顶进丝杠,变截面时,先将模板提空,拆除平台板及围圈桁架的活接头。然后拧紧顶进丝杠,将提升架立柱带着围圈和模板向壁厚方向顶进,至要求的位置后,补齐模板,铺好平台,改模工作即告完成,如图 5-52 所示。顶进丝杠可在提升架上

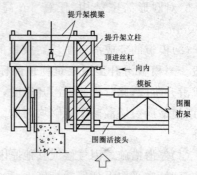

图 5-52　平移提升架立柱法

下横梁上反方向各设置一个,以增强其刚度,如图 5-53 所示。

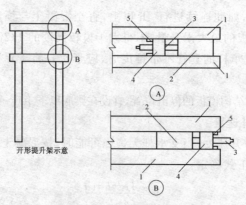

图 5-53　提升架横梁调整装置

A. 上横梁　B. 下横梁

1. 提升架横梁　2. 提升架立柱　3. 顶进丝杠　4. 顶丝座　5. 挡块

(2)调整围圈法。在提升架立柱上设置调整围圈和模板位置

的丝杠(螺栓)和托梁,当模板滑升至变截面的标高时,只需调整丝杆移动围圈即可将模板调整至变截面要求的位置,如图5-54所示。

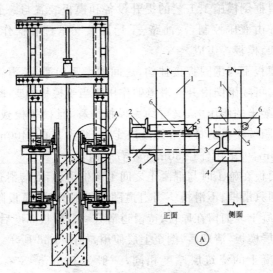

图5-54　调整围圈法
1. 提升架立柱　2. 围圈　3. 围圈托梁　4、5. 围圈托梁卡件(滑道)　6. 丝杠

(3)衬模板法。按变截面结构宽度制备好衬模,待滑升至变截面部位时,将衬模固定于滑升模板的内侧,随模板一起滑升,如图5-55所示。这种方法构造较简单,但需要另外制作衬垫模板。

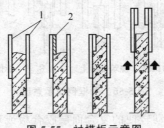

图5-55　衬模板示意图
1. 滑升模板　2. 衬模板

技能要点 6：滑框倒模施工技术

1. 组成及基本原理

（1）滑框倒模施工工艺的提升设备和模板装置与一般滑模基本相同，亦由液压控制台、油路、千斤顶及支承杆和操作平台、围圈、提升架、模板等组成。

（2）模板不与围圈直接挂钩，之间增设竖向滑道，滑道固定于围圈内侧，可随围圈滑升。滑道的作用相当于模板的支承系统，既能抵抗混凝土的侧压力，又可约束模板位移，且便于模板的安装。滑道的间距按模板的材质和厚度决定，一般为 300～400mm；长度为 1～1.5m，可采用外径 30mm 左右的钢管。

（3）模板在施工时与混凝土之间不产生滑动，而与滑道之间相对滑动，即只滑框、不滑模。当滑道随围圈滑升时，模板附着于新浇筑的混凝土表面留在原位，待滑道滑升一层模板高度后，即可拆除最下一层模板，清理后，倒至上层使用，如图 5-56 所示。模板的高度与混凝土的浇筑层厚度相同，一般为 500mm 左右，可配置 3～4 层。模板的宽度在插放方便的前提下，尽可能加大，以便减少竖向接缝。

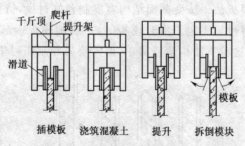

图 5-56　滑框倒模示意图

模板应选用活动轻便的复合面层胶合板或双面另涂玻璃钢树脂面层的中密度纤维板，以便于向滑道内插放和拆模倒模。

2. 施工程序

施工墙体结构的程序为:绑一步横向钢筋→安装上一层模板→浇筑一层混凝土→提升一层模板高度→拆除滑道脱出的下层模板,清理后,倒至上层使用。如此循环进行,逐层上升。

3. 工艺特点

(1)滑框倒模工艺与滑模工艺的主要区别是:由滑模时模板与混凝土之间滑动,变为滑道与模板滑动,而模板附着于新浇筑的混凝土表面无滑动。因此,模板由滑动脱模变为拆倒脱模。与之相应,滑升阻力也由滑模施工时模板与混凝土之间的摩阻力改为滑框倒模时的模板与滑道之间的摩擦力。模拟试验说明,滑框倒模施工时摩擦阻力的数值不仅小于滑模时的摩擦阻力,而且随混凝土硬化时间的延长呈下降趋势,如图 5-57 所示。

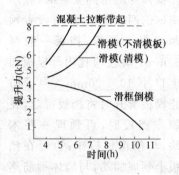

图 5-57 滑框倒模与滑模摩阻力模拟试验

(2)滑框倒模工艺只需控制滑道脱离模板时的混凝土强度下限大于 0.05MPa,不致引起混凝土坍塌和支承杆失稳,保证滑升平台安全即可。而无需考虑混凝土硬化时间延长造成的混凝土粘模、拉裂等现象,给施工创造很多便利条件。

(3)采用滑框倒模工艺施工有利于清理模板和涂刷隔离剂,以防止污染钢筋和混凝土;同时可避免滑模施工容易产生的混凝土质量通病(如蜂窝麻面、缺棱掉角、拉裂及粘模等)。

(4)施工方便可靠,当发生意外情况时,可任何部位停滑,而无需考虑滑模工艺所采取的停滑措施;同时也有利于插入梁板施工。

(5)可节省提升设备投入,由于滑框倒模工艺的摩阻力远小于滑模工艺的摩阻力,相应地可减少提升设备。与滑模相比可节省

1/6 的千斤顶和 15％的平台用钢量。

(6)采用滑框倒模工艺施工高层建筑时,其楼板等横向结构的施工以及水平、垂直度的控制,与滑模工程基本相同。

4. 门窗及孔洞留设法

(1)预制混凝土挡板法。当利用正式工程的门窗框兼作框模并随滑随安装时,在门窗框的两侧及顶部,可设置预制混凝土挡板,挡板一般厚50mm。宽度应比内外模板的上口小 10～20mm。为了防止模板滑升时将挡板带起,在制作挡板时,可预埋一些木块,与门窗框钉牢;也可在挡板上预埋插筋,与墙体钢筋连接。必要时,门窗框本身亦应与墙体钢筋连接固定,如图5-58所示。

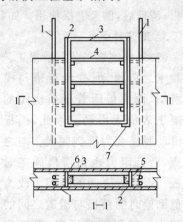

图 5-58 预制混凝土挡板
1. 结构主筋 2. 预制混凝土挡板 3. 窗框
4. 加固支承(50×100 方木) 5. 预埋插筋
6. 滑动模板 7. 垫块

(2)堵头模板法。堵头模板通过角钢导轨与内外模板配合。当堵头模板与滑模相平时,随模板一起滑升。堵头模板宜采用钢材制作,其宽度应比模板上口小 5～10mm,如图 5-59 所示。

为了防止滑升时混凝土掉角,可在孔洞棱角处的模板里层加衬一层白铁皮护角板。当模板滑升时,护角板不动,待整个门窗孔洞脱模后,将护角板取下,继续用于上层门窗孔洞的施工。护角板的长度,可做成 1m 左右。

(3)框模法。框模可事先用钢材或木材制作,如图 5-60 所示,尺寸应比设计尺寸大 20～30mm,厚度应比内外模板的上口尺寸小 5～10mm。安装时应按设计要求的位置和标高放置。安装后,应与墙壁中的钢筋或支承杆连接固定。也可用正式工程的门窗口直接作框模,但需在两侧立边框架设挡条。挡条可用钢材或木材制成,用螺钉与门窗框连接。

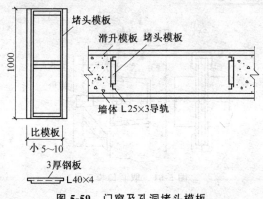

图 5-59 门窗及孔洞堵头模板

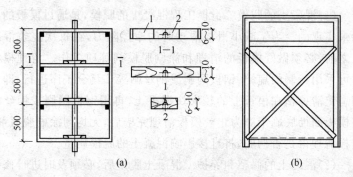

图 5-60 门窗及孔洞框模
(a)有支撑杆穿过 (b)无支撑杆穿过

5. 小孔洞的留设

对于较小的预留穿墙孔洞和穿楼板孔洞,可事先按孔洞的具体形状,用钢材、木材、聚苯乙烯泡沫块或塑料薄膜包土坯等材料,制成空心或实心孔洞胎模。孔洞胎模的尺寸,应比设计要求的尺寸略大 50mm 左右,其厚度应比内外模板上口小 10~20mm。当洞口胎模采用钢材制作时,其 4 个侧边应稍有倾斜,以便模板滑升后取出。为了便于洞口胎模的取出,可用角钢和丝杠特制成一个取洞口模的工具,如图 5-61 所示,只需转动丝杠,洞口模即可很容易取出。

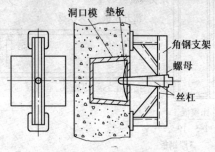

图 5-61　取洞口模工具

6. 脱模、修整、养护

(1)混凝土的脱模。滑模工程混凝土的脱模,是通过模板的滑动来实现的。为了减小滑模滑动时的摩擦阻力,在每次浇筑混凝土之前,必须做好模板的清理和涂刷脱模剂等项工作。清理模板时可采用特制的扁铲、钢板网刷或钢丝刷等工具分工序进行,即先用扁铲清掉粘在模板上的较大块混凝土,再用钢板网刷或钢丝刷将模板面彻底刷干净为止。模板清理完毕后,无均匀涂刷脱模剂。模板清理得是否彻底,将直接影响混凝土的脱模质量。

(2)混凝土的修整和养护。混凝土脱模后,必须及时进行修整和养护。对于混凝土质量较好的墙面,只需用木抹子将凹凸的部分搓平,即可进行表面装修工作。对于混凝土脱模时出现的蜂窝、麻面及较小的裂缝,应随即将松动的混凝土清除,用同一配合比的无石子或减半石子的混凝土填满并压实。对于出现较大的裂缝、狗洞等质量问题,应先将松动不实的混凝土剔凿清除,再另行支模重新浇筑混凝土后,方可进行混凝土的表面装修。

混凝土的养护可采用喷淋浇水法,也可采用养护液薄膜封闭法。

采用喷淋浇水法时,开始浇水的时间,应视气温情况而定。夏期施工时,一般不应迟于脱模后12h,浇水的次数应适当增加。当冬期施工气温低于+5℃时,可不浇水,但应采用岩棉被等保温材料加以覆盖,并视具体情况,采取适当的冬期施工措施。

养护用的喷淋管,宜设在内外吊脚手架上,随模板一起提升。当建筑物较高,水头压力不足时,应设置高压水泵供水。养护水流至地面后,应注意立即排走,以免浸入建筑物地基,造成基础沉陷。喷水养护时,水压不宜过大。

技能要点7:滑升模板的拆除

1. 一般工程滑模拆除

(1)有现浇混凝土顶板的工程滑模拆除步骤如下:

1)将内外吊脚手杆升高,使锚固点脱离滑升模板的操作平台,待内吊脚手杆的上端穿过顶板混凝土的预留孔洞后,将其固定于混凝土顶板上。外吊脚手杆升高后,固定在由顶板上挑出的木梁上。

2)利用内吊脚手架,拆除操作平台的桁架(桁架拆卸后,可临时悬吊在混凝土顶板或木梁上,暂不放下)及水平支承等。

3)利用内吊脚手架,拆除内围圈、内模板,其拆除顺序为:下围圈→上围圈→模板。

4)利用内吊脚手架,拆除操作平台楞木、铺板,最后放下桁架。

5)利用外吊脚手架,拆除外围圈、外模板,其拆除顺序为:下围圈→上围圈→模板。

6)利用已施工的混凝土顶板,拆除千斤顶、提升架及内外吊脚手架。

7)在混凝土顶板上抽拔工具式支承杆及套管。

8)支承杆抽拔后,对留下的孔洞灌注水泥浆(如无必要此项工作可不做)。

(2)无现浇混凝土顶板的工程滑模拆除步骤如下:

1)拆除液压管路系统及平台上其他附属设备。

2)拆除内外吊脚手架。

3)拆除操作平台铺板、楞木及防护栏杆。

4)拆除操作平台桁架及支承。

5)当另外设置起重设备(如塔式起重机等)时,可将围圈、模板、提升架及千斤顶的组合体,进行分段整体拆卸,待吊到地面后,再拆成单体。

6)利用已施工的混凝土墙体,抽拔工具式支承杆。

7)支承杆拔出后,对留下的孔洞灌注水泥浆(如无必要此项工作可不做)。

2. 圆锥形变截面工程滑模拆除

无井架滑模拆除步骤如下:

(1)当内衬施工完毕,将砌筑内衬的吊盘提升到顶端,并锁固在顶端混凝土的埋设件上,在内衬吊盘与操作平台之间,设置一个临时支承架,并与操作平台的内环梁连接成整体。

(2)拆除操作平台上部的斜撑及起重拔杆等设备。拆除斜撑必须对称地进行。

(3)依次拆除操作平台上部的天轮支架、滑道钢绳及立撑架等。

(4)对称地拆除外环梁、辐射梁,仅剩下内衬吊盘上的临时支承架及与连接的内环梁。这时,将四个滑轮固定于顶端的埋设件上,并将卷扬机的钢绳通过滑轮与内衬吊盘连接。然后,将内衬吊盘与顶端埋设件的原锁固装置拆除,通过放松卷扬机钢绳,使内衬吊盘降下,待落到地面后,再将其余部分拆除。

(5)将滑轮及钢绳摘下,从外爬梯下至地面。

有井架滑模拆除,可利用竖井架及其附属起重设备进行,其拆除步骤可参照无井架滑模的拆除。待模板全部拆除完毕,再自上而下逐段拆除竖井架。

第四节 飞(台)模

本节导读：

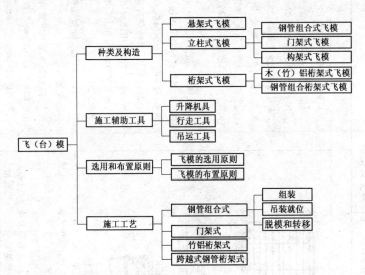

技能要点 1：飞模的种类及构造

常见的几种飞模种类与构造见表 5-12。

技能要点 2：飞模施工辅助工具

为了便于脱模和在楼层上运转，飞模在施工中，通常配备升降、行走、吊运等机具。

1. 升降机具

飞模的升降机具，是使飞模在吊装就位后，能调整飞模台面达到设计要求标高；以及当现浇梁板混凝土达到脱模强度时，能使飞模台面下降，以便于飞模运出建筑物的一种辅助机具。常用升降机具见表 5-13。

表5-12　飞模种类与构造

种类	图 示	说 明
悬架式飞模	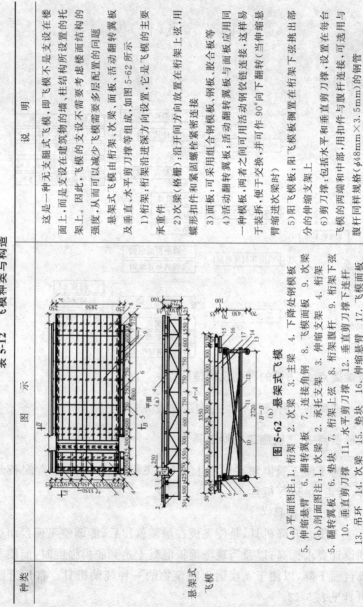 图5-62　悬架式飞模 (a)平面图　(b)剖面图 (a)平面图注：1.桁架　2.次梁　3.连接角板　4.下降处钢模板　5.翻转翼板　6.伸缩悬臂　7.连接角钢　8.伸缩支架　9.次梁 (b)剖面图注：1.次梁　2.次梁　3.飞模支架　4.桁架　5.翻转翼板　6.垫块　7.桁架上弦　8.桁架腹杆　9.桁架下连杆　10.水平剪刀撑　11.垂直剪刀撑　12.垂直剪刀撑下连杆　13.吊环　14.次梁　15.垫块　16.伸缩悬臂　17.飞模面板	这是一种无支腿式飞模，即飞模不是设在楼面上，而是支设在建筑物的墙、柱结构所设置的托架上。因此，飞模的支设不需要考虑楼面结构的强度，从而可以减少飞模需要多层配置的问题。 悬架式飞模由桁架、面板、活动翻转翼板及垂直、水平剪刀撑等组成，如图5-62所示。它是飞模的主要承重件。 1)次梁(格栅)：桁架沿进深方向放置在架上弦，用蝶形扣件和紧固螺栓紧密连接。 2)次梁：可采用组合钢模板、钢板、胶合板等。 3)面板：可采用组合钢模板、钢板、胶合板等。 4)活动翻转翼板：活动翻转翼板与面板用活动钢铰链连接。这样易于装拆，便于交换。并可作90°向下翻转(当伸缩悬臂向可换次梁时)。 5)阳飞模板：阳飞模板搁置在桁架下弦挑出部分的伸缩支架上。 6)剪刀撑：包括水平和垂直剪刀撑，设置在每台飞模的两端和中部，用扣件与腹杆连接，可选用与腹杆同样规格(φ48mm×3.5mm)的钢管腹杆。

续表 5-12

种类	图　示	说　　明
钢管组合式飞模 立柱式飞模	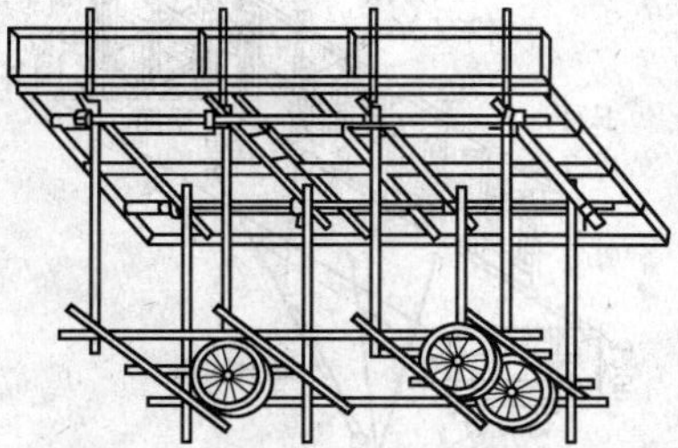 图 5-63　组合钢模板和钢管脚手架组装的飞模	是用组合钢模板及其配件钢管脚手架等装结构柱网尺寸组装成的一种飞模,如图 5-63 所示。采用这类飞模的特点是:除升降机构和行走机构需要外购或外加工外,其他一般建筑施工企业均具备制作和组装的条件,自重较大,约为 80～90kg/m² 1)面板。全部采用组合钢模板。组合钢模板之间用 U 形卡和 L 形插销连接。为了减少缝隙,尽量采用大规格模板 2)主梁。采用 70mm×50mm×3.0mm 矩形钢管。主、次梁之间用紧固螺栓和蝶形扣件连接 3)次梁。采用 60mm×40mm×2.5mm 矩形钢管或采用 φ48mm×3.5mm 钢管,次梁与面板之间用钩头螺栓和蝶形扣件连接 4)立柱。用 φ48mm × 3.5mm 钢管 和 φ38mm×4mm 内缩式伸缩脚,间隔 100mm 钻 φ13mm 孔,用 φ12mm 销子固定。伸缩脚下端焊有 100mm×100mm 钢板。下垫木楔作少量调节飞模高度用。每个飞模用 6～9 根立柱,最大荷载为 20kN/m²

续表 5-12

种类	图示	说　明
门架式飞模 立柱式飞模	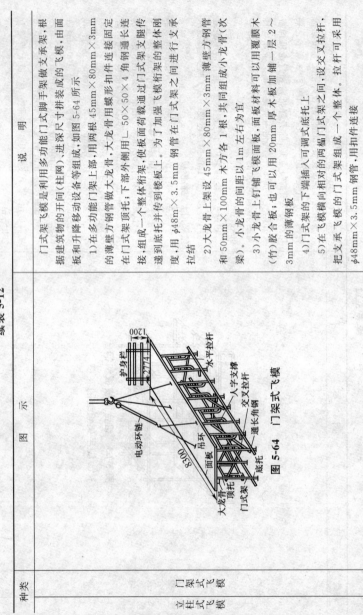 图 5-64　门架式飞模	门式架飞模是利用多功能门式脚手架(柱网)做支承架，根据建筑物的开间(柱网)、进深尺寸拼装成的飞模。由面板和升降移动设备等组成，如图 5-64 所示。 1)在多功能门架上部，用两根 45mm×80mm×3mm 的薄壁方钢管做大龙骨，大龙骨用蝶形扣件连接固定在门式架顶上；下部外侧用∟50×50×4 角钢通长连接，组成一个整体荷载通过门式架桁架传递到底托并支承到楼板上。为了加强门式架的整体刚度，用 φ48mm×3.5mm 钢管在门式架桁架之间进行支承拉结 2)大龙骨上架设 45mm×80mm×3mm 薄壁方钢管和 50mm×100mm 木方各 1 根，共组成小龙骨(次梁)。小龙骨的间距以 1m 左右为宜。 3)小龙骨上钉铺飞模面板，面板材料可以用覆膜木(竹)胶合板；也可以用 20mm 厚木板加铺一层 2~3mm 的薄钢板 4)门式架的下端插入可调式底托上。 5)在飞模横向相对的两幅门式架之间，设交叉拉杆，把支承的门式架组成一个整体。拉杆可采用 φ48mm×3.5mm 钢管，用扣件连接

续表 5-12

种类	图　示	说　明
构架式飞模 立柱式飞模	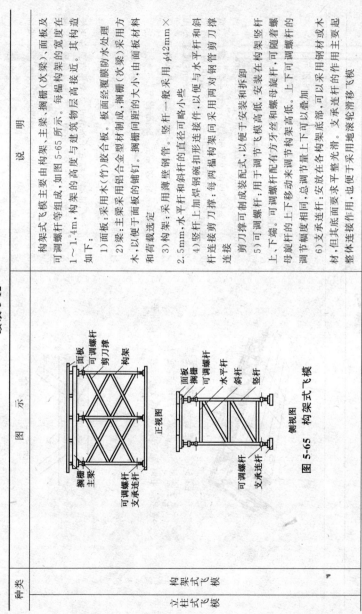 面板 搁栅 主梁 可调螺杆 剪刀撑 构架 可调螺杆 支承连杆 正视图 面板 搁栅 可调螺杆 水平杆 斜杆 竖杆 可调螺杆 支承连杆 侧视图 图 5-65　构架式飞模	构架式飞模主要由构架、主梁、搁栅、面板及可调螺杆等组成,如图 5-65 所示。每幅构架为建筑物层高与宽度在 1～1.4m。构架的高度与建筑物层高接近。其构造如下: 　1)面板:采用木(竹)胶合板。板面经覆膜防水处理。 　2)梁:主梁采用铝合金型材制成,搁栅间的大小,由面板材料和荷载选定。以便于面板的铺钉。搁栅间距采用 $\phi42\text{mm}\times$ 2.5mm。水平杆和斜杆的直径可略小些 　3)构架:采用薄壁钢管。竖杆一般采用 $\phi42\text{mm}\times$ 　4)构架上加焊钢碗扣形连接连接与水平杆和斜刀撑杆连接接剪刀撑,以便与水平杆和斜刀撑连接,每两幅构架可用采用两对钢管对剪刀撑连接剪刀撑可制成装配式,以便于安装和拆卸 　5)可调螺杆:用于调节飞模高低,安装在构架竖杆上、下端。可调螺杆配有方牙丝和螺母旋着螺母旋转使上下移动末调节构架高低。上下可调螺杆的调节幅度相同,总调节量上下可以叠加 　6)支承连杆:安放在各构架底部,以采用钢材或木材。但其底面要求平整光滑,支承连杆的作用主要起整体连接作用,也便于地滚轮滑移飞模

续表 5-12

种类	图示	说　明
木（竹）铝桁架式飞模	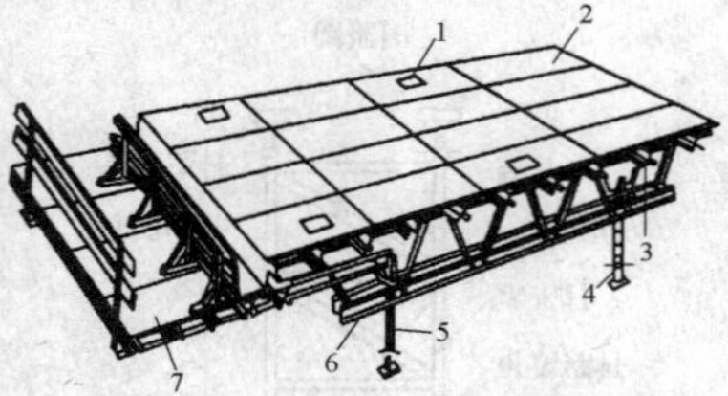 图5-66　铝合金桁架式飞模 1.吊装盒　2.竹塑（胶合板）　3.龙骨（横撑） 4.底座　5.可调钢支腿　6.铝合金桁架　7.操作平台 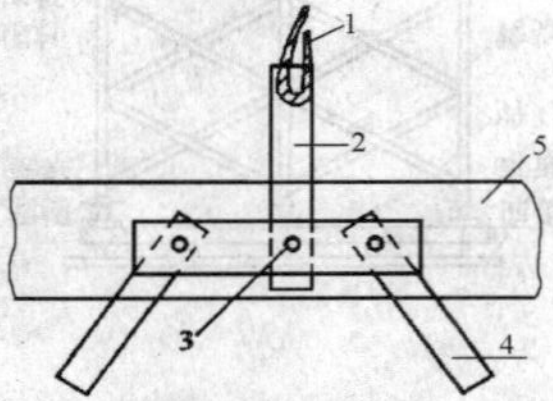 图5-67　吊装盒 1.钢丝绳　2.吊装盒　3.螺栓　4.腹杆　5.桁架上弦	各部分用料规格及作用介绍如图5-66所示： 1）面板：可采用表面为木片、中间为竹片的竹塑板，亦可采用胶合板。表面经防水处理。面板厚度应根据荷载、龙骨间距等经计算决定。板材规格为：900mm×2100mm或1200mm×2400mm，厚8～12mm； 2）铝合金桁架：由上弦杆、腹杆、十字撑组成，长、宽度可随结构尺寸调节。其中上、下弦由两根槽铝（2[165）组成，长度分为3000mm、4500mm，挑梁亦由2[165组成，用螺栓与上弦和腹杆连接。作业平台使用，腹杆为76mm×76mm×5mm铝管 3）龙骨（梁）：可采用槽形、工字形、空腹矩形的钢、铝材。断面应根据荷载经计算确定。长度根据结构尺寸和飞模组拼要求决定。 4）吊装盒：每幅飞模有4个吊点，4个吊点在飞模重心两边大致对称布置的桁架节点上，以保证吊装时桁架上弦不受过大的附加弯矩，保持飞模起吊平衡。每个吊点应有一个钢制吊装盒，如图5-67所示，吊点处应留有活动盖板

续表 5-12

种类		图示	说明
桁架式飞模	木(竹)铝桁架式飞模	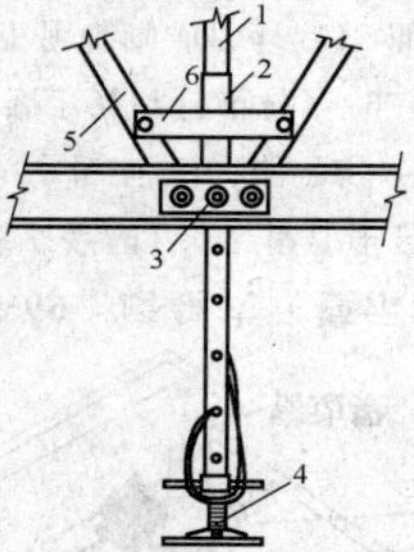 **图 5-68　支腿构造** 1. 内套管　2. 外套管　3. 销钉 4. 螺旋千斤顶　5. 桁架腹杆　6. 槽钢横梁	5）可调钢支腿：可调钢支腿由 65mm× 65mm×5mm 方形管组成支腿套管座和可调支腿套管，如图 5-68 所示
钢管组合桁架式飞模	一般式	—	用脚手架钢管组合成的桁架式支承飞模。每间使用一座飞模，整体吊运，其平面尺寸为 3.6m×7.56m 飞模支承系统由三榀平面桁架组成，杆件采用 ϕ48mm×3.5mm 脚手架钢管，并用扣件连接。平面桁架间距为 1.4m，并用剪刀撑和水平拉杆作横向连接。材料均为 ϕ48mm×3.5mm 脚手架钢管。每榀桁架设 3 条支腿。组装时，中部桁架上弦起拱 15mm，边部桁架上弦起拱 10mm。桁架腹杆轴线与上、下弦连杆轴线的交点，离开的距离为 200mm

续表 5-12

种类		图　示	说　明
钢管组合桁架式飞模	一般式	—	桁架上弦铺设 50mm×100mm 方木龙骨,间距 350mm,用 U 形铁件将龙骨与桁架上弦连接,采用 18mm 厚胶合板,用木螺钉与木方龙骨固定
	跨越式	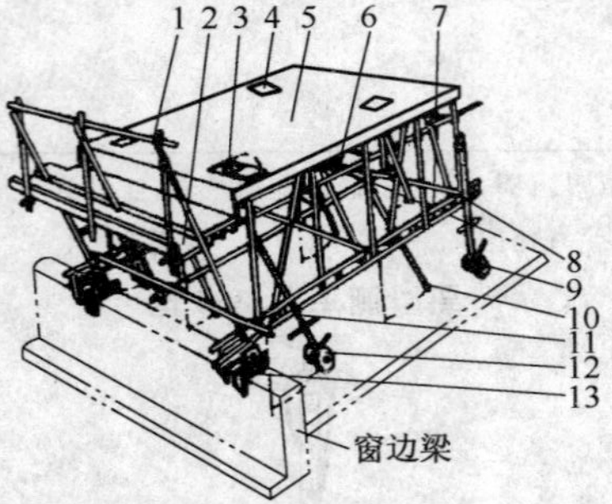 　图 5-69　跨越式飞模示意图 1. 平台栏杆(垂直安全网)　2. 操作平台　3. 固定吊环　4. 开启式吊环孔　5. 板面　6. 钢管组合桁架　7. 钢管导轨　8. 后升降脚(已装上升降行走杆)　9. 后升降行走轮　10. 中间撑脚(正作收脚动作)　11. 前撑脚(正作卸升降行走动作)　12. 前升降行走轮　13. 窗台滑轮(钢管导轨已进入滑轮)　窗边梁　桁架挑檐部分	跨越式钢管桁架式飞模,是一种适用于有压梁现浇楼盖施工的工具式飞模,如图 5-69 所示 1)钢管组合桁架:采用 ϕ48mm×3.5mm 钢管用扣件相连。每台飞模由 3 榀桁架拼接而成。两边的桁架下弦焊有导轨钢管,导轨至模板面高按实际情况下弦桁架上弦钢管连接。其顶面覆盖 2)龙骨和面板:桁架上弦铺设 50mm×100mm 木龙骨,用 U 形螺栓将龙骨与钢管连接。木龙骨上铺放 18mm 厚的铁皮,板面设 4 个开启式吊环孔,0.5mm 厚铁皮 3)前后撑脚和中间撑脚:每榀桁架设前后撑脚中间撑脚各 1 根,均采用 ϕ48mm×3.5mm 钢管 4)窗台滑轮:是将飞模送出窗口边梁的专用工具,由滑轮和角钢组成

表 5-13 升降机具

序号	名称	图 示	说 明
1	手摇式升降器	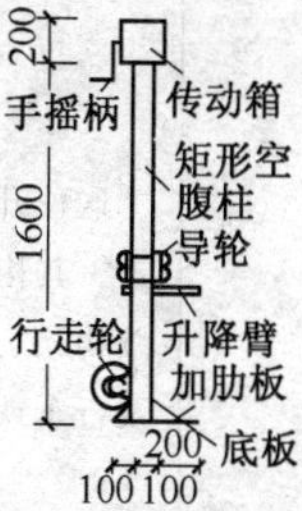	手摇式升降器是一种工具式的升降机构。由摇柄、传动箱、升降台、导轨、导轮、升降链、行走轮、限位器和底板等组成。操作时，摇动手柄通过传动箱将升降链带动升降台使飞模升降，下设行走轮以便于搬运。适用于桁架式飞模的升降
2	杠杆式液压升降器	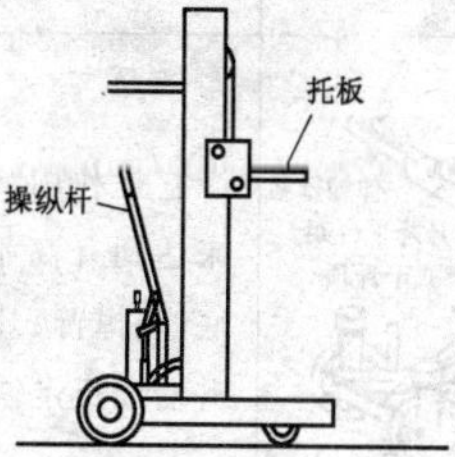	缸杆式液压升降器优点是升降速度快，操作简便。其升降方式是在杠杆的顶端安装一个托板，飞模升起时，将托板置于飞模桁架上，用操纵杆起动液压装置，使托板架从下往上作弧线运动，直至飞模就位。下降时操作杆反向操作，即可使飞模下降
3	螺旋起重器	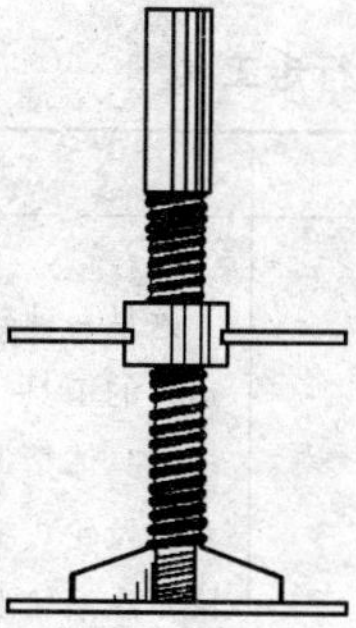	工具式螺旋起重器的顶部设U形托板，托在桁架下部。中部为螺杆和调节螺母及套管，套管上留一排销孔，便于固定位置。升降时，旋动调节螺母即可。下部放置在底座下，可根据施工的具体情况选用不同的底座。一般一台飞模用4～6个起重器 　螺旋起重器安装在桁架的支腿上，随飞模运行，其升降方法与前者工具式螺旋起重器相同，但升降调节量比较小。升降量要求较大的飞模，支腿之间需另设剪刀撑

续表 5-13

序号	名称	图　示	说　明
4	升降车	悬架式飞模升降车	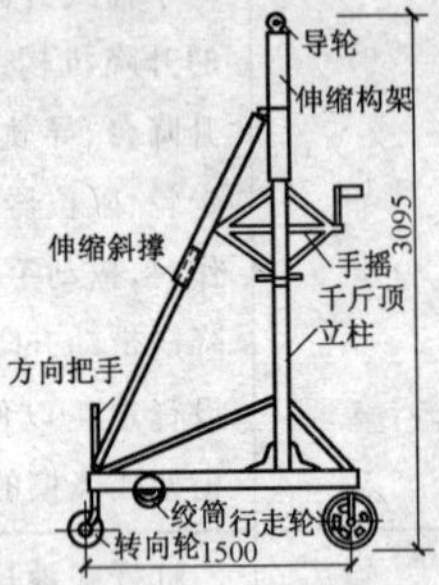 这种升降车既可升降又能行走。其构造是由基座、立柱、伸缩构架、悬臂横梁、伸缩斜撑以及行车铁轮、手摇绳筒等组成
		钢管组合式飞模升降车	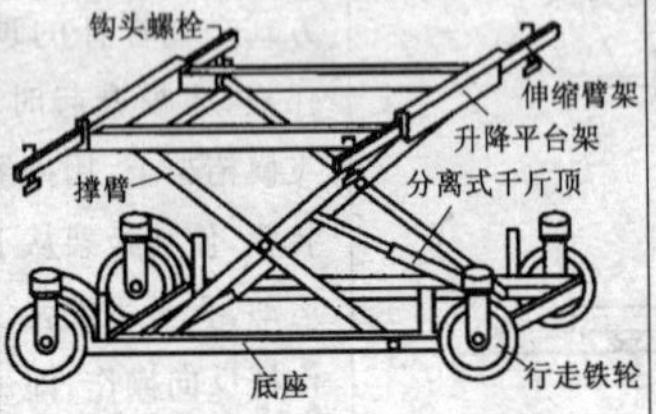 它是利用液压顶升撑臂装置来达到升高平台的目的。是由底座、撑臂、升降平台架、液压顶升器和行走铁轮等组成

2. 行走工具

常用的行走工具见表 5-14。

表 5-14　行走工具

序号	名称	图　示	说　明
1	滚轮	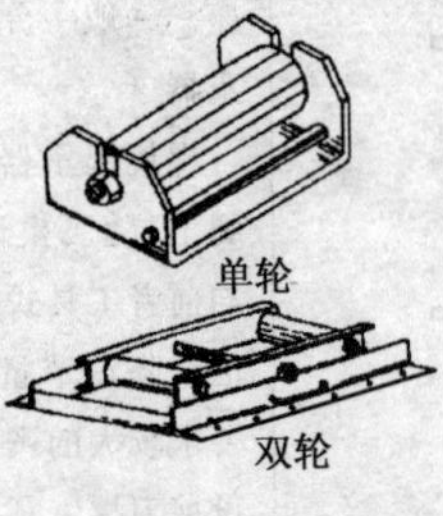 单轮　双轮	这是一种较普遍用于桁架飞模运行的工具。滚轮的形式很多可按照具体情况选用,主要有单轮、双轮及轮式组等。使用时,将飞模降落在滚轮上,用人工将飞模推至建筑物以外,滚轮内装有轴承,所以操作起来较轻便

续表 5-14

序号	名称	图 示	说 明
2	滚杠	—	这是一种飞模最简单的行走工具,一般用于桁架式飞模的运行。即当浇筑的梁瘀混凝土达到一定强度时,先在飞模下方铺设脚手板,在脚手板上放置若干根钢管,然后用升降工具将飞模降落在钢管上,再用人工推动飞模,将它推出建筑物以外。其特点是,所需工具简单,操作比较费力,需要随时注意防止飞模偏行,保持飞模直行移动。另外,当飞模滚到建筑物边缘时,钢管容易滚动掉落建筑物以外,不利于安全施工

3. 吊运工具

常用吊运工具主要有 C 形吊具、电动环链和外挑出模操作平台等,见表 5-15。

表 5-15 吊运工具

序号	名称	图 示	说 明
1	C 形吊具	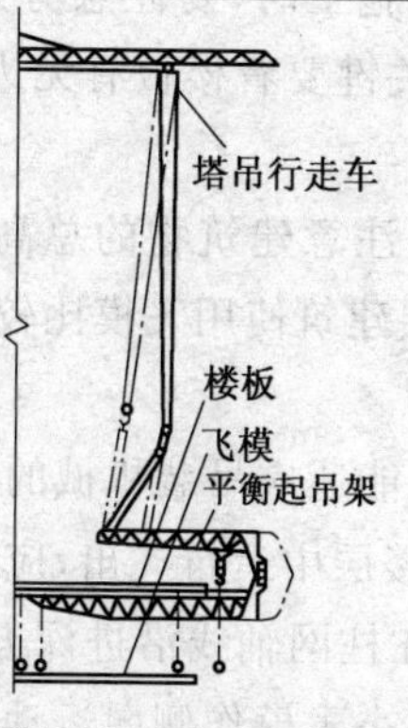 塔吊行走车 楼板 飞模 平衡起吊架 C形吊具平衡起吊操作过程	C 形吊具是一种将飞模直接起吊运走的吊具。在操作过程中,下部构架的上表面始终保持水平状态,以便确保飞模沿水平方向移出楼面

续表 5-15

序号	名称	图 示	说 明
2	电动环链	—	这是一种调节飞模平衡、用于飞模从建筑物直接飞出的工具。当飞模飞出建筑物时,由于飞模呈倾斜状,可在吊具上安装一台电动环链,以调节飞模的水平度,使飞模安全飞出上升
3	外挑出模操作平台	—	这种操作平台的根部与建筑物预留的螺栓锚固,端部要用钢丝绳斜拉于建筑物由上方可靠部位上,平台要随施工的结构进度逐步向上移动

技能要点 3:飞模的选用和布置原则

1. 飞模的选用原则

(1)在建筑施工中,能否使用飞模,主要取决于建筑物的结构特点,并按照技术上可行、经济上合理的原则选用。板柱结构体系(尤其是无柱帽),最适于采用飞模施工。

剪刀墙结构体系选用飞模施工时,要注意剪力墙的多少和位置,以及飞模能否顺利出模。关键要看楼板有无边梁,以及边梁的具体高度。

(2)在选用飞模施工时,要注意建筑物的总高度和层数,一般来说,10 层及 10 层以上的高层建筑使用飞模比较经济。

2. 飞模的布置原则

(1)飞模的自重和尺寸,应能适应吊装机械的起重能力。

(2)为了便于飞模直接从楼层中运行飞出,应尽量减少飞模的侧向运行,如图 5-70 所示,为在柱网轴线沿进深方向设置小飞模,脱模时,先将大飞模飞出,再将小飞模作侧向运动后飞出。

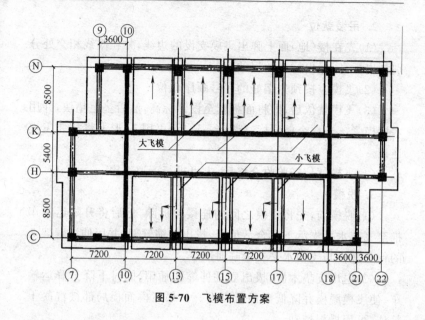

图 5-70 飞模布置方案

技能要点 4:钢管组合式飞模施工工艺

1. 组装

(1)正装法。根据飞模设计图纸的规格尺寸,按以下步骤组装。

1)拼装支架片:将立柱、主梁及水平支承组装成支架片。

2)拼装骨架:将拼装好的两片支架片及水平支承用扣件与支架立柱连接,再用斜撑将支架片用扣件连接。然后校正已经成型的骨架尺寸,当符合要求后,再用紧固螺栓在主梁上安装次梁;拼装时一般可以将水平支承安设在立柱内侧,斜撑安设在立柱外侧。各连接点应尽量相互靠近。

3)拼装面板:按飞模设计面板排列图,将面板直接铺设在次梁上,面板之间用 U 形卡连接,面板与次梁用钩头螺栓连接。

(2)反装法。反装法的组装顺序与正装法相反。

2. 吊装就位

(1)先在楼(地)面上弹出飞模支设的边线,并在墨线相交处分别测出标高,标出标高的误差值。

(2)飞模应按预先编好的序号顺序就位。

(3)飞模就位后,即将面板调至设计标高,然后垫上垫块,并用木楔楔紧。当整个楼层标高调整一致后,再用 U 形卡将相邻飞模连接。

(4)飞模就位经验收合格后,方可进行下道工序。

3. 脱模

(1)脱模前,先将飞模之间的连接件拆除,然后将升降运输车推至飞模水平支承下部合适位置,拔出伸缩臂架,并用伸缩臂架上的钩头螺栓与飞模水平支承临时固定。

(2)退出支垫木楔,拔出立柱伸缩腿插销,同时下降升降运输车,使飞模脱模并降低到最低高度。如果飞模面板局部被混凝土粘住,可用撬棍撬动。

(3)脱模时,应由专人统一指挥,使各道工序顺序同步进行。

4. 转移

(1)飞模由升降运输车用人力运至楼层出口处。

(2)飞模出口处可根据需要安设外挑操作平台。

(3)当飞模运抵外挑操作平台上时,可利用起重机械将飞模吊至下一流水施工段就位,同时撤出升降运输车。

技能要点 5:门架式飞模施工工艺

1. 组装

(1)平整场地,铺垫板,放足线尺寸,安放底托。

(2)将门式架插入底托内,安装连接件和交叉拉杆。

(3)安装上部顶托,调平后安装大龙骨。

(4)安装下部角铁和上部连接件。

(5)在大龙骨上安装小龙骨,然后铺放木板,板面刨平后在其上铺钉钢面板。

(6)安装水平和斜拉杆,安装剪刀撑。

(7)加工吊装孔,安装吊环及护身栏。

2. 吊装就位

(1)飞模吊装就位前,先在楼(地)面上准备好 4 个已调好高度的底托,换下飞模上的 4 个底托。待飞模在楼(地)面上落实后,再安放其他底托。

(2)一般一个开间(柱网)采用两吊飞模,这样形成一个中缝和两个边缝。边缝考虑柱子的影响,可将面板设计成折叠式。较大的缝隙(60~100mm),在缝上盖 150mm×5mm 钢板,钢板锚固在边龙骨下面。较小缝隙(小于 60mm),可用麻绳堵严,再用砂浆抹平,以防漏浆。

(3)飞模应按照事先在楼层上弹出的位置线就位,并进行找平、调直、顶实等工序。调整标高,应同步进行。门架支腿垂直偏差应小于 8mm。另外,边角缝隙、板面之间及孔洞四周要严密。

(4)将加工好的圆形铁筒临时固定在板面上,作为安装水暖立管的预留洞。

3. 脱模和转移

(1)拆除飞模外侧护身栏和安全网。

(2)每架飞模除留 4 个底托外,松开并拆除其他底托。在留下的 4 个底托处,安装 4 个升降装置,并放好地滚轮。

(3)用升降装置钩住飞模的下角铁(不要拉得太紧),启动升降装置,使其上升顶住飞模。

(4)松开 4 个底托,使飞模板面脱离混凝土楼板底面,启动升降机构,使飞模降落在地滚轮上。

(5)将飞模向建筑物外推到能挂外部(前部)一对吊点处,用吊钩挂好前吊点。

(6)在将飞模继续推出的过程中,安装电动环链,直到挂好后部吊点。然后启动电动环链,使飞模平衡。

（7）飞模完全推出建筑物后,调整飞模平衡,将飞模吊往下一个施工部位。

技能要点 6:竹铝桁架式飞模施工工艺

1. 组装

（1）平整组装场地,支搭拼装台。拼装台由 3 个 800mm 高的长凳组成,间距为 2m 左右。

（2）按图纸尺寸要求,将两根上、下弦槽铝用弦杆接头夹板和螺栓连接。

（3）将上、下弦与方铝管腹杆用螺栓拼成单片桁架。

（4）安装钢支腿组件。

（5）安装吊装盒。

（6）立起桁架,并用木方作临时支承。

（7）将两榀或三榀桁架用剪刀撑组装成稳定的飞模骨架。

（8）安装梁模、操作平台的挑梁及护身栏(包括立杆)。

（9）将方木镶入工字铝梁中,并用螺栓拧牢,然后将工字铝梁安放在桁架的上弦上。

（10）安装边梁龙骨。

（11）铺好面板,在吊装盒处留活动盖板。

（12）面板用电钻打孔,用木螺钉(或钉子)与工字梁木方固定。

（13）安装边梁底模和里侧模(外侧模在飞模就位后组装)。

（14）铺设操作平台脚手板。

（15）绑护身栏(安全网在飞模就位后安装)。

2. 吊装就位

（1）在楼(地)面上放出飞模位置线和支腿十字线,在墙体或柱子上弹出 1m(或 50cm)水平线。

（2）在飞模支腿处放好垫板。

（3）飞模吊装就位。当距楼面 1m 左右时,拔出伸缩支腿的销钉,放下支腿套管,安好可调支座,然后飞模就位。

(4)用可调支座调整板面标高,安装附加支承。

(5)安装四周接缝模板及边梁、柱头或柱帽模板。

(6)模板面板上刷脱模剂。

(7)检查验收。

3. 脱模和转移

(1)拆除边梁侧模、柱头或柱帽模板,拆除飞模之间、飞模与墙柱之间的模板和支承。拆除安全网。

(2)每榀桁架下放置 3 个地滚轮,其位置为桁架前方、前支腿下和桁架中间。

(3)在紧靠 4 个支腿部位,用升降机构托住桁架下弦。松开可调支腿,使飞模坐落在升降机构上。

(4)将伸缩支腿销钉拔出,支腿收入桁架内并用销钉销牢,将可调支座插入支座腿夹板缝。

(5)操纵升降机构,使飞模同步下降,板面脱离混凝土,飞模落在地滚轮上。同时,挂好安全绳,防止飞模外滑。

(6)将飞模缓缓推出,当飞模的前两个吊点超过边梁后,锁牢地滚轮。这时要使飞模的重心不得超出中间的地滚轮。

(7)将塔吊吊钩通过钢丝绳和卡环将飞模前面的两个吊装盒内的吊点卡牢;再用装有平衡吊具电动环链的钢丝绳将飞模后面的两个吊点卡牢。

(8)松开地滚轮,将飞模继续缓缓向外推出,同时放松安全绳,并调整环链长度,使飞模保持水平状态。

(9)飞模完全推出建筑物以外后,拆除安全绳,将平衡吊具控制器放在飞模的可靠部位,用塔吊将飞模提升到下一个施工部位,如图 5-71 所示。

技能要点 7:跨越式钢管桁架式飞模施工工艺

1. 组装

(1)先将导轨钢管和桁架下弦钢管焊接。

（2）按飞模设计要求用钢管和扣件组装成桁架。

（3）安装撑脚。

（4）安装面板（预留出吊环孔）和操作平台。

其他可参照钢管组合式飞模进行。

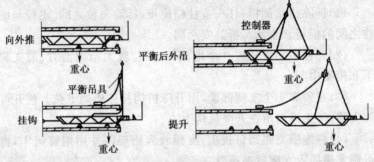

图 5-71　竹铝桁架式飞模脱模转移示意图

2. 吊装就位

（1）按楼（地）面弹线位置，用塔式起重机吊装飞模就位。

（2）放下四角钢管撑脚，装上升降行走杆，并用十字扣件扣紧。

（3）将飞模调整到设计标高，校正好平面位置。

（4）放下其余撑脚，扣紧十字扣件。

（5）在撑脚下楔入木楔（此时飞模已准确就位）。

（6）将四角处升降行走杆拆掉，换接钢管撑脚，扣上扫地杆，并用钢管与周围飞模或其他模板支承连成整体。

3. 脱模

（1）首先拆除飞模周围的连接杆件，再拆除四角撑脚下的木楔和撑脚中部扣件。

（2）装上升降行走杆，旋转螺母顶紧飞模后，将其余撑脚下木楔拆除，并把撑脚收起。

（3）旋转四角升降行走杆螺母，使飞模下降脱模。

（4）当导轨前端进入已安装好的窗台滑轮槽后，前升降行走杆卸载。

4. 转移飞出

（1）取下前升降行走杆，将飞模平移推出窗口 1m，打开前吊装孔，挂好前吊绳（图 5-72a）。

（2）再将飞模推至后升降行走杆靠近窗边梁为止，打开后吊装孔，挂上后吊绳（图 5-72b）。

（3）用手动葫芦调整飞模的起吊重心，取下后升降行走杆（图 5-72c）。

（4）飞模继续平移，使它完全离开窗口，将飞模吊至下一个施工区域就位（图 5-72d）。

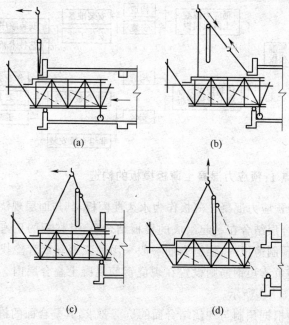

(a)　　　　　　　　　(b)

(c)　　　　　　　　　(d)

图 5-72　跨越式钢管桁架飞模吊运示意图

第六章 永久性模板施工

第一节 预应力钢筋混凝土薄板模板

本节导读:

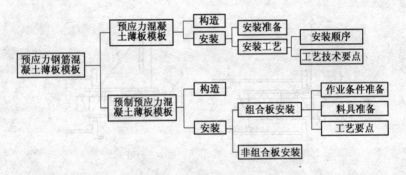

技能要点 1:预应力混凝土薄板模板的构造

(1)预应力混凝土薄板作为永久性模板,其与面层现浇钢筋混凝土叠合层结合在一起组成的楼板结合色,其楼板的正弯矩钢筋设置在预制薄板内,预应力筋一般采用高强钢丝或者冷拔低碳钢丝,支座负弯矩钢筋则设置在现浇钢筋混凝土叠合层内。其构造做法如图 6-1 所示。

(2)根据预制与现浇结合面的抗剪要求,其叠合面的构造有以下三种:

1)表面划毛:在薄板混凝土振捣密实刮平后,及时用工具对表面进行划毛,其划毛深度 4mm 左右,间距 100mm 左右。

2)表面刻凹槽:凡厚度大于 100mm 的预制薄板,在垂直于主筋方向的板的两端各预留 3 道凹槽,槽深 10mm,槽宽 80mm。对于较薄的预制薄板,待混凝土振捣密实刮平后,用简易工具刻梅花钉,其钉长和宽均为 40mm 左右,深度为 10~20mm,间距 150mm 左右。

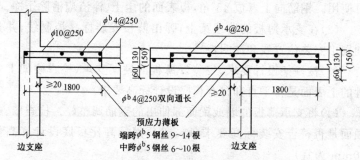

图 6-1　预应力混凝土薄板叠合楼板构造图

3)预留结构钢筋(或称钢筋小肋):这种构造对现浇混凝土与预制薄板面的结合效果较好。同时能增加预制薄板平面以外的刚度,减少预制薄板出池、运输、堆放和安装过程中可能出现的裂缝,如图 6-2 所示。

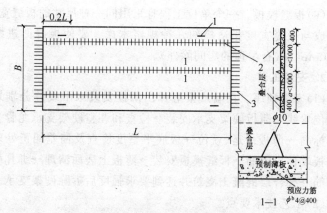

图 6-2　预应力混凝土薄板构造

1.吊环　2.预留钢筋小肋　3.预留预应力筋

技能要点 2：预应力混凝土薄板模板的安装

1. 安装准备

（1）单向板如出现纵向裂缝，必须征得工程设计单位同意后方可使用。钢筋向上弯成45°角，板表面的尘土、浮渣应清除干净。

（2）在支承薄板的墙或梁上，弹出薄板安装标高控制线，并分别划出安装位置线和注明板号。

（3）按硬架设计要求，安装好薄板的硬架支承，检查硬架上龙骨的上表面是否平直和符合板底设计标高要求。

（4）将支承薄板的墙或梁面部伸出的钢筋调整好。检查墙、梁顶面是否符合安装标高要求（墙、梁顶面标高比板底设计标高低20mm为宜）。

（5）薄板硬架支承。其龙骨一般可采用 100mm×100mm 方木，也可用 50mm×100mm×2.5mm 薄壁方钢管或其他轻钢龙骨、铝合金龙骨。其立柱宜采用可调节钢支柱，也可采用 100mm×100mm 木立柱。其拉杆可采用脚手架钢管或 50mm×100mm 方木。

（6）板缝模板。一个单位工程宜采用同一种尺寸的板缝宽度，或做成与板缝宽度相适应的几种规格木模。要使板缝凹进缝内5～10mm 深（有吊顶的房间除外）。

2. 安装工艺

（1）安装顺序。在墙或梁上弹出薄板安装水平线并分别划出安装位置线→薄板硬架支承安装→检查和调整硬架支承龙骨上口水平标高→薄板吊运、就位→板底平整度检查及偏差纠正处理→整理板端伸出钢筋→板缝模板安装→薄板上表面清理→绑扎叠合层钢筋→叠合层混凝土浇筑并达到要求强度后拆除硬架支承。

（2）工艺技术要点。

1）硬架支承安装：硬架支承龙骨上表面应保持平直，要与板底标高一致。龙骨及立柱的间距，要满足薄板在承受施工荷载和叠合层钢筋混凝土自重时,不产生裂缝和超出允许挠度的要求。一般情况,立柱及龙骨的间距以 1200～1500mm 为宜。立柱下支点要垫通板,如图 6-3 所示。

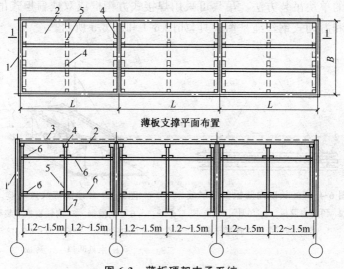

薄板支撑平面布置

图 6-3　薄板硬架支承系统

1. 薄板支承墙体　2. 预应力薄板　3. 现浇混凝土叠合层
4. 薄板支承龙骨(100mm×100mm 木方或 50mm×100mm×2.5mm 薄壁方钢管)

5. 支柱(100mm×100mm 木方或可调节的钢支柱,横距 0.9～1m)

6. 纵、横向水平拉杆(50mm×100mm 木方或脚手架钢管)

7. 支柱下端支垫(50 厚通板)

当硬架的支柱高度超过 3m 时,支柱之间必须加设水平拉杆拉固。如采用钢管立柱时,连接立柱的水平拉杆必须使用钢管和卡扣与立柱卡牢,不得采用镀锌钢丝绑扎。硬架的高度在 3m 以下时,应根据具体情况确定是否拉结水平拉杆。在任何情况下,都必须保证硬架支承的整体稳定性。

2)薄板吊装:吊装跨度在 4m 以内的条板时,可根据垂直运输机械起重能力及板重一次吊运多次。多块吊运时,应于紧靠板垛的垫木位置处,用钢丝绳兜住板垛的底面,将板垛吊运到楼层,先临时、平稳停放在指定加固好的硬架或楼板位置上,然后挂吊环单块安装就位。

吊装跨度大于 4m 的条板或整间式的薄板,应采用 6～8 点吊挂的单块吊装方法。吊具可采用焊接式方钢框或双铁扁担式吊装架和游动式钢丝绳平衡索具,如图 6-4 和图 6-5 所示。

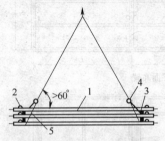 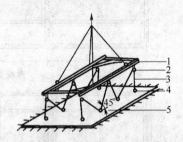

图 6-4　4m 长以内薄板多块吊装

1. 预应力薄板　2. 吊环　3. 垫木
4. 卡环　5. 带橡胶管套兜索

图 6-5　单块薄板八点吊装

1. 方框式槽钢　2. 双铁扁担吊装架
2. 开口起重滑子　3. 钢丝绳 6×19φ12.5mm
4. 索具卸扣　5. 薄板

薄板起吊时,先吊离地面 50cm 停下,检查吊具的滑轮组、钢丝绳和吊钩的工作状况及薄板的平稳状态是否正常,然后再提升安装、就位。

3)薄板调整:采用撬棍拨动调整薄板的位置时,撬棍的支点要垫以木块,以避免损坏板的边角。

薄板位置调整好后,检查板底与龙骨的接触情况,当发现板底与龙骨上表面之间空隙较大时,可采用以下方法调整。

①当属龙骨上表面的标高有偏差时,可通过调整立柱丝扣或木立柱下脚的对头木楔纠正其偏差。

②当属板的变形(反弯曲或翘曲)所致,变形发生在板端或板中部时,可用短粗钢筋棍与板缝成垂直方向贴住板的上表面,再用8号镀锌钢丝通过板缝将粗钢筋棍与板底的支承龙骨别紧,使板底与龙骨贴严,如图 6-6 所示。

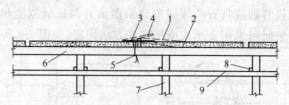

图 6-6　板端或板中变形的矫正

1. 板矫正前的变形位置　2. 板矫正后的位置　3. $l=400\mathrm{mm}$，25 以上钢筋用 8 号
镀锌钢丝拧紧后的位置　4. 钢筋在 8 号镀锌钢丝拧紧前的位置　5. 8 号镀锌钢丝
6. 薄板支承龙骨　7. 立柱　8. 纵向拉杆　9. 横向拉杆

③当变形只发生在板端部时,亦可用撬棍将板压下,使板底贴至龙骨上表面,然后用粗短钢筋棍的一端压住板面,另一端与墙(或梁)上钢筋焊牢固定,撤除撬棍后,使板底与龙骨接触严密,如图 6-7 所示。

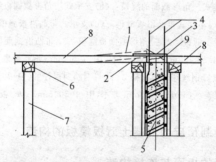

图 6-7　板端变形的矫正

1. 板端矫正前的位置　2. 板端矫正后的位置
3. 粗短钢筋头与墙体立筋焊牢压住板端　4. 墙体立筋　5. 墙体
6. 薄板支承龙骨　7. 立柱　8. 混凝土薄板　9. 板端伸出钢筋

4)板端伸出钢筋的整理。薄板调整好后,将板端伸出钢筋调整到设计要求的角度,再理直伸入对头板的叠合层内。不得将伸出钢筋弯曲成 90°或往回弯入板的自身叠合层内。

5)板缝模板安装。薄板底如作不设置吊顶的普通装修天棚时,板缝模宜做成具有凸缘或三角形截面并与板缝宽度相配套的条模,安装时可采用支承式或吊挂式方法固定,如图6-8所示。

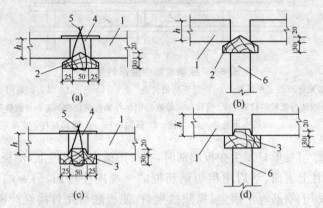

（a）　　　　　　　　　　　（b）

（c）　　　　　　　　　　　（d）

图 6-8　板缝模板安装

（a）吊挂式三角形截面的缝模　（b）支承式三角形截面板缝模

（c）吊挂式带凸沿板缝模　（d）支承式带凸沿板缝模

1. 混凝土薄板　2. 三角形截面板缝模　3. 带凸沿截面板缝模

4. $l=100mm$,$\phi6\sim\phi8mm$,中-中 500mm 钢筋别棍

5. 14 号镀锌钢丝穿过模缝模 $\phi4$ 孔与钢筋别棍拧紧（中-中 500mm）

6. 板缝模支承（50mm×50mm 方木,中-中 500mm）　　h. 板厚（mm）

技能要点 3:预制预应力混凝土薄板模板的构造

1. 组合板的板面与连接构造

（1）组合板的板面构造。为保证薄板与现浇混凝土层组合后在叠合面的抗剪能力,在生产薄板时应对板面进行处理,其板面的构造如下:

1）当要求叠合面承受的抗剪能力较大时（剪应力大于0.4MPa）,薄板表面除要求粗糙、划毛外,还要增设抗剪钢筋,并通过设计计算来确定规格和间距。抗剪钢筋可做成单片的波纹或折线形状,或用点焊的片网弯折成具有三角形断面的肋筋,如图6-9所示。

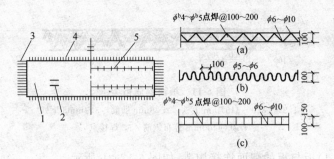

图 6-9　板面抗剪钢筋

(a)折线形焊接片网　(b)波纹形片网　(c)三角形断面焊接骨架

1. 预应力混凝土薄板　2. 吊环　3. 预应力钢筋　4. 分布筋　5. 抗剪钢筋

2)当要求叠合面承受的抗剪能力较小时,可在板的上表面加工成具有粗糙、划毛的表面;用辊筒辊压成小凹坑,凹坑的宽和长度一般为 50～80mm,深度为 6～10mm,间距为 150～300mm;用网状滚轮,辊压出深度为 4～6mm、呈网状分布的压痕的表面,如图 6-10 所示。

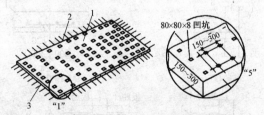

图 6-10　板面表面处理

1. 预应力钢筋混凝土薄板　2. 横向分布筋　3. 纵向预应力筋

3)在薄板表面设有钢筋桁架,桁架除能提高叠合面上的抗剪能力外,还可用以加强薄板施工时的刚度,以减少薄板在安装时板底的临时支承,如图 6-11 所示。

(2)组合板的连接构造。为了从构造上保证组合楼板在支座处受力的连续性并增强楼板横向的整体性,薄板之间一般采用以下几种连接构造:

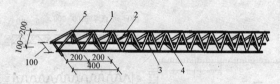

图 6-11　板面钢筋桁架

1. 2×(φ10～φ16)mm 上铁　2. φ6mm 肋筋　3. φmm8 下铁

4. φ6@400mm 分布钢筋　5. 焊接点

1)板与板的侧面连接构造,如图 6-12a、b 所示。

2)板端(侧)在山墙支座处构造,如图 6-12c 所示。

3)板端在中间支座处构造,如图 6-12d 所示。

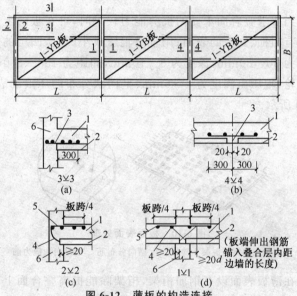

图 6-12　薄板的构造连接

(a)板侧尽端处构造连接　(b)板侧面构造连接

(c)端支座处构造连接　(d)中间支座处构造连接

1. 现浇混凝土叠合层　2. 预应力钢筋混凝土薄板

3. 构造连接钢筋 φ^b5@200mm(双向)　4. 板端伸出钢筋

5. 支座处构造负钢筋　6. 混凝土墙或梁(当为砖墙时,板伸入支座长≥40mm)

2. 非组合板的板面与连接构造

此种预应力钢筋混凝土薄板,在施工阶段只承受现浇钢筋混凝土自重和施工荷载,与现浇混凝土层结合后,在使用阶段不承受使用荷载,而只作为现浇楼板的永久性模板使用。

为了保证薄板与楼板现浇混凝土层的可靠锚固和结合成整体,薄板可同时采用以下构造方法:

(1)制作薄板。其板端预应力钢筋的伸出长度不少于 $40d$(d 为主筋直径)。薄板安装后,将伸出钢筋向上弯起并伸入楼板现浇混凝土层内,如图 6-13 所示。

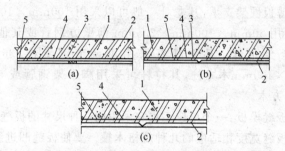

图 6-13 非组合板薄板与叠合现浇层的连接构造

(a)板端的连接 (b)板端与板侧面连接 (c)板侧间的连接

1. 现浇混凝土层 2. 预应力薄板 3. 伸出钢筋 4. 穿吊环锚钢筋 5. 钢筋

(2)绑扎现浇楼板的钢筋。在纵横两个方向各用 1 根直径为8mm 的通长钢筋穿过薄板板面上预留的吊环内,将薄板锚挂在楼板底部的钢筋上,与现浇混凝土层浇筑在一起。

(3)薄板制作。将板的上表面加工成具有拉毛或压痕的表面,以增加其与现浇层混凝土的结合能力。

技能要点 4:预制预应力混凝土薄板模板的安装

1. 组合板安装

(1)作业条件准备。

1)在支承薄板的墙或梁上,弹出薄板安装标高控制线,并分别划出安装位置线和注明板号。

2)根据硬架设计要求,安装好薄板的硬架支承,并检查硬架上龙骨的上表面是否平直和是否符合板底设计标高要求。

3)将支承薄板的墙或梁顶部伸出的钢筋调整好。钢筋向上弯成45°,板上表面的尘土、浮渣清除干净。其中单向板如出现纵向裂缝时,必须征得工程设计单位同意后方可使用。

4)检查墙、梁顶面是否符合安装标高要求(墙、梁顶面标高比板底设计标高低20mm为宜)。

(2)料具准备工作。

1)薄板硬架支承:其龙骨一般可以采用100mm×100mm方木,也可用50mm×100mm×2.5mm薄壁方钢管或其他轻钢龙骨、铝合金龙骨。其立柱宜采用可调节钢支柱,亦可采用100mm×100mm木立柱,其拉杆可采用脚手架钢管或50mm×100mm方木。

2)板缝模板:一个单位工程宜采用同一种尺寸的板缝宽度,或做成与板缝宽度相适应的几种规格木模。要使板缝凹进缝内5～10mm深(有吊顶的房间除外)。

3)配备好钢筋扳子、撬棍、吊具、卡具、8号镀锌钢丝等工具。

(3)工艺技术要点。

1)安装工艺流程:在墙或梁上弹出薄板安装水平线并分别划出安装位置线→薄板硬架支承安装→检查和调整硬架支承龙骨上口水平标高→薄板吊运、就位→板底平整度检查及偏差纠正处理→整理板端伸出钢筋→板缝模板安装→薄板上表面清理→绑扎叠合层钢筋→叠合层混凝土浇筑并达到要求强度后拆除硬架支承。

2)硬架支承安装:硬架支承龙骨上表面应保持平直,并与板底标高一致。龙骨及立柱的间距,要满足薄板在承受施工荷载和叠合层钢筋混凝土自重时,不产生裂缝和超出允许挠度的要求。一般情况,立柱及龙骨的间距为1200～1500mm。立柱下支点要垫通板,如图6-14所示。

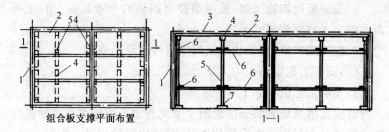

组合板支撑平面布置　　　　　　　　　　1—1

图 6-14　硬架支承系统

1. 支承墙体　2. 预应力组合板　3. 现浇混凝土叠合层　4. 支承龙骨

(100mm×100mm 木方或 50mm×100mm×2.5mm 薄壁方钢管)

5. 支柱(100mm×100mm 木方或可调节的钢支柱,横距 0.9~1m)

6. 纵、横向水平拉杆(50mm×100mm 木方或脚手架钢管)

7. 支柱下端支垫(50mm 厚通板)

当硬架的支柱高度超过 3m 时,支柱之间必须加设水平拉杆拉固。如采用钢管立柱时,连接立柱的水平拉杆必须使用钢管和卡扣与立柱卡牢,不得采用镀锌钢丝绑扎。硬架的高度在 3m 以下时,应根据具体情况确定是否拉设水平拉杆。在任何情况下,都必须保证硬架支承的整体稳定性。

3)组合板吊装:吊装跨度在 4m 以内的组合板时,可根据垂直运输机械起重能力及板重一次吊运多块。

吊装跨度大于 4m 的组合板,应采用 6~8 点吊挂的单块吊装方法。吊具可采用焊接式方钢框或双铁扁担式吊装架和游动式钢丝绳平衡索具。

2. 非组合板安装

(1)作业条件准备。

1)安装好薄板支承系统,并检查支承薄板的龙骨上表面是否平直和是否符合板底的设计标高要求。在直接支承薄板的龙骨上,分别划出薄板安装位置线、标注出板的型号。

2)检查薄板是否有裂缝、掉角、翘曲等缺陷,对有缺陷的需处理后方可使用。

3)去掉板的四边飞刺,板两端伸出钢筋向上弯起 60°角,把板表面的尘土和浮渣清除干净。

4)按板的规格、型号和吊装顺序将板分垛码放好。

(2)安装工艺要点。

1)安装工艺流程如下:

薄板支承系统安装→薄板的支承龙骨上表面的水平及标高校核→在龙骨上划出薄板安装位置线、标注出板的型号→板垛吊运、搁置在安装地点→薄板人工抬运、铺放和就位→板缝勾缝处理→整理板端伸出钢筋→薄板吊环的锚固筋铺设和绑扎→绑叠合层钢筋→板面清理、浇水润透(冬期施工除外)→混凝土浇筑、养护至设计强度后拆除支承系统。

2)薄板的支承系统,可采用立柱式、桁架式或台架式的支承系统。支承系统的设计应按现行国家标准《混凝土结构工程施工质量验收规范(2011 版)》(GB 50204—2002)中模板设计有关规定执行。

3)薄板一次吊运的块数,除考虑吊装机械的起重能力外,尚应考虑薄板采用人工码垛及拆垛、安装的方便。对板垛临时停放在支承系统的龙骨上或已安装好的薄板上,要注意板垛停放处的支承系统是否超载,防止该处的支承龙骨或薄板发生断裂,造成板垛坍落事故。

4)薄板堆放的铺底支垫,必须采用通长的垫木(板),板的支垫要靠近吊环位置,并将其存放平整、夯实和有良好的排水措施的场地。

5)薄板采用人工逐块拆垛、安装时,操作人员的动作要协调一致,防止板垛发生倾翻事故。

6)薄板铺设和调整好后,应检查其板底与龙骨的搭接面及板侧的对接缝是否严密,如果有缝隙时可用水泥砂浆钩严,防止在浇筑混凝土时产生漏浆现象。

7)板端伸出钢筋要按构造要求伸入现浇混凝土层内。穿过薄板吊环内的纵、横锚固筋,必须置于现浇楼板底部钢筋之上。

第二节 非预应力钢筋混凝土薄板模板

本节导读:

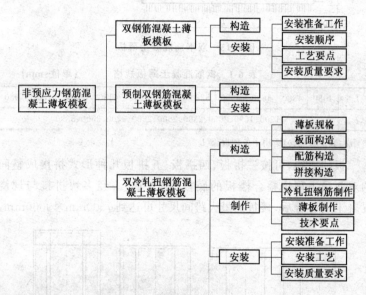

技能要点 1:双钢筋混凝土薄板模板

1. 双钢筋混凝土薄板模板的构造

双钢筋混凝土薄板模板,是用冷拔低碳钢丝,根据特定构造尺寸焊接成梯格钢筋骨架并作为配筋,预制成钢筋混凝土薄板构件,如图 6-15 所示。双钢筋混凝土薄板主要应用于现浇钢筋混凝土楼板或屋面板工程。

薄板厚度为 63mm,单板规格(平面尺寸)可分为 9 种板,见表6-1。

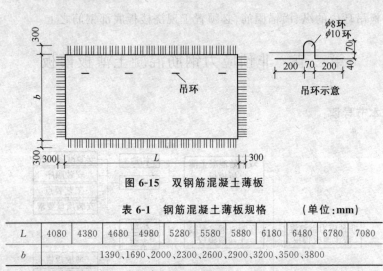

图 6-15　双钢筋混凝土薄板

表 6-1　钢筋混凝土薄板规格　　　（单位：mm）

L	4080	4380	4680	4980	5280	5580	5880	6180	6480	6780	7080
b	1390、1690、2000、2300、2600、2900、3200、3500、3800										

注：表中板宽(b)适用于各种板长(L)。

板的拼接，可按三拼板、四拼板、五拼板几种形式拼接成整间的双向受力现浇叠合楼板的底板（图 6-16）。经多块拼接与现浇混凝土层叠合后，楼板的最大跨间尺寸可达到 7500mm×9000mm。

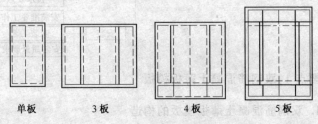

图 6-16　双钢筋混凝土薄板组拼图

薄板之间的拼接缝宽度一般为 100mm，如果排板需要时可在 70～80mm 之间变动，但是大于 100mm 的拼缝，应放置在接近楼板支承边的一侧。拼接缝的布置如图 6-17 所示。

薄板上表面的抗剪构造，是为了保证薄板与现浇混凝土层叠合后在叠合面的抗剪能力，板面可根据其对抗剪能力的不同要求作如下构造处理：

(1)当要求叠合面承受的抗剪能力较小时,可将板的上表面加工成具有粗糙、划毛的表面,并且辊筒辊压成小凹坑,也可预留出在横向具有凹槽的表面,凹槽的宽度一般为 50～100mm,深度为 10～20mm,凹槽的间距为 150～200mm,用网状滚轮辊压出深度为 4～6mm 呈网状分布的压痕表面。

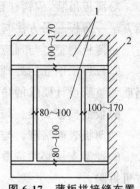

图 6-17　薄板拼接缝布置
1. 双钢筋混凝土薄板
2. 连续边支座

(2)当要求叠合面承受的抗剪能力较大时(剪应力大于 0.4MPa),薄板上表面除要求粗糙、划毛外,还要增设抗剪钢筋,其规格和间距由设计计算确定。

2. 双钢筋混凝土薄板模板安装

(1)安装准备工作。双钢筋混凝土薄板模板安装准备工作同预应力混凝土薄板。

(2)安装顺序。在墙(梁)上弹出薄板安装水平线及分划出安装位置线→硬架支承安装→检查、调整支承龙骨上口水平标高—薄板吊运、就位→板底平整度检查、校正、处理→整理板端及板侧的伸出钢筋→板缝模板安装→绑扎板缝双钢筋及板面加固筋→薄板上表面清理及用水充分湿润(冬期施工除外)→叠合层混凝土浇筑并养护至拆模强度→拆除硬架支承。

(3)工艺要点。

1)硬架的支承安装与预应力混凝土薄板模板相同。

2)硬架支承的水平拉杆设置。当房间开间为单拼板或三拼板的组合情况,硬架的支柱高度超过 3m 时,支柱之间必须加设水平拉杆;支柱高度在 3m 以下时,应根据情况确定是否拉结。当房间开间为四拼板或五拼板的组合情况时,支柱必须加设纵、横贯通的水平拉杆。在任何情况下,都必须保证硬架支承的整体稳定性。

3)薄板吊装,应钩挂预留的吊环采用 8 点平衡吊挂的单块吊装方法。薄板起吊方法与预应力混凝土薄板模板相同。

4)薄板调整。与预应力混凝土薄板模板相同。

5)板伸出钢筋的处理。薄板调整好后,将板端和板侧伸出的钢筋调整到设计要求的角度,并伸入相邻板的叠合层混凝土内。

6)板缝模板安装。与预应力混凝土薄板模板相同。

7)薄板表面清理。与预应力混凝土薄板模板相同。

8)硬架支承必须待叠合层混凝土强度 100% 达到设计强度后方可拆除。

(4)安装质量要求。

1)薄板的端头以及侧面伸出的双钢筋,严禁上弯 90°或压在板下,必须按设计要求将其弯入相邻板的叠合层内。

2)板缝的宽度尺寸及其双钢筋绑扎的位置要正确,板侧面附着的浮渣、杂物等要清除干净并用水湿润透(冬期施工除外)。板缝混凝土振捣要密实,以保证板缝双向传递的承载能力。

3)在楼板肛中,薄板如需要开凿管道等设备孔洞,应征得工程设计单位同意,再开洞后应对薄板采取补强措施。开洞时不得擅自扩大孔洞面积和切断板的钢筋。

技能要点 2:预制双钢筋混凝土薄板模板

1. 预制双钢筋混凝土薄板模板构造

(1)双钢筋用 $\phi5mm$ 冷拔平焊成低碳钢丝,吊环用未经冷加工的 HPB300 级钢热轧筋。混凝土强度等级为 C35。板的配筋分为中 $\phi5@200mm$ 双向和 $\phi5@100mm$ 双向两类。

(2)薄板的厚度一般为 63mm,单板规格有多种,可组拼成三拼、四拼、五拼板型,如图 6-18 所示。

拼板之间的板缝可在 80～170mm 之间变动,一般为 100mm。大于 100mm 的拼缝,应置于连接边的一侧,如图 6-19 所示。

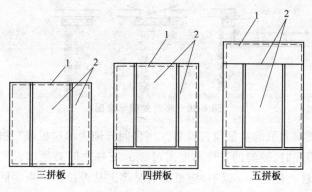

图 6-18　薄板的拼接形式

1. 薄板搁置的周边支座　2. 双钢筋混凝土薄板

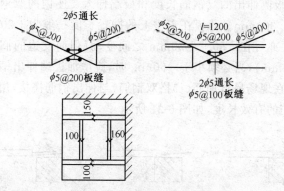

图 6-19　薄板组拼板缝处理

2. 预制双钢筋混凝土薄板模板安装

（1）薄板应按 8 个吊环同步起吊，运输、堆放的支点位置应在吊点位置。

（2）堆放场地应平整夯实。不同板号应分别码垛，不允许不同板号重叠堆放。堆放高度不得大于 6 层。

（3）薄板安装前应事先作好现场临时支架，如图 6-20 所示，并抄平、找正后方能安装就位，与支架直交的板缝可以使用吊模。

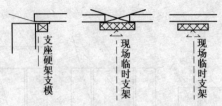

图 6-20 临时支架示意图

硬架支承的水平拉杆设置。当房间开间为单拼板或三拼板的组合情况时,硬架的支柱高度超过 3m,支柱之间必须加设水平拉杆;支柱高度在 3m 以下,应根据情况确定是否拉结。当房间开间为四拼板或五拼板的组合情况时,支杆必须加设纵、横贯通的水平拉杆。在任何情况下,都必须保证硬架支承的整体稳定性。

(4)板侧伸出的双钢筋长度和板端伸入支座内的双钢筋的长度不少于 300mm。薄板在支座上的搁置长度一般为 +20mm,如排板需要亦可在 -50~+30mm 之间变动(但简支边的搁置长度应大于 0mm),当必须小于 -50mm 时,应增加板端伸出钢筋的长度,或者在现场另行加筋(梯格双钢筋)与伸出钢筋搭接,用来增加伸出钢筋的有效长度,如图 6-21 所示。

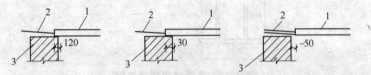

图 6-21 薄板在支座上的搁置长度

1. 薄板   2. 伸出双钢筋≥300mm   3. 支座(墙或梁)

(5)薄板的吊环构造连接。当薄板拼接完后,沿吊环的两个方向用通长的 $\phi 8mm$ 钢筋将吊环进行双向连接,钢筋端头伸入邻跨 400mm 时加弯钩。与吊环直交方向的钢筋穿越吊环时,另一方向的钢筋应置于直交钢筋下并与之绑扎,如图 6-22 所示。

(6)薄板调整好后,应将板端和板侧伸出的钢筋调整到设计要求的角度,并伸入相邻板的叠合层混凝土内,如图 6-23 所示。

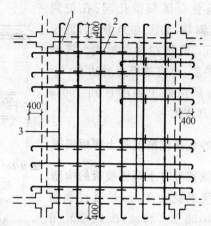

图 6-22 薄板的吊环连接构造(4 拼或 5 拼板)

1. 板的周边支座 2. 吊环 3. 纵、横向 $\phi 8mm$ 连接钢筋

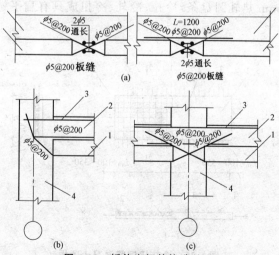

图 6-23 板伸出钢筋构造处理

(a)板拼缝连接构造处理 (b)山墙支座处连接构造处理

(c)中间支座处板连接构造处理

1. 双钢筋混凝土薄板 2. 现浇混凝土叠合层 3. 支座负筋 4. 墙体

（7）在楼板叠合层预留孔洞、孔位周边，各侧加放双钢筋，如图 6-24 所示，筋长 = 孔径 + 600mm，浇筑在叠合层内。等到叠合层浇筑养护后，再将薄板孔洞钻通。

（8）当叠合层混凝土强度达到 100% 时，才能拆除下部支架。

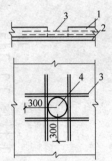

图 6-24　预留孔滑配筋位置示意图
1. 叠合层　2. 薄板
3. 配筋　4. 孔洞

技能要点 3：双冷轧扭钢筋混凝土薄板模板

1. 冷轧扭钢筋混凝土薄板模板的构造

冷轧扭钢筋混凝土薄板，是通过预制构件工厂或现场的生产台座，配以冷轧扭钢筋制作成的一种非预应力钢筋混凝土薄板构件，如图 6-25 所示。构件内配置的冷轧扭钢筋，是采用直径 $\phi 8 \sim \phi 10$mm 热轧圆盘条，冷拉、冷轧、冷扭成具有扁平螺旋状的钢筋。

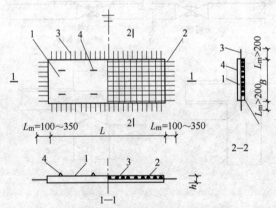

图 6-25　冷轧扭钢筋混凝土薄板
1. 薄板　2. 纵向冷扭主筋　3. 横向冷轧扭主筋　4. 吊环

（1）薄板规格。

1）冷轧扭钢筋混凝土叠合楼板的经济跨度一般为 4～6m。多块薄板经横向拼接后的最大跨间可达 5400mm×6000mm。薄板的厚度,根据跨度由设计确定,当一般荷载下叠合后楼板的厚度取 $(1/35\sim1/40)L$(L 为板的跨度)时,其薄板厚度取 $L/100+100$mm。

2)由多块薄板横向拼接成双向叠合楼板,单块薄板宽度尺寸的确定,既要满足制作、运输、堆放和安装等工艺的要求,又要能使板的拼缝置于楼板受力最小的位置(一般置于楼板弯矩最小的四分点处)。

薄板长度与厚度的一般关系,见表 6-2。

表 6-2　薄板长度与厚度关系　　(单位:mm)

长度	3000 以下	3300~4500	4800~5400
厚度	50	60	70

薄板长度与吊点的关系,见表 6-3。

表 6-3　薄板长度与吊点关系　　(单位:mm)

简　图	板长 L	吊　点
吊点 400　　L_2　　400 L	<3600	4 个(靠端点)
	>3600	6 个(中间加吊点)

(2)板面构造。板面构造为保证薄板与现浇混凝土层组合后在叠合面的抗剪能力,其板面构造如下:

1)当要求叠合面承受的抗剪能力较小时,可在板的上表面加工制成具有粗糙、划毛或小凹坑的表面,或者用网状滚轮辊压出深度为 4~6mm 成网状分布的压痕。

2)当要求叠合面承受的抗剪能力较大时(剪应力大于 0.4MPa),薄板表面除要求粗糙、划毛外,还要增设抗剪钢筋,其规格和间距由设计计算确定。抗剪钢筋一般做成具有三角形断面的肋筋。

(3)配筋构造。板的纵横向冷轧扭主筋,一般配置在板断面的

1/2 高度位置或稍偏于板底方向的位置,其混凝土保护层不得少于 20mm(从钢筋的外边缘算起)。

冷轧扭受力钢筋的间距,当叠合后模板的厚度,$h \leqslant 150mm$ 时,不应大于 200mm;当板厚 $h > 150mm$ 时,不得大于 $1.5h$,且板的每米宽度亦不得少于三根。

冷轧扭钢筋网片一律采用绑扎,不准焊接,凡交叉点应用钢丝绑牢。

冷轧扭钢筋接头一律为搭接接头,搭接长度末端不做弯钩。搭接长度见表 6-4。

表 6-4　钢筋接头搭接长度　　　　　(单位:mm)

规格	受拉工搭接长度 l	受压区搭接长度 l
$\phi^t 65$	$l \geqslant 250$	$l \geqslant 200$
$\phi^t 8$	$l \geqslant 300$	$l \geqslant 200$
$\phi^t 10$	$l \geqslant 350$	$l \geqslant 200$

注:钢筋搭接处应在两端和中心用钢丝绑扎 3 个扣。

受力钢筋的绑扎接头位置应互相错开,在任一 500mm 搭接长度区段内,绑扎接头钢筋截面积,不得超过受力钢筋总截面的 25%。

冷轧扭钢筋薄板混凝土的净保护层为 15mm。

薄板宽度与连接筋(钢筋小肋)的关系,如表 6-5 和图 6-26 所示。

表 6-5　薄板宽度与连接筋关系

板宽	<800	<1600	<2400	<3200	>2700 以上
设连接筋道数	1	2	3	4	双向连接筋(图 6-26)

(4)拼接构造。拼接构造是利用冷轧扭钢筋握裹力较强的特点,将单块预制薄板横向冷轧扭钢筋的预留筋,按一定锚固长度搭接起来,使横向钢筋连续贯通,加上现浇叠合层,则可达到双向板受力的效果。做法如图 6-27 所示。

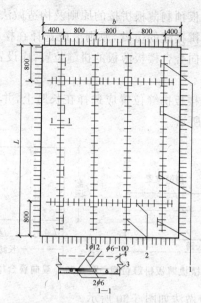

图 6-26 冷轧扭钢筋混凝土薄板构造

1. 吊点 2. 纵横向连接筋（钢筋小肋） 3. 薄板 4. 叠合层

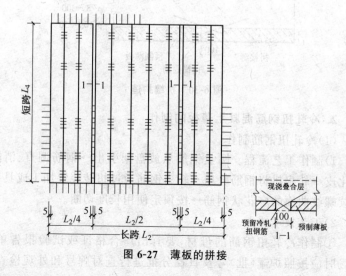

图 6-27 薄板的拼接

　　大块叠合楼板预制薄板拼接的原则及构造做法如下：

　　1)预制薄板拼接缝的位置,原则上应选择在楼板受力较小的部位。但对于单向叠合楼板薄板的拼缝位置,应设置在短跨上,如图 6-28 所示。

　　2)双向叠合楼板拼缝位置应选择在长跨上,并布置在受力最小处,如图 6-29 所示。

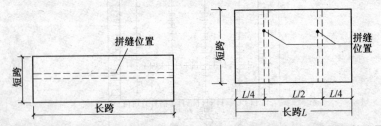

图 6-28　单向叠合楼板薄板拼缝位置　**图 6-29**　双向叠合楼板薄板拼缝位置

　　3)拼缝构造做法如图 6-30 所示。

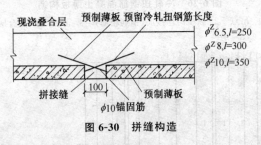

图 6-30　拼缝构造

2. 冷轧扭钢筋混凝土薄板的制作

　　(1)冷轧扭钢筋制作。

　　1)制作工艺流程。圆盘钢筋从放盘架引出→钢筋调直、清除氧化皮→轧扁机将钢筋轧扁→轧扁钢筋通过扭转装置加工成具有连续螺纹曲面的麻花状钢筋→按预定使用长度切断。

　　2)工艺技术要点。

　　①制作冷轧扭钢筋的母材,要有出厂合格证或试验报告单。进场时应按照炉罐(批)号及直径分批进行查对牌号和外观检查,

并按照有关标准抽样做机械性能试验，合格后方可进行冷轧扭加工。

②冷轧扭钢筋应在专用设备 GQZ10A 钢筋冷轧扭机上进行加工，冷轧扭机应安装在室内使用，其正常使用的环境温度要保持在 0～40℃。

③冷轧扭钢筋加工操作人员应充分了解设备的构造和性能，并熟知操作和维护的方法，或经培训考试合格后方能进行操作。

④冷轧扭机工作前，应检查设备及信号装置。通过空载运转，证明运转情况良好后方准正式工作。

⑤冷轧扭机在运行中，如果发现声音异常或出现堆钢等故障，应及时停机检查，消除故障后方可继续工作。

⑥冷轧扭机工作电压的波动如超过规定值时，必须调整好后方能工作。在启动轧机的同时冷却系统应开始工作。设备在运转中应密切注意水量、水温及水的动向，发现供水不足或水温过高应及时加水。冷却用的介质为乳化液或自来水，严禁使用各种油类物质。

⑦冷轧扭钢筋外观要逐盘进行检查，表面不得出现裂缝、刀痕、擦伤及沾上油污。

⑧冷轧扭钢筋加工后易于生锈，应尽量早使用，其储存期不宜超过一个月。经检验合格后的钢筋应进行分类，并分规格码放在室内。

（2）薄板制作。

1）质量要求。

①薄板出池、起吊的混凝土强度必须符合设计要求，如果无设计要求，均不得低于设计强度的 75%。

②薄板混凝土试件在标准养护条件下，其 28 天强度必须符合施工规范的规定。

③外观要求与预应力钢筋混凝土薄板相同。

④薄板制作允许尺寸偏差，见表 6-6。

表 6-6 冷轧扭钢筋混凝土薄板制作的允许偏差

项次	项　目	允许偏差(mm)	检测方法
1	板长度	+5 −2	尺检:5m 或 10m 的钢尺
2	板宽度	±5	尺检:2m 钢尺
3	板厚度	+4 −2	尺检:2m 钢尺
4	串角	±10	尺检:5m 或 10m 钢尺
5	侧向弯曲	构件长/750 且≤20	拉小线,钢板尺量
6	扭翘	构件宽/750	拉小线,钢板尺量
7	表面平整度	±8	2m 靠尺靠,楔形尺量
8	板底平整度	±2	2m 靠尺靠,楔形尺量
9	主筋外伸长度	−5	尺量
10	主筋保护层	±5	钢板尺量
11	主筋的水平位置	±5	钢板尺量
12	主筋的竖向位置	(距板底)±2	钢板尺量
13	吊钩相对位移	≤50	钢板尺量
14	预埋件位置	中心位移:10 平面高差:5	钢板尺量

2)工艺流程。冷轧扭钢筋下料→清理底模及边、端模板→安装端、边模板→模板涂刷隔离剂→底模上放置隔油条→布置、绑扎冷轧扭钢筋及构造筋→垫置钢筋保护层垫块→抽出隔油条→薄板混凝土浇筑成型→薄板表面处理→覆盖养护罩→通蒸汽养护→降温→揭开养护罩→拆除端边模板→薄板出池、起吊、验收、存放。

(3)技术要点。

1)模板支模前,模具、台面要清理干净。台面要平整光滑,其平整度用 2m 靠尺检查不得超过 2mm。

端边模板要与底模贴紧,安装牢固。检查模具是否弯曲、弯形。

2)台面涂刷隔离剂要均匀。在钢筋入模前,每块板要设置不少于三条隔油条。

3)冷轧扭钢筋在使用前要进行检查,对有弯曲的钢筋要用适当方法矫直,不得使用铁锤敲击。

4)冷轧扭钢筋全部交点均采用钢丝绑扎,不得采用焊接方法。

5)冷轧扭钢筋应尽量按薄板的规格尺寸配套、定长断料,板中尽量避免搭接接头。

6)冷扎扭钢筋的保护层厚度应符合设计要求,如果设计没有要求时,其厚度不得小于15mm,钢筋底部采用水泥砂浆作为垫块,并制成梅花形交错铺设,其间距不大于500mm。

7)薄板成形后随即要进行表面处理,其处理方法与双钢筋混凝土薄板相同。

8)薄板面层处理完后,要立即覆盖养护。

9)薄板采用平卧重叠生产时,下层薄板的混凝土强度必须达到0.05MPa(500N/cm²)后,方可制作上层薄板,板面应有隔离措施,防止板与板之间发生粘结。

3. 冷扎钢筋混凝土薄板模板安装

(1)安装准备工作。

1)薄板进场后,要核查其型号和规格、几何尺寸,具体要求与双钢筋混凝土薄板模板相同。

2)将板四边的水泥飞刺去掉,板端及板侧伸出的钢筋向上弯成90°(弯曲直径必须大于20mm),板表面的尘土、浮渣清除干净。

(2)安装工艺。

1)安装顺序。与预应力混凝土薄板模板相同。

2)工艺要点。

①硬架支承要求,与预应力混凝土薄板模板相同。

②硬架支承支柱高度超过3m时,支柱之间必须加设纵、横向水平拉杆系统。硬架支柱高度在3m以下时,与预应力混凝土薄板模板相同。

③吊装薄板时,应钩挂薄板上预留的吊环,采用8点(或6点)

平衡吊挂的单块吊装方法吊装。

④薄板就位调整方法与预应力混凝土薄板相同。

⑤薄板调整好后,将板端和板侧面伸出的冷轧扭钢筋调整到设计要求的角度,伸入到相邻板的混凝土叠合层内。伸出钢筋不得煨死弯,其弯曲直径不得大于 20mm。不得将伸出钢筋往回弯入板的自身混凝土叠合层内。薄板从出厂至就位的过程,伸出钢筋的重复弯曲次数不得超过 2 次。

(3)安装质量要求。

1)薄板端面和侧面的伸出钢筋,严禁切断或压在板底下,必须按设计要求将其弯入相邻板的叠合层内。

2)有关板侧面附着的浮渣、杂物等的清除以及在薄板开凿管道等设备孔洞的要求,均与双钢筋混凝土薄板模板相同。

第三节　压型钢板模板

本节导读:

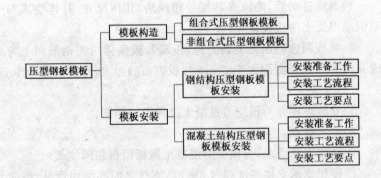

技能要点 1:压型钢板模板构造

压型钢板模板是采用镀锌或经防腐处理的薄钢板,成型机经过冷轧制成具有梯波形截面的槽形钢板,可做成开敞式和封闭式的压型钢板。封闭式压型钢板是在开敞式压型钢板下表面连接一层附加钢板(图 6-31)。

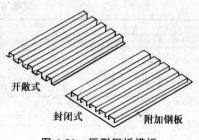

图 6-31　压型钢板模板

压型钢板模板根据其结构功能分为组合式和非组合式两种。

(1)组合式压型钢板模板。组合式压型钢板模板既起到模板作用,又作为现浇楼板底面受拉钢筋,不但在施工阶段承受施工荷载和现浇层钢筋和混凝土的自重,而且在楼板使用阶段还承受使用荷载。

压型钢板一般采用 0.75～1.6mm 厚(不包括镀锌层和饰面层)的 Q235 级薄钢板冷轧制成。常用的压型钢板规格见表 6-7。

表 6-7　常用的压型钢板规格

型号	截面简图	板厚 (mm)	单位重量	
			(kg/m)	(kg/m²)
M 型 270×50		1.2	3.8	14.0
		1.6	5.06	18.7
N 型 640×51		0.9	6.71	10.5
		0.7	4.75	7.4
V 型 620×110		0.75	6.3	10.2
		1.0	8.3	13.4

续表 6-7

型号	截 面 简 图	板厚 （mm）	单位重量	
			（kg/m）	（kg/m²）
V 型 670×43	40 80 40 40 80 670 30 43	0.8	7.2	10.7
V 型 600×60	100 100 120 80 600 60	1.2	8.77	14.6
		1.6	11.6	19.3
U 型 600×75	135 65 142 58 600 75	1.2	9.88	16.5
		1.6	13.0	21.7
U 型 690×75	135 95 142 88 690 75	1.2	10.8	15.7
		1.6	14.2	20.6
W 型 300×120	60 90 120 52 98 300	1.6	9.39	31.3
		2.3	13.5	45.1
		3.2	18.8	62.7

　　组合式压型钢板为保证与楼板现浇层组合后能共同承受使用荷载，一般需要做成以下三种抗剪连接构造：

　　1)压型钢板的截面做成具有楔形肋的纵向波槽（图 6-32）。

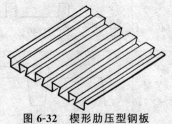

图 6-32　楔形肋压型钢板

2)在压型钢板肋的两内侧和上、下表面,压成压痕、开小洞或冲成不闭合的孔眼(图 6-33)。

3)在压型钢板肋的上表面,焊接与肋相垂直的横向钢筋(图 6-34)。

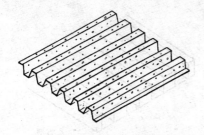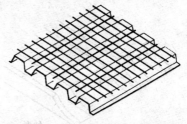

图 6-33 带压痕压型钢板　　　　图 6-34 焊有钢筋的压型钢板

在以上三种构造情况下,压型钢板的端头均要设置锚固栓钉,栓钉的规格和数量按设计要求(图 6-35)。

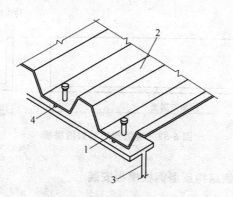

图 6-35 压型钢板端头栓钉锚固

1. 锚固栓钉　2. 压型钢板　3. 钢梁　4. 焊接

(2)非组合式压型钢板模板。非组合式压型钢板模板只作模板使用,在施工阶段只承受施工荷载和现浇层钢筋和混凝土自重,不承受楼板使用阶段的使用荷载。

非组合式压型钢板可不做抗剪连接构造。

1)为防止混凝土在浇筑时从压型钢板端部漏出,一般应对压型钢板简支端的凸肋端做成封端(图 6-36)。封端钢板可做成坡型或直型。

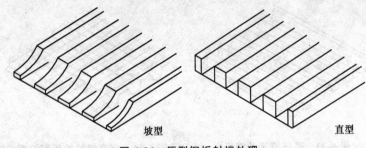

坡型   直型

图 6-36 压型钢板封端处理

2)沿楼板周边应设置封沿模板(又称堵头板),其材质和厚度应与压型钢板相同,板的截面呈 L 形(图 6-37)。

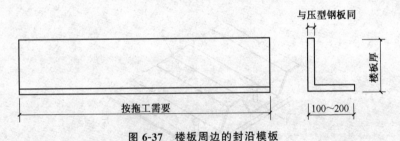

与压型钢板同

楼板厚

按拖工需要   100~200

图 6-37 楼板周边的封沿模板

技能要点 2:钢结构压型钢板模板安装

1. 压型钢板模板安装准备工作

(1)核对压型钢板模板的型号、规格和数量是否符合设计要求,检查是否有变形、翘曲、压扁、裂痕和锈蚀等缺陷,如果存在问题必须经处理后方可使用。

(2)绘制压型钢板模板平面布置图,并按照平面布置图在钢梁或其他支承结构上划出压型钢板安装位置线并标注其型号。

（3）对布置在与柱、梁交接处及预留孔洞处的异型模板，应事先放出大样，按大样进行切割。

（4）做好压型钢板的封端处理工作。

（5）按安装房间使用的压型钢板模板和安装顺序配套码垛堆放，以备吊装。

（6）准备好支承等工具，直接支承压型钢板模板的龙骨适合用木龙骨。

（7）对组合式压型钢板模板，在安装前应编制栓钉施焊工艺，按工艺要求选择焊接电流、焊接时间、栓钉熔化长度等参数。

2. 压型钢板模板安装工艺流程

在钢梁上划出压型钢板安装位置线→压型钢板按安装位置线吊装就位于钢梁上→模板拆捆、人工铺设→安装偏差校正→板端与钢梁电焊固定→支设模板临时支承→将钢板纵向搭接边点焊连接→栓钉焊接锚固（如为组合式压型钢板）→钢板表面清理→拆除临时支承（楼板混凝土强度达到 70％以上）。

3. 压型钢板模板安装工艺要点

（1）压型钢板模板在等截面钢梁上时，应从一端向另一端铺设；在变截面钢梁上时，应由梁中间向两端铺设。

（2）压型钢板铺设时，相邻跨钢板端头的梯波形槽口应对齐贯通。

（3）压型钢板应随铺设、随校正、随焊接，以防模板松动和滑落。

（4）在端支承处，钢板与钢梁的搭接长度不得小于 50mm。焊点直径一般为 12mm，焊点间距一般为 200～300mm（图 6-38）。

（5）在中间支承处，两边钢板与钢梁的搭接长度均不得小于 50mm，搭接处应先点焊成整体再与钢梁进行栓钉锚固。如为非组合式压型钢板时，先在搭接处将钢板钻 $\phi 8$mm 孔，间距 200～300mm，再从圆孔与钢梁满焊固定（图 6-39）。

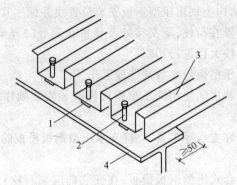

图 6-38　端支承处钢板与钢梁搭接点焊固定

1. 点焊　2. 锚固栓钉　3. 模板　4. 钢梁

(6)压型钢板模板底部应设置临时支承和龙骨,龙骨应垂直于模板跨度方向设置,其数量按模板在施工阶段变形控制量及有关规定确定。

(7)楼板周边的封沿模板与钢梁可采用点焊连接,焊点直径为 $10\sim12mm$,焊点间距为 $200\sim300mm$,并在封沿模板上口加焊 $\phi6mm$ 钢筋拉结,间距亦为 $200\sim300mm$,以增强封沿模板的侧向刚度(图 6-40)。

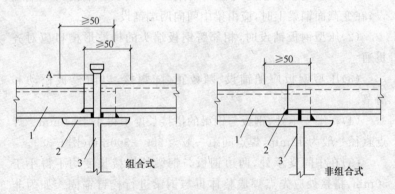

图 6-39　中间支承处钢板与钢梁接点焊固定

1. 压型钢板　2. 点焊固定　3. 钢梁　4. 栓钉锚固

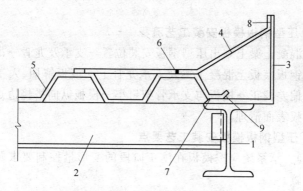

图 6-40 楼板周边封沿模板安装

1. 主钢梁 2. 次钢梁 3. 封沿模板
4. ϕ6mm 拉结钢筋 5. 压型钢板 6、7、8、9. 焊点

(8)组合式压型钢板模板与钢梁栓钉焊接时,栓钉的规格、型号和焊接位置,应按设计要求确定。但穿透模板焊接在钢梁上的栓钉,其直径不得大于 19mm,焊后栓钉高度应为模板波高加30mm。焊前,应先弹出栓钉位置线,并将模板和钢梁焊点处表面的油污、锈蚀和镀锌层用砂轮打磨予以清除,并进行焊接试验,即按预定的参数焊在试件钢板上两个栓钉,冷却后作 45°弯曲和敲击试验,检查是否出现裂缝和损坏,如其中一个出现裂缝和损坏,应重新调整焊接工艺,重新做试验,直至检验合格方可正式施焊。栓钉焊接应在构件置于水平位置状态下施焊。栓钉焊接后,以四周熔化的金属成均匀小圈且无缺陷为合格。栓钉高度允许偏差为±2mm,偏离垂直方向的倾角应≤5°。目测合格后,再按规定进行冲力弯曲试验,弯曲 15°时焊接而不得有任何缺陷。合格的栓钉,可在弯曲状态下使用。

技能要点 3:混凝土结构压型钢板模板安装

1. 压型钢板模板安装准备工作

压型钢板模板安装准备工作同钢结构压型钢板模板安装准备

工作。

2. 压型钢板模板安装工艺流程

在混凝土梁上划出压型钢板安装位置→支承及龙骨→吊运成捆压型钢板模板至混凝土梁及支承龙骨上→模板解捆、人工铺设→安装偏差校正→模板与支承骨架钉牢→模板纵向搭接边点焊连接→模板表面清理。

3. 压型钢板模板安装工艺要点

(1)支承系统应按模板在施工阶段的变形量控制要求及有关规定设置。

(2)模板应随铺设、随校正、随与龙骨钉牢,然后将搭接部位点焊牢固。

(3)压型钢板模板的端头搁置于混凝土梁上的长度不得小于30mm(图6-41)。

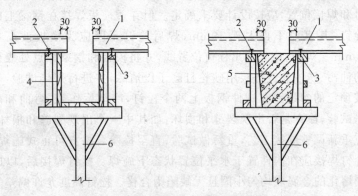

图6-41　压型钢板模板与混凝土梁搭接

1. 模板　2. 模板与木龙骨钉固　3. 木龙骨　4. 梁模　5. 预制混凝土梁　6. 支承架

(4)压型钢板模板长向搭接处必须位于龙骨上,搭接长度为50~100mm,端头应点焊(图6-42)。

(5)压型钢板模板侧边用点焊连接,在龙骨上应用钉钉牢(图6-43)。

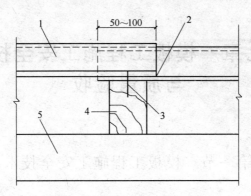

图 6-42　压型钢板模板长向搭接

1. 模板　2. 端头点焊　3. 压型钢板与木龙骨钉牢　4. 次龙骨　5. 主龙骨

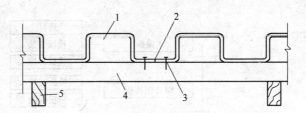

图 6-43　压型钢板模板侧边连接

1. 模板　2. 模板与木龙骨钉固　3. 两模板侧边点焊　4. 次龙骨　5. 主龙骨

第七章 模板工程施工安全技术与质量验收

第一节 模板工程施工安全技术

本节导读：

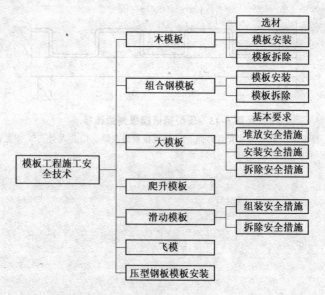

技能要点 1：木模板施工安全技术

木模板工程施工安全技术，见表 7-1。

表 7-1　木模板工程施工安全技术

项目	说　明
选材	1)木模板的材质应符合《木结构工程施工质量验收规范》(GB 50206—2012)中的承重结构选材标准,材质不低于Ⅲ等材 2)木模板及其支架严禁使用脆性、过分潮湿、易于变形和弯扭不直的木材 3)支承木杆应用松木或杉木,不得采用杨木、柳木、桦木、椴木等易变形开裂的木材 4)木料上的节疤、缺口等疵病部位,应放在模板的背面或截去。模板用钉,其长度应为模板厚度的 2～2.5 倍
模板安装	1)模板安装必须根据模板的施工方案设计进行,严禁任意变动设计 2)作业人员必须戴好安全帽,高处作业人员必须佩戴安全带,系牢后,高挂低用。作业前,检查使用的工具是否牢固,钉子必须放在工具袋内 3)高处、复杂结构模板的安装,应事先做好安全措施。模板及其支承系统安装时,必须设临时固定设施,严防倾覆 4)二人抬运模板时,应相互配合,协同工作。传递模板、工具时,应用运输工具或绳索系牢后升降,不得乱抛 5)当模板高度大于 5m 以上时,应搭脚手架,设防护栏,禁止上下在同一垂直面操作 6)模板支承、牵杠等不得搭在门窗框或脚手架上。通路中间的斜撑、拉杆等应设在 1.8m 以上 7)支柱装完后,应沿横向、纵向加设水平撑和垂直剪刀撑,并与支柱固定牢。当支柱高度小于 4m 时,水平撑应设上下两道,中间加设剪刀撑,支柱每增高2m,则再加一道水平撑和一道剪刀撑 8)支模过程中,如中途停歇,应将支承、搭头、柱头板等钉牢 9)在构筑物安装上层模板及其支架时,下层结构强度应达到承受上层模板、支承和浇筑混凝土的重量,方可进行上层支模作业,否则下层结构支承不得拆除,同时上下支柱应在同一垂直线上 10)模板顶撑排列必须符合施工荷载要求,遇到地下室吊装或地下室顶模板等时,支承应考虑大型机械行走因素。每平方米支承数,必须符合荷载要求 11)支设 3m 以上立柱模板和梁模板时,应搭设工作台,3m 以下的,可用马凳脚手 12)不准站在柱模板上作业和在梁底模上行走,不得用拉杆、支承攀登上下,不得在脚手架上堆放大量模板材料

续表 7-1

项目	说　明
模板安装	13)遇到六级以上大风或雨、雪等恶劣天气时,应停止室外高处作业。雨、雪、霜后,应先清扫施工现场,略干不滑时,方可进行作业
模板拆除	1)作业人员必须戴好安全帽,高处作业人员必须系好安全带,做到高挂低用。作业前,检查使用的工具是否牢固,并将工具应系在身上 2)高处、复杂结构模板的拆除,应有切实可靠的安全措施。拆除现场应标出作业禁区,有专人指挥。作业区内,禁止非操作人员入内 3)拆除模板一般用长撬杠,禁止作业人员站在正拆除的模板上。拆模时,临时脚手架必须牢固,不得用拆下的模板作脚手架 4)拆除楼板模板时,应注意整块模板掉落,尤其是用定型模板作平飞模板时,拆模人员应站在门窗口外拉支承,防止模板突然全部掉落伤人 5)拆基础及地下工程模板时,应先检查基坑土壁状况,如有不安全因素,必须采取安全措施后,方可作业。拆除的模板和支承件不得在基坑上口 1m 以内堆放,应随拆随运走 6)拆除高而窄的预制构件模板时,应随时增加设置支承将构件支稳,防止构件倾倒伤人 7)拆模时,应逐块拆卸,不得成片松动、撬落或拉倒,严禁作业人员在同一垂直面上同时操作。严禁站在悬臂结构上敲拆底模 8)混凝土板有预留孔洞时,拆除后,应随时在其周围做好安全护栏,或用板将孔洞盖住 9)拆模必须一次性拆清,不得留有无撑模板。已拆除的模板、拉杆、支撑等应及时运走或堆放整齐,防止钉子扎脚和人员因扶空、踏空而坠落 10)拆模间歇时,应将已活动的模板、拉杆、支撑等固定牢,防止其突然掉落伤人 11)拆 4m 以上模板时,应搭脚手架或工作台,并设置防护栏杆 12)遇到六级以上大风,或雨、雪等恶劣天气时,应停止室外高处作业。在雨、雪、霜天气后,应先清扫现场,不滑时方可作业

技能要点 2:组合钢模板施工安全技术

组合钢模板施工安全技术,见表 7-2。

表 7-2 组合钢模板施工安全技术

项目	说　明
模板 安装	1)在高处安装模板,必须遵守高处作业的有关规定,作业应站在操作平台上进行,支模高度不足 3m 的,可使用马凳操作。工具应随手放入工具袋中。禁止站在柱模及模板支承系统的水平杆件上作业 2)不得在模板支承系统构架和模板安装作业层上集中堆放模板及支承材料等,模板及支承材料应分散堆放并码平放稳,且不得堆放过高,不得堆放在通道、楼层及作业层临边和临近预留洞口处。临时搭设的操作平台上不宜堆放模板及支承材料,应随用随拿 3)两人抬运材料,应步伐一致,遇有拐弯、上下坡时,应放慢速度,前后照应。上下传递模板及支承材料等,应有稳固的立脚点。上方与下方的作业人员不得在同一垂直方向上。用绳索捆扎、吊运模板、支承材料时,应检查绳索及绳扣的强度 4)上、下作业层和在作业层上行走及搬运材料等应走安全通道,不得在支承系统的水平杆件及梁底模上行走,禁止攀登模板支承系统架体和水平拉杆上下 5)模板支承系统的基础处理必须符合模板工程的专项安全施工组织设计(或方案)的要求,搭设模板支承系统的场地必须平整坚实,当回填土地面时,必须分层回填,逐层夯实,并做好排水,经验收达到设计要求后方可进行下一道工序的作业。当模板支承系统搭设在楼面、挑台上时,应对楼面或挑台等结构进行承载力验算 6)采用木支承系统支模时应遵守下列规定: ①模板支承材料的材质和规格,应符合设计的要求,不得使用腐朽、扭裂、劈裂的材料 ②支承立杆应当垂直,底端应平整坚实。立杆下必须设置符合设计要求的垫板。调整立杆高度的木楔必须钉牢,严禁支垫砖块等脆性材料 ③当支承立杆需接长使用时,接长部位不得设在立杆下部,每根立杆接头不得超过一次;在同一平面上的立杆接头数不得超过立杆总数的 25% 且不得集中设置。每个接头搭接木不少于两根,搭接处必须平整、严密 ④支承系统的纵、横水平拉杆和水平、垂直剪刀撑的设置必须符合模板工程的专项安全施工组织设计(或方案)及安全技术书面交底的要求 7)采用扣件式钢管脚手架或门式钢管脚手架作模板支承时应遵守下列规定:

续表 7-2

项目	说　　明
模板安装	①支承系统的搭设必须符合模板工程专项安全施工组织设计(或方案)的要求并符合《建筑施工扣件式钢管脚手架安全技术规范》(JGJ 130—2011)、《建筑施工门式钢管脚手架安全技术规范》(JGJ 128—2010)的有关规定,经验收合格后,方可进行下一道工序的作业 ②应严格按照模板工程专项安全施工组织设计(或方案)及《建筑施工扣件式钢管脚手架安全技术规范》(JGJ 130—2011)、《建筑施工门式钢管脚手架安全技术规范》(JGJ 128—2010)的有关规定,对所使用的构配件进行严格检查,严禁不合格的构配件投入使用 ③扣件安装除应符合设计的要求外,还应符合《建筑施工扣件式钢管脚手架安全技术规范》(JGJ 130—2011)的有关规定,连接扣件和防滑扣件应检查其螺栓扭力矩是否符合设计要求 ④支承系统搭设完毕,施工负责人必须组织有关人员对模板支承系统进行验收,合格后方可进入下一道工序 8)采用桁架支模应遵守下列规定: ①应对桁架进行严格检查,发现严重变形、螺栓松动等应及时进行修复或向有关负责人报告 ②桁架的搁置长度不得少于120mm,桁架间应设水平拉条;梁下设置单桁架时,应与毗邻的桁架拉连稳固 9)采用其他支模系统支模,应严格遵守模板工程专项安全施工组织设计(或方案)、支模工程的安全技术书面交底及有关的标准、规范,严禁违章作业 10)模板的支承系统不得与外脚手架或门、窗框等连接 11)模板安装应按工序自下而上进行,模板就位后应及时连接固定,同一道墙(梁)两侧模板应同时组合,以确保模板安装时的稳定。连接钢模的"U"形卡应正反交替安装。模板未固定前不得进行下道工序 12)模板安装作业过程中,如需中途休息或因故暂停作业,应将模板、支承及木楞等固定牢靠
模板拆除	1)拆除模板作业应在有关拆模的安全防护措施已经落实并履行模板拆除申请审批手续后方可进行 2)在高处进行拆除模板作业,必须遵守高处作业以及有关标准、规范的有关规定。拆除3m以上模板时,必须搭设符合要求的脚手架或操作平台,并加设防护栏杆

续表 7-2

项目	说　明
模板拆除	3)拆除模板作业时应按顺序分段进行,严禁猛撬、硬砸或大面积撬落和拉倒。钢模板拆除时,"U"形卡和"L"形插销应逐个拆卸,模板应单块拆除 4)休息或下班时,不得留下松动和悬挂着的模板。拆下的模板应及时传递至地面,并运送到指定地点集中堆放,木模板应拔除钉子,防止钉子扎脚 5)严禁上下同时进行模板拆除作业。严禁站在悬臂结构上敲拆底模。拆除邻边处的柱、梁、墙板时,应使用撬杠,严禁向外用力 6)拆除薄腹梁、吊车梁、桁架等预制构件模板,应随拆随加顶撑支牢,防止构件倾倒

技能要点 3:大模板施工安全技术

1. 基本要求

(1)在编制施工组织设计时,根据大模板施工的特点制定施工计划并做好安全叫靠的防范措施,并层层进行安全技术交底,经常进行检查,加强安全施工的宣传教育工作。

(2)大模板和预制构件的堆放场地,必须坚实平整。

(3)吊装大模板和预制构件,必须采用自锁卡环,防止脱钩。

(4)吊装作业要建立统一的指挥信号。吊装工要经过培训,当大模板等吊件就位或落地时,要防止摇晃碰人或碰坏墙体。

(5)要按规定支搭好安全网,在建筑物的出入口,必须搭设安全防护棚。

(6)电梯井内和楼板洞口要设置防护板,电梯井口及楼梯处要设置护身栏,电梯井内每层都要设立一道安全网。

2. 堆放安全措施

(1)大模板的存放应满足自稳角的要求,并进行面对面堆放,长期堆放时,应用杉槁通过吊环把各块大模板连在一起。

(2)当没有支架或自稳角不足的大模板时,要存放在专用的插放架上,不得靠在其他物体上,防止滑移倾倒。

(3)在楼层上放置大模板时,必须采取可靠的防倾倒措施,防止碰撞造成坠落。遇有大风天气,应将大模板与建筑物固定。

3. 安装安全措施

(1)在拼装式大模板进行组装时,场地要坚实平整,骨架要组装牢固,并由下而上逐块组装。每组装一块就立即用连接螺栓固定一块,防止滑脱。整块模板组装以后,应转运至专用堆放场地放置。

(2)大模板上必须有操作平台、上人梯道、护身栏杆等附属设施,如有损坏,应及时修补。

(3)在大模板上固定衬模时,必须将模板卧放在支架上,下部留出可供操作用的空间。

(4)起吊大模板前,应将吊装机械位置调整适当,稳起稳落,就位准确,严禁大幅度摆动。

(5)外板内浇工程大模板安装就位后,应及时用穿墙螺栓将模板连成整体,并用花篮螺栓与外墙板固定,防止倾斜。

(6)全现浇大模板工程安装外侧大模板时,必须确保三角挂架、平台板的安装牢固,并及时绑好护身栏和安全网。大模板安装后,应立即拧紧穿墙螺栓。安装三角挂架和外侧大模板的操作人员必须系好安全带。

(7)大模板安装就位后,要采取防止触电的保护措施,将大模板加以串联,并同避雷网接通,防止漏电伤人。

(8)安装或拆除大模板时,操作人员和指挥人员必须站在安全可靠的地方,防止意外伤人。

4. 拆除安全措施

(1)拆模后起吊模板时,应检查所有穿墙螺栓和连接件是否全都拆除,在确认没有遗漏、模板与墙体完全脱离后,方准起吊。等起吊高度超过障碍物后,方准转臂行车。

(2)在楼层或地面临时堆放的大模板,都应面对面放置,中间留出 60cm 宽的人行道,方便清理和涂刷脱模剂。

(3)筒形模可用拖车整车运输,也可拆成平模重叠放置用拖车运输;其他形式的模板,在运输前都应拆除支架,卧放于运输车上运送,卧放的垫木必须上下对齐,并且封绑牢固。

(4)在电梯间进行模板施工作业,必须逐层搭好安全防护平台,同时检查平台支腿伸入墙内的尺寸是否符合安全规定。拆除平台时,先挂好吊钩,操作人员退到安全地带后,方可起吊。

(5)采用自升式提模时,要经常检查倒链是否挂牢,立柱支架及筒模托架是否伸入墙内。拆模时要等支架及托架分别离开墙体后再行起吊提升。

技能要点 4:爬升模板施工安全技术

(1)爬模施工为高处作业,必须按照《建筑施工高处作业安全技术规范》(JGJ 80—1991)要求进行。

(2)每项爬模工程在编制施工组织设计时,要制定具体的安全、防火措施。

(3)设专职安全、防火员跟班负责安全防火工作,广泛宣传安全第一的思想,认真进行安全教育、安全技术交底,提高全员的安全防火措施。

(4)经常检查爬模装置的各项安全设施,特别是安全网、栏杆、挑架、吊架、脚手架、关键部位的紧固螺栓等。检查施工的各种洞口防护,检查电器、设备、照明安全用电的各项措施。

技能要点 5:滑动模板施工安全技术

1. 滑模组装安全措施

(1)滑模装置的电路、设备均应接零接地,手持电动工具设漏电保护器,平台下照明采用 36V 低压照明,动力电源的配电箱按规定配置。主干线采用钢管穿线,跨越线路采用流体管穿线,平台上不允许乱拉电线。

(2)滑模平台上设有一定数量的灭火器,施工用水管可代用作消防用水管使用。操作平台上严禁吸烟。

(3)各类机械操作人员应按机械操作技术规程操作、检查和维修,确保机械安全,吊装索具应按规定经常进行检查,防止吊物伤人,任何机械均不允许非机械操作人员进行操作。

2. 滑模拆除安全措施

(1)滑模装置拆除(包括施工中改变平台结构),必须编制详细的施工方案,明确拆除内容、方法、程序、使用的机械设备、安全措施及指挥人员的职责等。

(2)滑模装置拆除方案,必须经主管部门及主管工程师审批,对拆除难度大的工程,还应经上级主管部门审批后方可实施。

(3)滑模装置拆除前必须组织专业的拆除队、组,指定专人负责统一指挥。

(4)凡参加拆除工作的作业人员,必须是经过技术培训,考试合格。不得中途随意更换作业人员。

(5)拆除中使用的垂直运输设备和机具,必须经检查合格后方准使用。

(6)滑模装置拆除前应检查各支承点埋设件牢固情况,以及作业人员上下走道是否安全可靠。当拆除工作利用施工结构作为支承点时,对结构混凝土强度的要求应经结构验算确定,并且不得低于 15MPa。

(7)拆除作业必须在白天进行,宜采用分段整体拆除,在地面解体。拆除的部件及操作平台上的一切物品,均不得从高空抛下。

(8)当遇到雷雨、雾、雪或风力达到五级或五级以上的天气时,不得进行滑模装置的拆除作业。

(9)对烟囱类构筑物宜在顶端设置安全行走平台。

技能要点 6:飞模施工安全技术

采用飞模施工时,除应遵照现行的《建筑安装工程安全技术规程》等规定外,还需采取下列安全措施:

(1)组装好的飞模,在使用前最好进行一次试压试吊,用来检验各部件有无隐患。

(2)飞模就位后,飞模外侧应立即设置护身栏,高度可根据需要确定,但不得小于1.2m,其外侧须加设安全网。同时设置好楼层的护身栏。

(3)施工上料前,所有支承都应支设好,其中包括临时支承或支腿,同时要严格控制施工荷载。上料不得太多或过于集中,必要时应进行核算。

(4)升降飞模时,应统一指挥,步调一致,信号明确,最好采用步话机联络。所有操作人员需经专门培训持证上岗操作。

(5)上下信号工应分工明确。如下面的信号工可负责飞模推出,控制地滚轮,挂安全绳和挂钩,拆除安全绳和起吊;上面的信号工可负责平衡吊具的调整,指挥飞模就位和摘钩。

(6)飞模采用地滚轮推出时,前面的滚轮应高于后面的滚轮1~2cm,防止飞模向外滑移、外倾。

(7)飞模外推时,必须挂好安全绳,由专人掌握。安全绳要缓慢松放,其一端要固定在建筑物的可靠部位上。

(8)挂钩工人在飞模上操作时,必须系好安全带,并挂在上层的预埋铁环上。挂钩工人操作时,不得穿塑料鞋或硬底鞋,防止滑倒摔伤。

(9)飞模起吊时,任何人不准站在飞模上,操作电动平衡吊具的人员也应站在楼面上操作。要等飞模完全平衡后再起吊,塔吊转臂要慢,不允许斜吊飞模。

(10)遇到五级以上的大风或大雨时,应停止飞模吊装工作。

(11)飞模吊装时,必须使用安全卡环,不得使用吊钩。起吊时,所有飞模的附件应事先固定好,不准在飞模上存放自由物料,防止高空物体坠落伤人。

(12)飞模出模时,下层需设安全网。尤其使用滚杠出模时,更应注意防止滚杠坠落。

(13)在竹木板面上使用电气焊时,要在焊点四周放置石棉布,焊后消灭火种,防止火灾的发生。

(14)飞模在施工一定阶段后,应仔细检查各部件有无损坏现象,同时对所有的紧固件进行一次加固。

技能要点7:压型钢板模板安装安全技术

(1)压型钢板安装后需开设较大孔洞时,开洞前必须在板底采取相应的支承加固措施,然后方可进行切割开洞。开洞后板面洞口四周应加设防护措施。

(2)安装工作如遇中途停歇,对已经拆捆但未安装完的钢板,不得架空搁置,要与结构物或支承系统临时绑牢。每个开间的钢板,必须等全部连接固定好并经检查后,方可进入下道工序。

(3)安装压型钢板用的施工照明、动力设备的电线应采用绝缘线,并用绝缘支承物让电线与压型钢板分隔开。要经常检查线路的完好,防止绝缘损坏发生漏电。

(4)施工用临时照明行灯的电压,一般不得超过36V,在潮湿环境不得超过12V。

(5)钢板应随铺设而进行调整、校正,其两端应与钢梁焊牢固定或与支承木龙骨钉牢,防止发生钢板滑落及人身坠落事故。

(6)施工中,要避免压型钢板承受冲击荷载。在已支承加固好的压型钢板上,堆放的材料、机具及操作人员等施工荷载,当没有设计规定时,一般每平方米不得超过2500N。

(7)压型钢板吊运,应多块叠置、绑扎成捆后采用扁担式的专用平衡吊具,吊挂压型钢板的吊索与压型钢板应成90°夹角。

(8)压型钢板楼板各层间连续施工时,上、下层钢板支承加固的支柱,应安装在一条竖向直线上,或采取措施使上层支柱荷载传递到工程的竖向结构上。

(9)遇到恶劣天气,如降雨、下雪、大雾及六级以上大风等情况,应停止压型钢板高空作业。雨雪停后复工前,要及时清除作业场地和钢板上的冰雪和积水。

第二节　模板工程质量检验

本节导读：

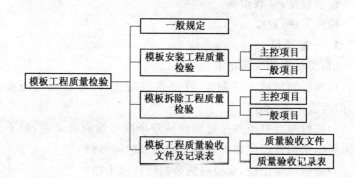

技能要点 1：一般规定

(1)模板及其支架应根据工程结构形式、载荷大小、地基土类别、施工设备和材料供应等条件进行设计。模板及其支架应具有足够的承载能力、刚度和稳定性，并能可靠地承受浇筑混凝土的重量、侧压力和施工荷载。

(2)在浇筑混凝土之前，应对模板工程进行验收。

模板安装和浇筑混凝土时，应对模板及其支架进行观察和维护。如果发生异常情况，应按照施工技术方案及时进行处理。

(3)模板及其支架拆除的顺序及安全措施应按照施工技术方案执行。

技能要点 2：模板安装工程质量检验

1. 主控项目

(1)安装现浇结构的上层模板及其支架时，下层楼板应具有承受上层荷载的承载能力,或者加设支架,让上、下层支架的立柱应对准,并铺设垫板。

检查数量:全数检查。

检验方法:对照模板设计文件和施工技术方案观察。

(2)在涂刷模板隔离剂时,不得沾污钢筋和混凝土接槎处。

检查数量:全数检查。

检验方法:观察。

2. 一般项目

(1)模板安装应满足下列要求。

1)模板的接缝不应漏浆;在浇筑混凝土前,木模板应浇水湿润,但模板内不应有积水。

2)模板与混凝土的接触面应清理干净并涂刷隔离剂,但不能采用影响结构性能或妨碍装饰工程施工的隔离剂。

3)浇筑混凝土前,模板内的杂物应清理干净。

4)对清水混凝土工程及装饰混凝土工程,应使用能达到设计效果的模板。

检查数量:全数检查。

检验方法:观察。

(2)用作模板的地坪、胎模等应平整光洁,不得产生影响构件质量的下沉、裂缝、起砂或起鼓。

检查数量:全数检查。

检验方法:观察。

(3)跨度不小于4m的现浇钢筋混凝土梁、板,其模板应按设计要求起拱;当设计没有具体要求时,起拱高度宜为跨度的$1/1000\sim3/1000$。

检查数量:在同一检验批内,对梁,应抽查构件数量的10%,且不少于3件;对板,应按有代表性的自然间抽查10%,且不少于3间;对大空间结构,板可按纵、横轴线划分检查面,抽查10%,且不少于3面。

检验方法:水准仪或拉线、钢尺检查。

(4)固定在模板上的预埋件、预留孔和预留洞均不得遗漏,并且应安装牢固,其偏差应符合表 7-3 的规定。

表 7-3 预埋件和预留孔洞的允许偏差

项　目		允许偏差(mm)
预埋钢板中心线位置		3
预埋管、预留孔中心线位置		3
插筋	中心线位置	5
	外露长度	+10.0
预埋螺栓	中心线位置	2
	外露长度	+10.0
预留洞	中心线位置	10
	尺寸	+10.0

注:检查中心线位置时,应沿纵、横两个方向量测,并取其中的较大值。

检查数量:在同一检验批内,对梁、柱和独立基础,应抽查构件数量的 10%,且不少于 3 件;对墙和板,应按有代表性的自然间抽查 10%,且不少于 3 间;对大空间结构,墙可按相邻轴线间高度 5m 左右划分检查面,板可按纵横轴线划分检查面,抽查 10%,且均不少于 3 面。

检验方法:钢尺检查。

(5)现浇结构模板安装的偏差应符合表 7-4 的规定。

表 7-4 现浇结构模板安装的允许偏差及检验方法

项　目		允许偏差(mm)	检验方法
轴线位置		5	钢尺检查
底模上表面标高		±5	水准仪或拉线、钢尺检查
截面内部尺寸	基础	±10	钢尺检查
	柱、墙、梁	+4,-5	钢尺检查

续表 7-4

项　目		允许偏差（mm）	检验方法
层高垂直度	不大于 5m	6	经纬仪或吊线、钢尺检查
	大于 5m	8	经纬仪或吊线、钢尺检查
相邻两板表面高低差		2	钢尺检查
表面平整度		5	2m 靠尺和塞尺检查

　注：检查轴线位置时，应沿纵、横两个方向量测，并取其中的较大值。

　　检查数量：在同一检验批内，对梁、柱和独立基础，应抽查构件数量的 10%，且不少于 3 件；对墙和板，应按有代表性的自然间抽查 10%，且不少于 3 间；对大空间结构，墙可按相邻轴线间高度 5m 左右划分检查面，板可按纵、横轴线划分检查面，抽查 10%，且均不少于 3 面。

　　（6）预制构件模板安装的偏差应符合表 7-5 的规定。

　　检查数量：首次使用及大修后的模板应全数检查；使用中的模板应定期检查，并根据使用情况不定期抽查。

表 7-5　预制构件模板安装的允许偏差及检验方法

项　目		允许偏差（mm）	检验方法
长度	板、梁	±5	钢尺量两角边，取其中较大值
	薄腹梁、桁架	±10	
	柱	0，−10	
	墙板	0，−5	
宽度	板、墙板	0，−5	钢尺量一端及中部，取其中较大值
	梁、薄腹梁、桁架、柱	+2，−5	
高（厚度）	板	+2，−3	钢尺量一端及中部，取其中较大值
	墙板	0，−5	
	梁、薄腹梁、桁架、柱	+2，−5	

续表 7-5

项　目		允许偏差（mm）	检验方法
侧向弯曲	梁、板、柱	$l/1000$ 且$\leqslant 15$	拉线、钢尺量最大弯曲处
	墙板、薄腹梁、桁架	$l/1000$ 且$\leqslant 15$	
		$l/1000$ 且$\leqslant 15$	
板的表面平整度		3	2m靠尺和塞尺检查
相邻两板表面高低差		1	钢尺检查
对角线差	板	7	钢尺量两个对角线
	墙板	5	
翘曲	板、墙板	$l/1500$	调平尺在两端量测
设计起拱	薄腹梁、桁架、梁	± 3	拉线、钢尺量跨中

注：l 为构件长度（mm）。

技能要点 3：模板拆除工程质量检验

1. 主控项目

（1）当底模及其支架拆除时，混凝土强度应符合设计要求；当设计无具体要求时，混凝土强度应符合表 7-6 的规定。

表 7-6　底模拆除时的混凝土强度要求

构件类型	构件跨度（m）	达到设计的混凝土立方体抗压强度标准值的百分数（%）
板	$\leqslant 2$	$\geqslant 50$
	$>2,\leqslant 8$	$\geqslant 75$
	>8	$\geqslant 100$
梁、拱、壳	$\leqslant 8$	$\geqslant 75$
	>8	$\geqslant 100$
悬臂构件	—	$\geqslant 100$

检查数量:全数检查。

检验方法:检查同条件养护试件强度试验报告。

(2)对后张法预应力混凝土结构构件,侧模宜在预应力张拉前拆除;底模支架的拆除应按施工技术方案执行,当没有具体要求时,不应在结构构件建立预应力前拆除。

检查数量:全数检查。

检验方法:观察。

(3)后浇带模板的拆除和支顶应按施工技术方案执行。

检查数量:全数检查。

检验方法:观察。

2. 一般项目

(1)侧模拆除时的混凝土强度应能保证侧模表面及棱角不受损伤。

检查数量:全数检查。

检验方法:观察。

(2)模板拆除时,不应对楼层形成冲击荷载。拆除的模板和支架宜分散堆放并及时清运。

检查数量:全数检查。

检验方法:观察。

技能要点 4:模板工程质量验收文件及记录表

1. 质量验收文件

模板工程质量验收文件主要包括:

(1)模板设计及施工技术方案。

(2)技术复核单。

(3)检验批质量验收记录。

(4)模板分项工程质量验收记录。

2. 质量验收记录表

模板工程质量验收记录表,见表 7-7~表 7-9。

表 7-7　模板安装工程检验批质量验收记录表（GB 50204—2002）

单位（子单位）工程名称					
分部（子分部）工程名称			验收部位		
施工单位			项目经理		
施工执行标准名称及编号					

		施工质量验收规范的规定		施工单位检查评定记录	监理（建设）单位验收记录
主控项目	1	模板支撑、立柱位置和垫板	第 4.2.1 条		
	2	避免隔离剂沾污	第 4.2.2 条		
一般项目	1	模板安装的一般要求	第 4.2.3 条		
	2	用作模板地坪、胎膜质量	第 4.2.4 条		
	3	模板起拱高度	第 4.2.5 条		
	4	预埋件、预留孔允许偏差	预埋钢板中心线位置（mm）	3	
			预埋管、预留孔中心线位置（mm）	3	
			插筋 中心线位置（mm）	5	
			插筋 外露长度（mm）	+10,0	
			预埋螺栓 中线线位置（mm）	2	
			预埋螺栓 外露长度（mm）	+10,0	
			预留洞 中心线位置（mm）	10	
			预留洞 尺寸（mm）	+10,0	
	5	模板安装允许偏差	轴线位置（mm）	5	
			底模上表面标高（mm）	±5	
			截面内部尺寸（mm） 基础	±10	
			截面内部尺寸（mm） 柱、墙、梁	+4,−5	
			层高垂直度 不大于5m	6	
			层高垂直度 大于5m	8	
			相邻两板表面高低差（mm）	2	
			表面平整度（mm）	5	

施工单位检查评定结果	专业工长（施工员）		施工班组长	
	项目专业质量检查员		年　月　日	
监理（建设）单位验收结论	专业监理工程师			
	（建设单位项目专业技术负责人）		年　月　日	

表 7-8　预制构件模板工程检验批质量验收记录表（GB 50204—2002）

单位（子单位）工程名称						
分部（子分部）工程名称					验收部位	
施工单位					项目经理	
施工执行标准名称及编号						
		施工质量验收规范的规定			施工单位检查评定记录	监理（建设）单位验收记录
主控项目	1	避免隔离剂沾污		第 4.2.2 条		
一般项目	1	模板安装的一般要求		第 4.2.3 条		
	2	用作模板地坪、胎膜质量		第 4.2.4 条		
	3	模板起拱高度		第 4.2.5 条		
	4	预埋件、预留孔允许偏差	预埋钢板中心线位置（mm）	3		
			预埋管、预留孔中心线位置（mm）	3		
			插筋 中心线位置（mm）	5		
			插筋 外露长度（mm）	+10,0		
			预埋螺栓 中线位置（mm）	2		
			预埋螺栓 外露长度（mm）	+10,0		
			预留洞 中心线位置（mm）	10		
			预留洞 尺寸（mm）	+10,0		
	5	预制构件模板允许偏差	长度（mm） 板、梁	±5		
			长度（mm） 薄腹梁、桁梁	±10		
			长度（mm） 柱	0,−10		
			长度（mm） 墙板	0,−5		
			宽度（mm） 板、墙板	0,−5		
			宽度（mm） 梁、薄腹梁、桁架、柱	+2,−5		
			高（厚）度（mm） 板	+2,−3		
			高（厚）度（mm） 墙板	0,−5		
			高（厚）度（mm） 梁、薄腹梁、桁架、柱	+2,−5		
			侧向弯曲（mm） 梁、板、柱	$L/1000$ 且 $\leqslant 15$		
			侧向弯曲（mm） 墙板、薄腹梁、桁架	$L/1000$ 且 $\leqslant 15$		
			板的表面平整度（mm）	3		
			相邻两板表面高低差（mm）	1		
			对角线差（mm） 板	7		
			对角线差（mm） 墙板	5		
			翘曲（mm） 板、墙板	$L/1500$		
			设计起拱（mm） 薄腹梁、桁架、梁	±3		
施工单位检查评定结果			专业工长（施工员）			施工班组长
			项目专业质量检查员			年　月　日
监理（建设）单位验收结论			专业监理工程师 （建设单位项目专业技术负责人）			年　月　日

表 7-9　模板拆除工程检验批质量验收记录表（GB 50204—2002）

单位（子单位）工程名称						
分部（子分部）工程名称					验收部位	
施工单位					项目经理	
施工执行标准名称及编号						

施工质量验收规范的规定				施工单位检查评定记录	监理（建设）单位验收记录
主控项目	1	底模及其支架拆除时的混凝土强度	第4.3.1条		
	2	后张法预应力构件侧模和底模的拆除时间	第4.3.2条		
	3	后浇带拆模和支顶	第4.3.3条		
一般项目	1	避免拆模损伤	第4.3.4条		
	2	模板拆除、堆放和清运	第4.3.5条		
施工单位检查评定结果		专业工长（施工员）			施工班组长	
		项目专业质量检查员　　　　　　　年　月　日				
监理（建设）单位验收结论		专业监理工程师 （建设单位项目专业技术负责人）　　年　月　日				

第三节　模板工程常见质量事故与处理

本节导读：

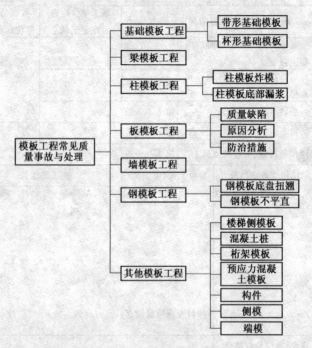

技能要点 1：基础模板工程常见质量事故与处理

1. 带形基础模板

(1)质量缺陷。带形基础模板沿基础的通长方向,模板上口不直,宽度不准确;下口陷入混凝土中;表现侧面混凝土麻面、露石子;拆模时上段混凝土出现缺损;底部上模不牢固,如图 7-1 所示。

(2)原因分析。

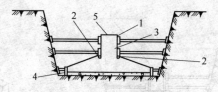

图 7-1　带形基础钢模板缺陷示意图

1. 上口不直,宽度不准确　2. 下口陷入混凝土中　3. 侧面露石子、麻面
4. 底部上模不牢　5. 模板口用镀锌钢丝对拉,有松有紧

1)模板安装时,挂线垂直度发生偏差,模板上口不在同一直线上。

2)钢模板上口未用圆钢穿入洞口扣住,仅用镀锌钢丝对拉,有松有紧,或木模板上口未钉木带,浇筑混凝土时,其侧压力使模板下端向外推移,以致模板上口受到向内推移的力而内倾,使上口宽度大小不均匀。

3)模板未撑牢,在自重作用下模板下垂。浇筑混凝土时,部分混凝土由模板下口翻上来,未在初凝时铲平,造成侧模下部陷入混凝土内模板平整度偏差过大,残渣未清除干净;拼缝缝隙过大,侧模支撑不牢。

4)木模板临时支撑直接撑在土坑边,以致接触处土体松动掉落。

(3)防治措施。

1)模板应有足够的强度和刚度,支模时,垂直度要找准确。

2)钢模板上口应用 ϕ8mm 或 ϕ10mm 圆钢套入模板顶端小孔内,间距为 50~80cm,如图 7-2 所示。木模板上口应钉木带,以控制带形基础上口宽度,并通长拉线,保证上口平直。

3)上段模板应支承在预先横插圆钢或预制混凝土垫块上;木模板也可用临时木撑,以使侧模支承牢靠,并保持高度一致。

4)发现混凝土由上段模板下翻上来,应在混凝土初凝时轻轻铲平至模板下口,使模板下口不至于卡牢。

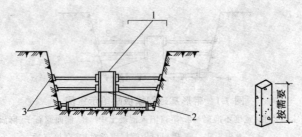

图 7-2 钢筋支架或混凝土长方垫块

1. ϕ8mm 或 ϕ10mm 圆钢 2. 横插于基础钢架 ϕ12mm 圆钢或 5cm×8cm
混凝土垫块,间距 80~100cm 3. 土坑边垫木板扩大接触面

5)混凝土呈塑性状态时不可用铁锹在模板外侧用力拍打,以免造成上段混凝土下滑,形成根部缺损。

6)组装前应将模板上残渣剔除干净,模板拼缝应符合规范规定,侧模应支撑牢靠。

7)支撑直接撑在土坑边时,下面应垫以木板,以扩大其接触面。木模板长向接头处应加拼条,使板面平整,连接牢固。

2. 杯形基础模板

(1)质量缺陷。杯形基础模板杯基中心线不准;杯口模板发生位移;混凝土浇筑时芯模浮起;拆模时芯模起不出,如图 7-3 所示。

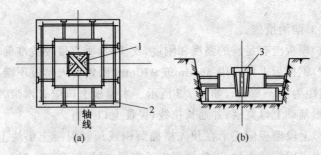

(a)   (b)

图 7-3 杯形基础钢模板缺陷示意图

(a)平面图 (b)剖面图

1. 排气孔 2. 角模 3. 杯芯模板

(2)原因分析。

1)杯基中心线弹线未兜方。

2)杯基上段模板支撑方法不当,浇筑混凝土时,杯芯木模板由于不透气,比重较轻,向上浮起。

3)模板四周的混凝土振捣不均匀,模板发生偏移。

4)操作脚手板搁置在杯口模板上,造成模板下沉。

5)杯芯模板拆除时间延迟,粘结太牢。

(3)防治措施。

1)杯形基础支模应首先找准中心线位置及标高,先在轴线桩上找好中心线,用线锤在垫层上标出两点,弹出中心线,再由中心线按图弹出基础四面边线,要兜方并进行复核,用水平仪侧定标高,然后按照中心线支设模板。

2)木模板支上段模板时采用抬把木带,可使位置准确,托木的作用是将抬把木带与下段混凝土面隔开少许间距,便于混凝土面拍平。

3)杯芯木模板要刨光直平,芯模外表面涂隔离剂,底部应钻几个小孔,以便排气,减少浮力。

4)浇筑混凝土时,在芯模四周要均衡下料并振捣。

5)脚手板不得搁置在模板上。

6)拆除的杯芯模板,要根据施工时的气温及混凝土凝固情况来掌握,一般在初凝前后即可用锤轻打,撬棍拨动。较大的芯模,可用倒链将杯芯模板稍加松动后再缓慢拔出。

技能要点 2:梁模板工程常见质量事故与处理

1. 梁模板梁身、梁底不平直,梁侧模崩塌

(1)质量缺陷。模板梁身不平直;梁底不平,下挠;梁侧模炸模(模板崩塌);拆模后发现梁身侧面有水平裂缝、掉角、表面毛糙;局部模板嵌入构件中,拆除困难,如图 7-4 所示。

(2)原因分析。

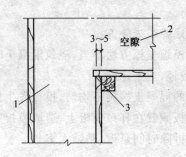

图 7-4　梁模板缺陷示意图

1. 柱模　2. 梁模　3. 梁底模板与柱侧模相交处须稍留空隙

1）模板支设过程中，未校直撑牢。

2）模板没有支撑在坚硬的地面上。混凝土浇筑过程中，由于荷载增加，泥土地面受潮降低了承载力，支撑随地面下沉变形。

3）梁底模未起拱。

4）侧模拆模过迟。

5）木模板采用黄花松或易变形的木材制作，混凝土浇筑后变形较大，易使混凝土产生裂缝、掉角和表面毛糙。

6）木模在混凝土浇筑后吸水膨胀，事先未留有空隙，造成局部模板嵌入构件中，难以拆除。

（3）防治措施。

1）梁底支撑间距应能保证在混凝土重量和施工荷载作用下不产生变形。支撑底部如为泥土地面，应首先进行夯实，铺放通长垫木，以确保支撑不沉陷。

2）梁底模应起拱。

3）梁侧模应根据梁的高度进行配制，当超过 60cm 时，应加钢管围檩，上口则用圆钢插入模板上端小孔内，如图 7-5 所示。

4）支梁木模时应遵守边模包底模的原则。梁模与柱模连接处，应考虑梁模板吸湿后长向膨胀的影响，下料尺寸一般应略为缩短，使混凝土浇筑后不致嵌入柱内，如图 7-6 所示。

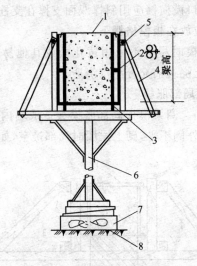

图 7-5 梁模安装示意图

1. 模板上口用 ϕ8mm 或 ϕ10mm 圆钢套入,间距为 50～80cm

2. 梁高若超过 60cm,侧模加围檩 3. 角模 4. ϕ50mm 钢管斜撑

5. 扣件 6. 支撑(间距按受力计算) 7. 通长垫木 8. 泥土地应夯实

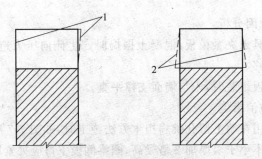

图 7-6 圈梁模板缺陷示意图

1. 上口歪斜 2. 下口胀模

5)木模板梁侧模下口必须有夹条木,钉紧在支柱上,以保证混凝土浇筑过程中,侧模下口不致炸模。

6)梁侧模上口模横档应用斜撑双面支撑在支柱顶部。如有楼板,则上口横档应放在板模格栅下。

7)梁模用木模时尽量不采用黄花松或其他易变形的木材制作,并应在混凝土浇筑前充分用水浇透。

2. 圈梁模板局部胀模

(1)质量缺陷。圈梁模板局部胀模会造成墙内侧或外侧水泥砂浆挂墙。梁内外侧不平,砌上段墙时局部挑空,如图7-7所示。

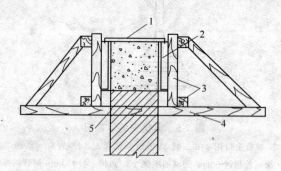

图7-7　挑扁担支模法
1. φ8mm 或 φ10mm 圆钢　2. 钢模板　3. 夹木　4. 扁担木　5. 墙上留孔

(2)原因分析。

1)卡具未夹紧模板,混凝土振捣时产生侧向压力造成局部模板向外推移。

2)模板组装时,未与墙面支撑平直。

(3)防治措施。

1)采用在墙上留孔挑扁担木方法施工时,如图7-7所示,扁担木长度应不小于墙厚加2倍梁高,圈梁侧模下口应夹紧墙面,斜撑与上口横档钉牢,并拉通长直线,保持梁上口呈直线。

2)采用钢管卡具组装模板时,如图7-8所示,如发现钢管卡具滑扣应立即调换。

3)圈梁木模板上口必须有临时撑头,保持梁上口宽度。

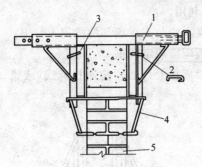

图 7-8 钢模卡具支模法

1. 梁卡具 2. 钢钩绊 3. 钢模板 4. 托具 5. 砖墙

3. 梁模板下口炸模

(1)质量缺陷。梁模板下口炸模,上口偏歪;梁中部下挠。

(2)原因分析。

1)下口围檩未夹紧或木模板夹木未钉牢,在混凝土侧压力作用下,侧模下口向外移。

2)梁过深,侧模刚度差,又未设对拉螺栓。

3)支撑按一般经验配料,梁自重和施工荷载未经核算,致使超过支撑能力,造成梁底模板及支撑不够牢固而下挠。

4)斜撑角度过大(大于 60°),支撑不牢造成局部偏歪。

(3)防治措施。

1)根据深梁的高度及宽度核算混凝土振捣时的重量及侧压力(包括施工荷载)。钢模板外侧应加双排钢管围檩,间距不大于 50cm(图 7-9),并加穿对拉螺栓,沿梁的长方向每隔 80～120cm,螺栓内可穿 $\phi40$ 钢管或塑料管,以保证梁的净宽,并便于螺栓回收重复使用。木模采取 50mm 厚模板。每 40～50cm 加一拼条(宜立拼),根据梁的高度适当加设横档。一般离梁底 30～40cm 处加 $\phi16mm$ 对拉螺栓(用双根横档,螺栓放在 2 根横档之间,由垫板传递应力,可避免在横档上钻孔),沿梁长方向相隔不大于 1m,在梁模内螺栓可穿上钢管和硬塑料套管撑头,以保证梁的宽度,并便于螺栓回收,重复利用。

2)木模板夹木应与支撑顶部的横担木钉牢。

3)梁底模板应按规定起拱。

4)单根深梁模板上口必须拉通长麻线(或铅丝)复核,两侧斜撑应同样牢固。

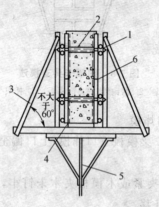

图 7-9　深梁模板支模示意图

1. $\phi50mm$ 钢管扣件　2. 对拉螺栓套 $\phi30mm$ 钢管　3. 斜撑不大于 $60°$

4. 角模　5. 支撑(间距根据计算确定)　6. 模板拼缝符合要求

技能要点 3:柱模板工程常见质量事故与处理

1. 柱模板炸模

(1)质量缺陷。柱模板炸模会造成断面尺寸鼓出、漏浆、混凝土不密实或蜂窝麻面,柱偏斜,一排柱子不在同一轴上,柱身扭曲,如图 7-10 所示。

(2)原因分析。

1)柱箍间距太大或不牢,或木模钉子被混凝土侧压力拔出。

2)板缝不严密。

3)成排柱子支模不跟线,不找方,钢筋偏移未扳正就套柱模。

4)柱模未保护好,支模前已歪扭,未整修好就使用。

5)模板两侧松紧不一。

6)模板上有混凝土残渣，未很好清理，或拆模时间过早。

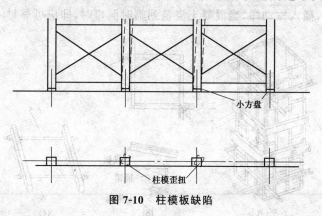

小方盘

柱模歪扭

图 7-10 柱模板缺陷

（3）防治措施。

1)成排柱子支模前，应先在底部弹出通线，将柱子位置兜方找中。

2)柱子支模板前必须先校正钢筋位置。

3)柱子底部应做小方盘模板，或以钢筋角钢焊成柱断面外包框（图 7-11）保证底部位置准确。

4)成排柱模支撑时，应先立两端柱模，校直与复核位置无误后，顶部拉通长线，再立中间各根柱模。柱距不大时，相互间应用剪刀撑及水平撑搭牢。柱距较大时，各柱单独拉四面斜撑，保证柱子位置准确。

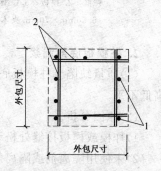

外包尺寸

外包尺寸

图 7-11 柱底焊外包框

1. 柱内钢筋 2. 加焊钢筋，
长与柱外包齐

5)根据柱子断面的大小及高度，柱模外面每隔 80～120cm 应加设牢固的柱箍，防止炸模，如图 7-12 所示。

6)柱模如用木料制作，拼缝应刨光拼严，门子板应根据柱宽采用适当厚度,确保混凝土浇筑过程中不漏浆,不炸模,不产生外鼓。

7)较高的柱子,应在模板中部一侧留临时浇灌孔,以便浇筑混凝土,插入振动棒,当混凝土浇筑到临时洞口时,即应可靠封闭。

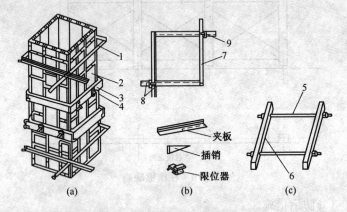

(a) (b) (c)

图 7-12　柱钢模板安装示意图

(a)柱模安装　(b)钢木夹箍　(c)角钢型柱箍

1.夹箍　2.模板　3.C 型钢　4.对拉螺栓　5.8～10mm 螺栓

6.50mm×70mm 夹木　7.夹板　8.插销　9.限位器

2. 柱模板底部漏浆

(1)质量缺陷。柱模板底部漏浆;叠捣柱粘连;平面尺寸变形,高低不平。

(2)原因分析。

1)炸模或模板接缝处松动。

2)未使用隔离剂或隔离剂失效,造成粘连。

3)场地未平整夯实。

(3)防治措施。

1)底模一般应采用分节脱模法或胎模施工。

2)两侧及端部模板要有足够的刚度,并撑牢夹紧,保证嵌缝严密。

3)叠捣时,隔离剂可采用纸筋石灰粉刷,或涂废机油两遍以上。

技能要点 4：板模板工程常见质量事故与处理

1. 质量缺陷

板模板板中部下挠；板底混凝土面不平；采用木模板时梁边模板嵌入梁内不易拆除。

2. 原因分析

(1)板格栅用料较小，造成挠度过大。

(2)板下支撑底部不牢固，混凝土浇筑过程中荷载不断增加，支撑下沉，板模下挠。

(3)板底模板不平直，混凝土接触面平整度超过标准允许偏差。

(4)将板模板铺钉在梁侧模上面，甚至略伸入梁模内，浇筑混凝土后，板模板吸水膨胀，梁模也略有外胀，造成边缘一块模板嵌牢在混凝土内，如图 7-13a 所示。

3. 防治措施

(1)楼板模板下支承料或桁架支架应有足够强度和刚度，支承面要平整。

(2)支撑材料应有足够强度，前后左右相互搭牢；支撑如撑在软土地上，必须将地面预先夯实，并铺设通长垫木，必要时垫木下再加垫横板，以增加支撑在地面上的接触面，保证在混凝土重量作用下不发生下沉（要采取措施消除泥地受潮后可能发生的下沉）。

(3)木模板板模与梁模连接处，板模应拼铺到梁侧模外口齐平，避免模板嵌入梁混凝土内，以便于拆除，如图 7-13b 所示。

(4)板模应按规定起拱。

技能要点 5：墙模板工程常见质量事故与处理

1. 质量缺陷

(1)墙模板炸模，发生倾斜且变形。

（2）墙体厚薄不一，墙面高低不平。

（3）墙根跑浆、露筋，模板底部被混凝土及砂浆裹住，拆模困难。

（4）墙角模板拆不出。

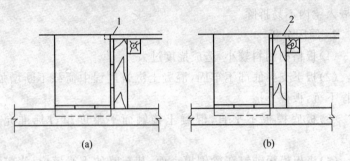

图 7-13　板模板缺陷示意图

（a）错误的铺钉方法　（b）正确的铺钉方法

1. 板模板铺钉在梁侧模上面　2. 板模板铺钉到梁侧模外口齐平

2. 原因分析

（1）钢模板事先未作排板设计，未绘制排列图，相邻模板未设置围檩或间距过大，对拉螺栓选用过小或未拧紧。墙根未设导墙，模板根部不平，缝隙过大。

（2）木模板制作不平整，厚度不一致，相邻两块墙模板拼接不严、不平，支撑不牢，没有采用对拉螺栓来承受混凝土对模板的侧压力，以致混凝土浇筑时炸模（或因选用的对拉螺栓直径太小，不能承受混凝土侧压力而被拉断）。

（3）模板间支撑方法不当，如图 7-14a 所示。

（4）混凝土浇筑分层过厚，振捣不密实，模板受侧压力过大，支撑变形。

（5）角模与墙模板拼接不严，水泥浆漏出，包裹模板下口。拆模时间太迟，模板与混凝土粘结力过大。

（6）未涂刷隔离剂，或涂刷后被雨水冲走。

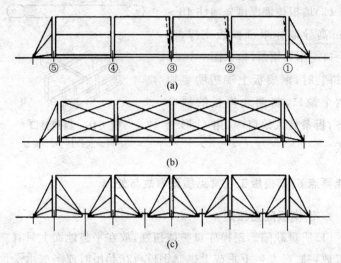

图 7-14　墙模板缺陷示意图

(a)错误的支撑方法　(b)正确的支撑方法(一)　(c)正确的支撑方法(二)

3. 防治措施

(1)墙面模板应拼装平整,符合质量检验评定标准有几道混凝土墙时,除顶部设通长连接木方定位外,相互间均应用剪刀撑撑牢,如图7-14b、c 所示。

(2)墙身中间应用对拉螺栓拉紧,模板两侧以连杆增强刚度(图7-15)承担混凝土的侧压力,确保不炸模(一般采用 $\phi12 \sim \phi16$mm 螺栓)。两片模板之间,应根据墙的厚度用钢管或硬塑料撑头,以保证墙体厚度一致。有防水要求时,应采用焊有止水片的螺栓。

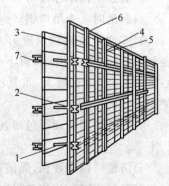

图 7-15　墙模板示意图

1. 对拉螺栓　2. 钢管或塑料管
3. 模板　4. 蝶形卡　5. 钩头螺栓
6. 竖连杆　7. 横连杆

（3）墙根按墙厚度先灌注15～20cm高导墙作根部模板支撑，模板上口应用扁钢封口，如图7-16所示，拼装时，钢模板上端边肋要加工两个缺口，将两块模板的缺口对齐，板条放入缺口内，用 U 形卡卡紧。

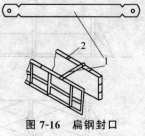

图 7-16　扁钢封口

1. 板条式拉杆　2. 模板

技能要点 6：钢模板工程常见质量事故与处理

1. 钢模板底盘扭翘

（1）质量缺陷。钢模底盘整体扭翘，放在平整地面上只有三支点着地。底盘发生下垂或上拱。钢模板在起吊时或多次承受预应力张拉的钢模板最容易产生这种缺陷。局部变形或损伤。

（2）原因分析。

1）底盘结构未经过力学计算，刚度较小。

2）起吊时 4 个吊钩钢丝绳长短不一或码放垛底部不平整。

3）多次重复施加预应力，此力对底盘是偏心荷载，引起较大变形，放张后外力消除，留下剩余变形。下次施加预应力后，偏心值增大，变形也增大，重复次数越多，剩余变形越大，导致不能使用。

4）内胎面用钢面板过薄，区格划分过大，随使用次数增多而凹凸不平。

5）清模时锤击硬伤，隔离剂不良，混凝土粘结锤击硬伤。

6）起吊、运输、码放过程中撞击，造成硬伤。

7）焊接不良，焊缝不够，焊后内应力过大导致变形。

8）局部受力区零件构造处理不当，如模外张拉的预应力圆孔板梳筋条焊在槽钢上，受力后引起槽钢翼缘变形，如图 7-17a 所示。

(3)防治措施。

1)设计时应从各种不利的受力状态作结构的强度、刚度(变形)和局部稳定性计算。特别应控制刚度,对承受预应力的钢模板更要注意。

2)注意细部构造,运用钢结构理论进行细部设计。如图7-17b用加强肋加强上翼缘,使承受张拉力后不变形。图7-17c改槽形截面为箱形截面。

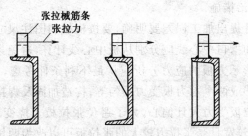

张拉梳筋条
张拉力

图 7-17 张拉梳筋条加固方法

3)底盘结构设计要考虑变形要求,布置合理,省工省料。不仅要计算变形,而且要考虑三点支承后第4个角的变形。

4)起吊时4个吊钩的钢丝绳要长短一致。

5)码放垛底楞应用水平仪找平,用材要耐撞击,如钢轨等。

6)内胎面钢面板板厚至少5mm以上,使用次数不多的钢模板可用3~4mm厚。区格划分不大于1000mm×1000mm。

7)焊接质量应可靠,施焊顺序应合理,尽量减少焊接变形和降低焊接内应力。即使用胎具卡具固定,也要考虑施焊顺序。焊缝尺寸应符合设计要求,不得少焊。

8)变形超过规定,要及时用专门工具调平。

2. 钢模板不平直

(1)质量缺陷。预应力圆孔板钢模梳筋条和端模槽口不在一条直线上,造成穿筋困难和张拉力不准。两端模圆孔中心不平行,引起穿圆管芯子困难。张拉端U形承力板变形。张拉板上挠变形,导致预应力筋保护层偏大。张拉板螺栓断裂。

(2)原因分析。

1)钢模板加工不合格,未经验收或验收粗糙,投入使用即造成各种问题。

2)U形承力板多次重复承受张拉力,引起疲劳和剩余变形。

3)张拉板本身受力状态复杂,会引起变形。多次重复施力以及焊接等因素,可能引起螺栓开裂。

(3)防治措施。

1)设计提出加工误差要明确,要按机械制图注尺寸,特别是圆孔中心线和槽口中心线应分别从板中心线计算,避免累计误差。

2)U形承力板的应力分析应从最不利条件考虑,如力的作用点可能上移或两个承力板受力不匀等,构造加固及焊接要可靠。

3)张拉板受力大且偏心,为了避免张拉板上挠变形和螺栓断裂等,对于较宽且受张拉力较大的张拉板可以改为两块,以保证质量和安全。

4)经常检查零配件,发现隐患及变形,应及时更换或修理。

技能要点 7:其他模板工程常见质量事故与处理

1. 楼梯侧模板

(1)质量缺陷。楼梯侧帮露浆、麻面,底部不平。

(2)原因分析。

1)楼梯底模采用钢模板,遇有不能满足模数配齐时,以木模板相拼,楼梯侧帮模也用木模板制作,易形成拼缝不严密,造成跑浆。

2)底板平整度偏差过大,支撑不牢靠。

(3)防治措施。侧帮在梯段可用钢模板以 2mm 厚薄钢模板和口8 槽钢点焊连接成型,每步两块侧帮必须对称使用,侧帮与楼梯立帮用 U 形卡连接,如图 7-18 所示。

底模应平整,拼缝要严密,符合施工规范,若支撑杆细长比过大,应加剪刀撑撑牢。

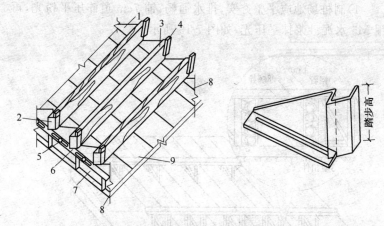

图 7-18 楼梯踏步组合模板侧帮模

1. 踏步侧帮（2mm 钢模） 2. □8 槽钢 3. 踏步模板 4. 嵌缝木条 5. U 形卡
6. 2mm 厚扁钢 7. 侧模（组合钢模板） 8. 角模 9. 底模（组合钢模板）

2. 混凝土桩

（1）质量缺陷。

1）桩身不直；几何尺寸不准；桩尖偏斜，桩头不平。

2）接桩处，上节桩预留钢筋与下节桩预留钢筋孔洞位置有偏差，或下节桩孔深不足。

3）叠捣桩上下粘连。

（2）原因分析。

1）场地未平整夯实，使接触地面的桩身不平直。

2）弹线有偏差。

3）桩模的支撑强度与刚度不足。

4）桩尖模板振捣时移位。桩头模板不垂直于桩身。

5）上下桩的连接处，下节桩预留孔洞位置不准，深度不够；上节桩预留钢筋未设定位套板，混凝土振捣时位置走动。

6）桩上未刷隔离剂，或隔离剂已被雨水冲掉。

（3）防治措施。

1)制桩场地应平整夯实,排水通畅,铺 7cm 道砟压平粉光,再用 M5 水泥砂浆抹平压光,如图 7-19 所示。

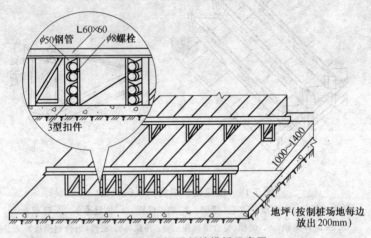

图 7-19   现场预制桩模板示意图

2)采用间隔支模施工方法,地面上弹准桩身宽度线(间隔宽度应加纸筋灰作隔离剂的厚度)。模板与模挡应有足够的刚度。桩头端面要用角尺兜方。

3)桩尖端应用专用钢帽套上,如图 7-20 所示。

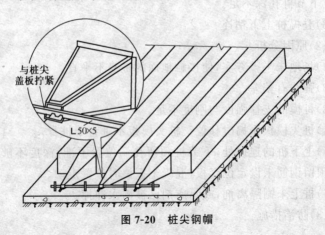

图 7-20   桩尖钢帽

4)上下节桩端部均应做相匹配的专用模板,以保证接桩位置准确,并与桩侧模板连接好。为使接桩准确,在浇筑桩身混凝土时,可在钢管内预先放置 4 个 $\phi 50mm$ 圆钢,在初凝前应经常转动圆钢,初凝后拔出成孔,如图 7-21 所示。

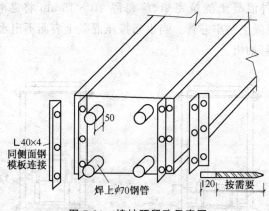

图 7-21 接桩预留孔示意图

5)采用间隔支模方法时,可采用纸筋石灰做隔离层,厚度约 2mm。

3. 桁架模板

(1)质量缺陷。桁架模板构件不平整、扭曲或有蜂窝、麻面、露筋,沿预应力抽芯管孔道的混凝土表面出现裂缝。

(2)原因分析。

1)底部胎模未用水平仪抄平,尺寸不准。

2)模板制作不良,支撑不牢,底部两侧漏浆,侧模外胀。上部对拉螺栓拉得过紧又未加撑木,当混凝土浇筑完成,拆除侧模上口临时搭头木时,侧模向里收进,造成构件上口宽度不足。

3)当混凝土浇筑完毕转动芯管时,由于钢管不直,造成混凝土表面裂缝。抽芯过早,容易造成混凝土塌陷裂缝。

(3)防治措施。

1)模板制作要符合质量标准,达到设计要求的平整度与形状尺寸,周围要夹紧夹牢,不使变形,不得漏浆,如图 7-22 所示。

2)架设叠捣模板时,下口要夹紧在已捣好的构件上,上口螺栓收紧要适度,这样在拆除构件上口搭头木时,模板上口不致挤小。

3)芯管如用无缝钢管制作时,应保证钢管匀直。

4)构件混凝土浇筑完毕,应每隔 $10\sim15\min$ 将芯管转动一圈,以免混凝土粘牢芯管。当手指按压混凝土表面不出水时,即可缓缓将芯管抽出。

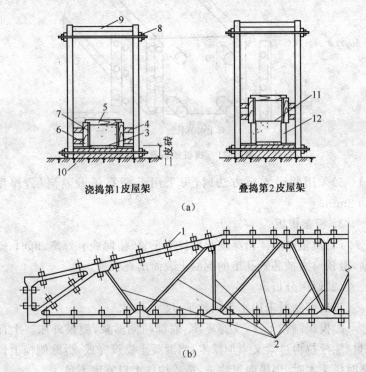

浇捣第1皮屋架   叠捣第2皮屋架

(a)

(b)

图 7-22 预制桁架模板示意图

(a)剖面图 (b)平面图

1.临时支撑架 2.预制腹杆 3.水泥砂浆面层 4.木楔 5.搭头木 6.拼条
7.模板 8.对拉螺栓 9.撑木 10.素土夯实 11.隔离剂 12.撑木

4. 预应力混凝土模板

(1)质量缺陷。预应力筋孔道堵塞。预应力抽芯管拔不出。预应力张拉灌浆后,在翻身竖起时,屋架呈现侧向弯曲。

(2)原因分析。

1)预应力抽芯管采用 2 节拼接方法,转动芯管时如不小心拉出一些,中间会被混凝土堵塞。

2)混凝土浇筑完毕,抽芯钢管未及时转动,混凝土结硬后芯管转不动,拔不出。

(3)防治措施。

1)在混凝土浇筑过程中,注意勿将芯管向外拉出。

2)采用分节脱模法预制构件时,除上述防治措施外,应保证各支点有足够的承载力,拼接处模板要平齐。

5. 构件

(1)质量缺陷。构件不方正,边角歪斜。厚薄不匀,超厚超宽。

(2)原因分析。

1)地坪不平,边模安装时,未按设计要求尺寸拉对角线校正。

2)边模连接不牢,表面振实过程中,边框接头处向外胀开。

3)浇筑混凝土时,边模向上浮起,造成底部漏浆。

(3)防治措施。

1)底模要平整,应符合构件表面质量要求,边模厚度要正确,当容易出现超厚时,可根据生产实践预将边模高度减小 3～5mm。

2)安装模板时应校正对角线长度,接头处要牢固。

3)浇筑混凝土时,要防止边模浮起。表面要按边模高度铲平。

4)模板及地坪要涂隔离剂。

5)脱模时间应根据当时气温及混凝土强度发展情况而定,不宜过早或过迟拆模。

6. 侧模

(1)质量缺陷。

1)侧向弯曲过大,构件成型后两头窄中间宽。采用模外张拉工艺时,由于预应力反作用力需由侧模承受,更易产生侧向弯曲。

2)垂直方向产生弯曲,组装后与底盘缝隙大,引起跑浆,严重者构件麻面。

3)扭曲变形,引起组装困难。

4)组装后侧模不垂直,上口大下口小。

5)旋转侧模的合页板启闭不灵活。

6)表面局部硬伤变形。

(2)原因分析。

1)设计截面本身垂直轴(Y轴)惯性矩小,在混凝土侧压力作用下,向外变形或扭曲。

2)旋转侧模使用次数多,合页板孔径变大或销轴磨细,也会引起构件尺寸误差。

3)由于清模不仔细,混凝土渣和灰浆未清除干净,侧模受挤垫,造成垂直弯曲或上口大下口小,不垂直。

4)合页板与焊在底盘上的耳板位置不正确,或侧模本身纵向移动产生摩擦,因而启闭费力。

5)侧模在浇筑混凝土前未涂隔离剂或涂得不匀,脱模后混凝土粘结在侧模上,清理时锤击振动,使表面凹凸不平。

6)操作过程紧固件松动,使侧模变形。支拆或搬动时摔碰或搁置不平而变形。

7)焊接变形或焊缝不足,不能起组合截面的功能,以致一经使用即产生变形。

(3)防治措施。

1)侧模刚度要进行力学计算,尽量采用刚度较大的截面形式,如槽形、箱形等。

2)合页板焊接位置要正确。为减少旋转时的摩擦,可在合页板两边焊上6mm厚环形垫圈,如图7-23所示。

3)及时检查合页板旋转孔径,过大则更换。销轴磨细也要及时更换。紧固件如有掉落或变形要及时换备件。

4)制造过程焊接工艺要合理,焊缝尺寸应按设计要求。

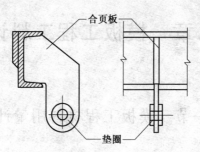

图 7-23 侧模合页板加垫圈

7. 端模

(1)质量缺陷。平面变形或硬伤。构件成型过程中端模上窜,引起构件超高。端头外倾或内倒,不垂直。端头埋件位移。

(2)原因分析。

1)设计时紧固构造考虑不周,在振实混凝土过程中引起端模活动。

2)用料刚度较差,经受不住混凝土的侧压力而引起变形。

3)操作过程中锤击、摔碰等,引起变形及硬伤。

4)灰渣未清理干净,硬性支模引起变形。

(3)防治措施。

1)设计端模时不应只考虑自重轻和省料,要以力学计算为依据,必要时可用加强肋提高其刚度。

2)设计的紧固工艺要可靠,位置易固定、易装拆。

3)按操作规程操作,不用或少用锤击。

4)有变形应及时修理,不能凑合使用。

5)预埋件应采取可靠固定措施,防止位移。

第八章　模板工程工料计算

第一节　模板工程材料用量计算

本节导读：

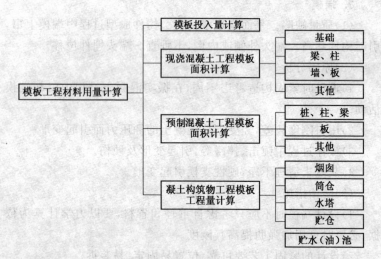

技能要点 1：模板投入量计算

现浇钢筋混凝土结构施工中的模板施工方案，是编制施工组织设计的重要组成部分之一。必须根据拟建工程的工程量、结构形式、工期要求和施工方法，择优选用模板施工方案，并按照分层分段流水施工的原则，确定模板的周转顺序和模板的配置（投入）量。模板工程量，通常是指模板与混凝土相接触的面积，因此，应该按照工程施工图的构件尺寸,详细进行计算,但是一般在编制施工组织设计时,往往只能按照扩大初步设计或者技术设计的内容估算模板工程量。

模板投入量,是指施工单位应配置的模板实际工程量,它与模板工程量的关系可用下式表示:

$$模板投入量 = \frac{模板工程量}{周转次数}$$

所以,在保证工程质量和工期要求的前提下,应尽量加大模板的周转次数,以减少模板投入量,从而达到降低工程成本的目的。

技能要点 2:现浇混凝土工程模板面积计算

现浇混凝土工程模板面积计算规则见表 8-1。

表 8-1　现浇混凝土工程模板面积计算

项次	项目	说　明
1	基础	现浇混凝土基础模板工程量按不同模板材料、支承材料,以基础混凝土与模板的接触面积计算 1)带形基础按基础各阶两侧面面积计算 2)独立基础按基础各阶四侧面面积计算 3)杯形基础按基础各阶四侧面面积及杯口四侧面面积之和计算 4)满堂基础按底板四周侧面面积及底梁侧面面积之和计算 5)设备基础按基础块体侧面面积之和计算 6)设备基础螺栓套工程量按不同长度,以螺栓套的个数计算 7)基础垫层按垫层四周侧面面积计算 8)挖孔桩井壁按井壁内侧面面积计算 9)桩承台按承台四周侧面面积计算
2	梁、柱	梁、柱模板工程量按不同模板材料、支承材料,以梁、柱混凝土与模板接触面积计算 1)梁按梁的底面积及侧面面积之和计算,其中圈梁按圈梁两侧面面积计算 2)柱按柱的侧面面积之和计算,其中,构造柱计算外露面积

续表 8-1

项次	项目	说　　明
3	墙、板	1)墙模板工程量按墙的两侧面面积计算。墙上单孔面积在 0.3m² 以内的孔洞,不扣除孔洞面积,但洞侧壁面积也不增加;单孔面积在 0.3m² 以上时,应扣除孔洞面积,增加洞侧壁面积,计入墙模板工程量 2)有梁板按板底面面积、梁底面面积及梁侧面面积(板以下部分)之和计算 3)无梁板、平板按板底面面积计算 4)拱形板按板底面的拱形面积计算 5)板上单孔面积在 0.3m² 以内的孔洞,不扣除孔洞面积,但洞侧壁面积亦不增加;单孔面积 0.3m² 以上时,应扣除孔洞面积,增加洞侧壁面积,计入板模板工程量
4	其他	1)楼梯模板工程量按楼梯露明部分的水平投影面积计算,不扣除宽度小于 500mm 楼梯井所占面积。楼梯踏步、平台梁等侧面模板不另计算。楼梯平面形式不同应分别计算 2)阳台、雨篷模板工程量按不同形式,以其挑出部分的水平投影面积计算,挑出墙外的挑梁及板边模板不另计算 3)挑檐、天沟模板工程量按其水平投影面积计算,挑檐、天沟的立板模板不另计算 4)台阶按台阶的水平投影面积计算,台阶端头两侧不另计算 5)栏板按栏板的两侧面面积计算 6)门框的模板工程量按门框三个侧面面积计算,靠墙的一面不计 7)框架柱接头按接头混凝土的外围面积计算 8)升板柱帽按柱帽的侧面斜面积计算 9)暖气沟、电缆沟按沟内壁侧面面积计算 10)小型池槽按池槽的外形体积计算,池槽内、外侧及底面模板不另计算 11)扶手按扶手的长度计算 12)小型构件按构件的外形体积计算

技能要点 3:预制混凝土工程模板面积计算

预制混凝土工程模板工程量计算规则见表 8-2。

表 8-2　预制混凝土工程模板工程量计算

项次	项目	说　　明
1	桩、柱、梁	1)方桩模板工程量按不同桩形式、模板材料,以桩的混凝土体积计算 2)桩尖按桩尖全断面积乘以桩尖高度计算 3)柱按柱的混凝土体积计算 4)梁按梁的混凝土体积计算
2	板	1)空心板模板工程量按不同板厚、模板材料,以空心板的混凝土体积计算 2)平板按平板的混凝土体积计算 3)槽形板、大型屋面板、天沟板、挑檐板、隔板、栏板、遮阳板、网架板、墙板天窗侧板等的模板工程量按其混凝土体积计算 4)空心柱、叠合梁、楼梯段、缓台、阳台槽板、整间楼板等的模板工程量按不同模板材料、板宽,以其混凝土体积计算
3	其他	1)檩条、天窗上下档、封檐板、阳台、雨篷、烟道、垃圾道、通风道、花格、门窗框、楼梯段、栏杆、扶手、井盖、井圈等按不同模板材料,以其混凝土体积计算 2)池槽模板工程量按池槽的外形体积计算

技能要点4:混凝土构筑物工程模板工程量计算

混凝土构筑物工程模板工程量计算,见表8-3。

表 8-3　混凝土构筑物工程模板工程量计算

项次	项目	说　　明
1	烟囱	烟囱液压滑升模板工程量按不同筒身高度,以烟囱筒身混凝土体积计算
2	筒仓	筒仓液压滑升模板工程量按不同筒仓高度、筒仓内径,以筒仓混凝土体积计算
3	水塔	水塔的塔身、水箱、塔顶、槽底、回廊及平飞模板工程量按不同形式、部位,以其混凝土与模板的接触面积计算 倒锥壳水塔的筒身液压滑升模板工程量按不同支筒滑升高度,以筒身的混凝土体积计算。水箱制作按水箱混凝土与模板接触面积计算。 水箱提升的模板工程量按不同水箱重量、提升高度,以水箱的座数计算

续表 8-3

项次	项目	说明
4	贮仓	圆形贮仓的顶板、隔层板、立壁的模板工程量按其混凝土与模板接触面积计算
		矩形贮仓的立壁模板工程量按立壁混凝土与模板接触面积计算
5	贮水（油）池	贮水（油）池的池底、池壁、池盖、盖柱、沉淀池等的模板工程量按其混凝土与模板接触面积计算

第二节　材料耗用参考定额

本节导读：

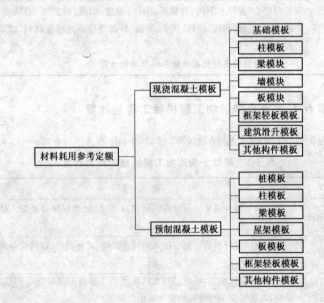

技能要点 1：现浇混凝土基础模板材料耗用定额

带形基础、独立基础、杯形基础、满堂基础等模板材料耗用定额,见表 8-4~表 8-18。

表 8-4　带形基础模板材料耗用定额(一)

(单位:100m²)

定　额　编　号		5—1	5—2	5—3	5—4
项　　目	单位	带形基础			
		毛石混凝土			
		组合钢模板		复合木模板	
		钢支撑	木支撑	钢支撑	木支撑
材料	组合钢模板	kg	63.38	63.38	0.92	0.92
	复合木模板	m²	—	—	2.06	2.06
	模板板方材	m³	0.145	0.145	0.145	0.145
	支撑钢管及扣件	kg	19.10	—	19.10	—
	支撑方木	m³	0.185	0.607	0.185	0.607
	零星卡具	kg	30.41	22.70	30.41	22.70
	铁钉	kg	9.61	21.77	9.61	21.77
	镀锌铁丝 8 号	kg	36.00	—	36.00	—
	铁件	kg	31.13	—	31.13	—
	尼龙帽	个	139	—	139	—
	草板纸 80 号	张	30.00	30.00	30.00	30.00
	隔离剂	kg	10.00	10.00	10.00	10.00
	水泥砂浆 1:2	m³	0.012	0.012	0.012	0.012
	镀锌铁丝 22 号	kg	0.18	0.18	0.18	0.18

表 8-5　带形基础模板材料耗用定额(二)

(单位:100m²)

定　额　编　号		5—5	5—6	5—7	5—8
项　　目	单位	带形基础			
		无筋混凝土			
		组合钢模板		复合木模板	
		钢支撑	木支撑	钢支撑	木支撑
材料	组合钢模板	kg	63.55	63.55	0.91	0.91
	复合木模板	m²	—	—	2.06	2.06
	模板板方材	m³	0.144	0.144	0.144	0.144
	支撑钢管及扣件	kg	18.94	—	18.94	—
	支撑方木	m³	0.239	0.601	0.239	0.601

续表 8-5

定　额　编　号		单位	5—5	5—6	5—7	5—8
项　　目		单位	带形基础			
			无筋混凝土			
			组合钢模板		复合木模板	
			钢支撑	木支撑	钢支撑	木支撑
材料	零星卡具	kg	29.68	22.04	29.68	22.04
	铁钉	kg	9.72	20.94	9.72	20.94
	镀锌铁丝 8 号	kg	26.22	—	26.22	—
	铁件	kg	24.39	—	24.39	—
	尼龙帽	个	129	—	129	—
	草板纸 80 号	张	30.00	30.00	30.00	30.00
	隔离剂	kg	10.00	10.00	10.00	10.00
	水泥砂浆 1∶2	m³	0.012	0.012	0.012	0.012
	镀锌铁丝 22 号	kg	0.18	0.18	0.18	0.18

表 8-6　带形基础模板材料耗用定额(三)

（单位:100m²）

定　额　编　号		单位	5—9	5—10	5—11	5—12
项　　目		单位	带形基础			
			钢筋混凝土(有肋式)			
			组合钢模板		复合木模板	
			钢支撑	木支撑	钢支撑	木支撑
材料	组合钢模板	kg	73.83	73.83	1.00	1.00
	复合木模板	m²	—	—	2.05	2.05
	模板板方材	m³	0.014	0.014	0.014	0.014
	支撑钢管及扣件	kg	48.53	—	48.53	—
	支撑方木	m³	0.423	0.854	0.423	0.854
	零星卡具	kg	36.99	22.61	36.99	22.61
	铁钉	kg	4.20	23.75	4.20	23.75
	镀锌铁丝 8 号	kg	66.09	60.22	66.09	60.22
	铁件	kg	14.87	—	14.87	—

续表 8-6

定额编号		5—9	5—10	5—11	5—12
项　目	单位	带形基础			
		钢筋混凝土(有助式)			
		组合钢模板		复合木模板	
		钢支撑	木支撑	钢支撑	木支撑
材料	尼龙帽	个	87	—	87	—
	草板纸 80 号	张	30.00	30.00	30.00	30.00
	隔离剂	kg	10.00	10.00	10.00	10.00
	水泥砂浆 1∶2	m³	0.012	0.012	0.012	0.012
	镀锌铁丝 22 号	kg	0.18	0.18	0.18	0.18

表 8-7　带形独立基础模板材料耗用定额

（单位:100m²）

定额编号		5—13	5—14	5—15	5—16
项　目	单位	板式带形基础		独立基础	
		钢筋混凝土		毛石混凝土	
		组合钢模板	复合木模板	组合钢模板	复合木模板
		木　支　撑			
材料	组合钢模板	kg	72.32	—	66.83	2.06
	复合木模板	m²	—	2.07		2.09
	模板板方材	m³	0.273	0.273	0.093	0.093
	支撑方木	m³	0.240	0.240	0.604	0.604
	零星卡具	kg	11.42	11.42	24.16	24.16
	铁钉	kg	24.31	24.31	11.88	11.88
	镀锌铁丝 8 号	kg	—	—	48.54	48.54
	草板纸 80 号	张	30.00	30.00	30.00	30.00
	隔离剂	kg	10.00	10.00	10.00	10.00
	水泥砂浆 1∶2	m³	0.012	0.012	0.012	0.012
	镀锌铁丝 22 号	kg	0.18	0.18	0.18	0.18

表 8-8　独立基础模板材料耗用定额（单位：100m²）

定额编号		5—17	5—18
项目	单位	独立基础	
		组合钢模板	复合木模板
		木支撑	
材料 组合钢模板	kg	69.66	2.06
复合木模板	m²	—	2.09
模板板方材	m³	0.95	0.095
支撑方木	m³	0.645	0.645
零星卡具	kg	25.89	25.89
铁钉	kg	12.72	12.72
镀锌铁丝 8 号	kg	51.99	51.99
草板纸 80 号	张	30.00	30.00
隔离剂	kg	10.00	10.00
水泥砂浆 1：2	m³	0.012	0.012
镀锌铁丝 22 号	kg	0.18	0.18

表 8-9　杯形基础模板材料耗用定额（单位：100m²）

定额编号		5—19	5—20	5—21	5—22
项目	单位	杯形基础			
		组合钢模板		复合木模板	
		钢支撑	木支撑	钢支撑	木支撑
材料 组合钢模板	kg	63.21	63.21	1.99	1.99
复合木模板	m²	—	—	1.62	1.62
模板板方材	m³	0.186	0.186	0.186	0.186
支撑钢管及扣件	kg	29.72	29.72	29.72	—
支撑方木	m³	0.306	0.739	0.306	0.739
零星卡具	kg	33.51	18.45	33.51	18.45

续表 8-9

定 额 编 号		5—19	5—20	5—21	5—22
项 目	单位	杯 形 基 础			
		组合钢模板		复合木模板	
		钢支撑	木支撑	钢支撑	木支撑
材料	铁钉	kg	11.13	20.57	11.13	20.57
	镀锌铁丝 8 号	kg	50.15	41.78	50.15	41.78
	草板纸 80 号	张	30.00	30.00	30.00	30.00
	隔离剂	kg	10.00	10.00	10.00	10.00
	水泥砂浆 1：2	m³	0.012	0.012	0.012	0.012
	镀锌铁丝 22 号	kg	0.18	0.18	0.18	0.18

表 8-10　高杯基础模板材料耗用定额

（单位：100m²）

定 额 编 号		5—23	5—24	5—25	5—26
项 目	单位	高 杯 基 础			
		组合钢模板		复合木模板	
		钢支撑	木支撑	钢支撑	木支撑
材料	组合钢模板	kg	63.39	63.39	—	—
	复合木模板	m²	—	—	1.98	1.98
	模板板方材	m³	0.101	0.101	0.101	0.101
	支撑钢管及扣件	kg	33.43	—	33.43	—
	支撑方木	m³	0.519	0.774	0.519	0.774
	零星卡具	kg	34.00	21.94	34.00	21.94
	铁钉	kg	11.21	19.50	11.21	19.50
	镀锌铁丝 8 号	kg	57.67	38.51	57.67	38.51
	草板纸 80 号	张	30.00	30.00	30.00	30.00
	隔离剂	kg	10.00	10.00	10.00	10.00
	水泥砂浆 1：2	m³	0.012	0.012	0.012	0.012
	镀锌铁丝 22 号	kg	0.18	0.18	0.18	0.18

表 8-11　满堂基础模板材料耗用定额

（单位：100m²）

定额编号		5—27	5—28	5—29	5—30
项　目	单位	满堂基础			
		无梁式		有梁式	
		组合钢模板	复合木模板	组合钢模板	复合木模板
		钢支撑	木支撑	钢支撑	木支撑
材料 组合钢模板	kg	64.25	—	68.34	66.30
复合木模板	m²	—	1.85		
模板板方材	m³	0.153	0.153	0.018	0.027
支撑钢管及扣件	kg	—		17.75	
支撑方木	m³	0.207	0.207	0.042	0.401
零星卡具	kg	9.89	9.89	31.98	26.57
铁钉	kg	20.23	20.23	1.98	9.99
镀锌铁丝 8 号	kg	37.14	37.14	22.54	29.61
铁件	kg			40.52	
草板纸 80 号	张	30.00	30.00	30.00	30.00
隔离剂	kg	10.00	10.00	10.00	10.00
尼龙帽	个			184	
现浇混凝土	m³			0.590	0.590
水泥砂浆 1∶2	m³	0.012	0.012	0.012	0.012
镀锌铁丝 22 号	kg	0.18	0.18	0.18	0.18

表 8-12　满堂基础等模板材料耗用定额

（单位：100m²）

定额编号		5—31	5—32	5—33	5—34
项　目	单位	满堂基础		混凝土基础垫层	人工挖孔桩井壁
		有梁式			
		复合木模板		木模板	木模板
		钢支撑	木支撑		木支撑
材料 组合钢模板	kg	2.40	2.40	—	—
复合木模板	m²	2.01	2.01	—	—
模板板方材	m³	0.018	0.027	1.445	1.220
支撑钢管及扣件	kg	17.75			

续表 8-12

定额编号		5—31	5—32	5—33	5—34
项　目	单位	满堂基础		混凝土基础垫层	人工挖孔桩井壁
		有梁式			
		复合木模板		木模板	木模板
		钢支撑	木支撑		木支撑
材料　支撑方木	m³	0.042	0.401	—	0.019
零星卡具	kg	31.98	26.57	—	
铁钉	kg	1.98	9.99	19.73	22.31
镀锌铁丝 8 号	kg	22.54	29.61		
铁件	kg	40.52	—		
草板纸 80 号	张	30.00	30.00		
隔离剂	kg	10.00	10.00	10.00	10.00
尼龙帽	个	184	—		
现浇混凝土	m³	0.590	0.590		
水泥砂浆 1:2	m³	0.012	0.012	0.012	—
镀锌铁丝 22 号	kg	0.18	0.18	10.18	

表 8-13　桩承飞模板材料耗用定额（单位：100m²）

定额编号		5—35	5—36	5—37	5—38
项　目	单位	独立式桩承台			
		组合钢模板		复合木模板	
		钢支撑	木支撑	钢支撑	木支撑
材料　组合钢模板	kg	92.89	92.89	—	—
复合木模板	m²	—	—	2.59	2.59
模板板方材	m³	0.062	0.062	0.062	0.062
梁卡具	kg	21.87	—	21.87	
支撑方木	m³	0.122	0.246	0.122	0.246
零星卡具	kg	25.82	25.82	25.82	25.82
支撑钢管及扣件	kg	6.04	—	6.04	

续表 8-13

定　额　编　号		5—35	5—36	5—37	5—38
项　　　目	单位	独立式桩承台			
		组合钢模板		复合木模板	
		钢支撑	木支撑	钢支撑	木支撑
材料 铁钉	kg	5.58	18.88	5.58	18.88
镀锌铁丝 8 号	kg	56.53	56.53	56.53	56.53
草板纸 80 号	张	30.00	30.00	30.00	30.00
隔离剂	kg	10.00	10.00	10.00	10.00
水泥砂浆 1：2	m^3	0.012	0.012	0.012	0.012
镀锌铁丝 22 号	kg	0.18	0.18	0.18	0.18

表 8-14　设备基础模板材料耗用定额(一)

(单位:100m)

(单位:$100m^2$)

定　额　编　号		5—39	5—40	5—41	5—42
项　　　目	单位	设备基础(块体在 5m³ 以内)			
		组合钢模板		复合木模板	
		钢支撑	木支撑	钢支撑	木支撑
材料 组合钢模板	kg	68.53	68.53	1.78	1.78
复合木模板	m^2	—	—	1.96	1.96
模板板方材	m^3	0.120	0.120	0.120	0.120
支撑钢管及扣件	kg	27.96	—	27.96	—
支撑方木	m^3	0.109	0.523	0.109	0.523
零星卡具	kg	42.95	35.33	41.95	35.33
铁钉	kg	6.64	18.55	6.64	18.55
镀锌铁丝 8 号	kg	19.05	23.19	19.05	23.19
草板纸 80 号	张	30.00	30.00	30.00	30.00
隔离剂	kg	10.00	10.00	10.00	10.00

表 8-15 设备基础模板材料耗用定额(二)

(单位:100m²)

定 额 编 号			5—43	5—44	5—45	5—46
项 目		单位	设备基础(块体在 20m³ 以内)			
			组合钢模板		复合木模板	
			钢支撑	木支撑	钢支撑	木支撑
材料	组合钢模板	kg	68.03	68.03	1.52	1.52
	复合木模板	m²	—	—	1.96	1.96
	模板板方材	m³	0.089	0.089	0.089	0.089
	支撑钢管及扣件	kg	30.87	—	30.87	—
	支撑方木	m³	0.216	0.346	0.216	0.346
	零星卡具	kg	32.63	27.57	32.63	27.57
	铁钉	kg	8.50	11.86	8.50	11.86
	镀锌铁丝 8 号	kg	23.43	8.61	23.43	8.61
	铁件	kg	9.49	—	9.49	—
	草板纸 80 号	张	30.00	30.00	30.00	30.00
	隔离剂	kg	10.00	10.00	10.00	10.00

表 8-16 设备基础模板材料耗用定额(三)

(单位:100m²)

定 额 编 号			5—47	5—48	5—49	5—50
项 目		单位	设备基础(块体在 100m³ 以内)			
			组合钢模板		复合木模板	
			钢支撑	木支撑	钢支撑	木支撑
材料	组合钢模板	kg	66.18	66.18	1.47	1.47
	复合木模板	m²	—	—	1.96	1.96
	模板板方材	m³	0.084	0.084	0.084	0.084
	支撑钢管及扣件	kg	35.37	—	35.37	—
	支撑方木	m³	0.021	0.550	0.021	0.550
	零星卡具	kg	40.09	31.43	40.09	31.43
	铁钉	kg	3.88	13.46	3.88	13.46
	镀锌铁丝 8 号	kg	8.72	23.15	8.72	23.15
	草板纸 80 号	张	30.00	30.00	30.00	30.00
	隔离剂	kg	10.00	10.00	10.00	10.00

表 8-17　设备基础模板材料耗用定额(四)

(单位:100m²)

定　额　编　号		5—51	5—52	5—53	5—54
项　目	单位	设备基础(块体在 100m³ 以外)			
		组合钢模板		复合木模板	
		钢支撑	木支撑	钢支撑	木支撑
材料	组合钢模板	kg	66.46	66.46	0.25	0.25
	复合木模板	m²	—	—	2.01	2.01
	模板板方材	m³	0.053	0.051	0.053	0.051
	支撑钢管及扣件	kg	23.66		23.66	
	支撑方木	m³	0.031	0.560	0.031	0.560
	零星卡具	kg	39.99	32.66	39.99	32.66
	铁钉	kg	2.22	13.17	2.22	13.17
	镀锌铁丝 8 号	kg	28.92	25.04	28.92	25.04
	草板纸 80 号	张	30.00	30.00	30.00	30.00
	隔离剂	kg	10.00	10.00	10.00	10.00

表 8-18　设备基础模板材料耗用定额(五)

(单位:100m²)

定　额　编　号		5—55	5—56	5—57
项　目	单位	设备基础螺栓套		
		长度(m)		
		0.5 以内	1 以内	1 以外
		木　模　板　木　支　撑		
材料	模板板方材	m³	0.017	0.142	0.235
	支撑方木	m³	0.017	0.021	0.065
	铁钉	kg	1.09	2.34	2.40
	镀锌铁丝 8 号	kg	1.51	2.01	6.57
	隔离剂	kg	0.25	0.58	1.61

技能要点 2：现浇混凝土柱模板材料耗用定额

矩形柱、异形柱、圆形柱等模板材料耗用定额，见表 8-19～表 8-21。

表 8-19　矩形柱模板材料耗用定额（单位：100m²）

定额编号		5—58	5—59	5—60	5—61
项　目	单位	矩　形　柱			
		组合钢模板		复合木模板	
		钢支撑	木支撑	钢支撑	木支撑
材料 组合钢模板	kg	78.09	78.09	10.34	10.34
复合木模板	m²	—	—	1.84	1.84
模板板方材	m³	0.064	0.064	0.064	0.064
支撑钢管及扣件	kg	45.94	—	45.94	—
支撑方木	m³	0.182	0.519	0.182	0.519
零星卡具	kg	66.74	60.50	66.74	60.50
铁钉	kg	1.80	4.02	1.80	4.02
铁件	kg	—	11.42	—	11.42
草板纸 80 号	张	30.00	30.00	30.00	30.00
隔离剂	kg	10.00	10.00	10.00	10.00

表 8-20　异形柱模板材料耗用定额（单位：100m²）

定额编号		5—62	5—63	5—64	5—65
项　目	单位	矩　形　柱			
		组合钢模板		复合木模板	
		钢支撑	木支撑	钢支撑	木支撑
材料 组合钢模板	kg	77.14	77.14	3.04	3.04
复合木模板	m²	—	—	2.09	2.09
模板板方材	m³	0.083	0.083	0.083	0.083
支撑钢管及扣件	kg	59.53	—	59.53	—
支撑方木	m³	—	0.580	—	0.580
零星卡具	kg	27.94	27.94	27.94	27.94
铁钉	kg	13.86	18.72	13.86	18.72
镀锌铁丝 8 号	kg	—	46.74	—	46.74
草板纸 80 号	张	30.00	30.00	30.00	30.00
隔离剂	kg	10.00	10.00	10.00	10.00

表 8-21　圆形柱模板材料耗用定额（单位：100m²）

定　额　编　号		5—66	5—67	5—68
项　　目	单位	圆形柱	柱支撑高度超过	
		木模板	3.6m 每增加 1m	
		木支撑	钢支撑	木支撑
材料	模板板方材	m³	1.618	—	—
	支撑方木	m³	0.700	0.021	0.109
	支撑钢管及扣件	kg	—	3.37	—
	铁钉	kg	48.49	—	3.35
	镀锌铁丝 8 号	kg	9.49		
	嵌缝料	kg	10.00		
	隔离剂	kg	10.00		

技能要点 3：现浇混凝土梁模板材料耗用定额

基础梁、单梁、连续梁、过梁、异形梁、圈梁等模板材料耗用定额，见表 8-22～表 8-26。

表 8-22　基础梁模板材料耗用定额（单位：100m²）

定　额　编　号		5—69	5—70	5—71	5—72
项　　目	单位	基　础　梁			
		组合钢模板		复合木模板	
		钢支撑	木支撑	钢支撑	木支撑
材料	组合钢模板	kg	76.67	76.67	5.33	5.33
	复合木模板	m²	—	—	2.05	2.05
	支撑方木	m³	0.281	0.613	0.281	0.613
	模板板方材	m³	0.043	0.043	0.043	0.043
	零星卡具	kg	31.82	31.82	31.82	31.82
	梁卡具	kg	17.15	—	17.15	—
	铁钉	kg	21.92	39.44	21.92	39.44
	镀锌铁丝 8 号	kg	17.22	38.63	17.22	38.63
	草板纸 80 号	张	30.00	30.00	30.00	30.00
	隔离剂	kg	10.00	10.00	10.00	10.00
	水泥砂浆 1：2	m³	0.012	0.012	0.012	0.012
	镀锌铁丝 22 号	kg	0.18	0.18	0.18	0.18

表 8-23　单梁、连续梁模板材料耗用定额

（单位：100m²）

定 额 编 号		5—73	5—74	5—75	5—76
项　目	单位	单梁、连续梁			
		组合钢模板		复合木模板	
		钢支撑	木支撑	钢支撑	木支撑
材料	组合钢模板	kg	77.34	77.34	7.23	7.23
	复合木模板	m²	—	—	2.06	2.06
	模板板方材	m³	0.017	0.017	0.017	0.017
	支撑钢管及扣件	kg	69.48	—	69.48	—
	支撑方木	m³	0.029	0.914	0.029	0.914
	梁卡具	kg	26.19	—	26.19	—
	铁钉	kg	0.47	36.24	0.47	36.24
	镀锌铁丝8号	kg	16.07	—	16.07	—
	零星卡具	kg	41.10	36.55	41.10	36.55
	铁件	kg	—	4.15	—	4.15
	草板纸80号	张	30.00	30.00	30.00	30.00
	隔离剂	kg	10.00	10.00	10.00	10.00
	尼龙帽	个	37	37	37	37
	水泥砂浆1：2	m³	0.012	0.012	0.012	0.012
	镀锌铁丝22号	kg	0.18	0.18	0.18	0.18

表 8-24　过梁模板材料耗用定额　（单位：100m²）

定 额 编 号		5—77	5—78	5—79	5—80
项　目	单位	过梁		拱形梁	弧形梁
		组合钢模板	复合木模板	木模板	
		木 支 撑			
材料	组合钢模板	kg	73.80	—	—	—
	复合木模板	m²	—	2.10	—	—
	模板板方材	m³	0.193	0.193	1.993	1.183
	支撑方木	m³	0.835	0.835	0.788	1.087

续表 8-24

定 额 编 号		5—77	5—78	5—79	5—80
		过梁		拱形梁	弧形梁
项　目	单位	组合钢模板	复合木模板	木模板	
		木　支　撑			
材料	铁钉	kg	63.16	63.16	46.18	73.74
	零星卡具	kg	12.02	12.02	—	—
	镀锌铁丝 8 号	kg	12.04	12.04	26.70	33.21
	草板纸 80 号	张	30.00	30.00	—	—
	隔离剂	kg	10.00	10.00	10.00	10.00
	嵌缝料	kg			10.00	10.00
	水泥砂浆 1∶2	m³	0.012	0.012	0.012	0.012
	镀锌铁丝 22 号	kg	0.18	0.18	0.18	0.18

表 8-25　异形梁、圈梁模板材料耗用定额

（单位：100m²）

定 额 编 号		5—81	5—82	5—83	5—84
		异形梁	圈　梁		
			直　形		弧　形
项　目	单位	木模板	组合钢模板	复合木模板	木模板
			木　支　撑		
材料	组合钢模板	kg		76.50	—	—
	复合木模板	m²		—	2.21	—
	模板板方材	m³	0.910	0.014	0.014	2.004
	支撑方木	m³	1.087	0.109	0.109	0.170
	铁钉	kg	61.54	32.97	32.97	56.48
	镀锌铁丝 8 号	kg		64.54	64.54	—
	草板纸 80 号	张		30.00	30.00	—
	嵌缝料	kg	10.00			10.00
	隔离剂	kg	10.00	10.00	10.00	10.00
	水泥砂浆 1∶2	m³	0.003	0.003	0.003	0.003
	镀锌铁丝 22 号	kg	0.18	0.18	0.18	0.18

表 8-26 梁支承超高材料耗用定额（单位：100m²）

定 额 编 号		5—85	5—86
项 目	单位	梁支撑高度超过 3.6m 每超过 1m	
		钢 支 撑	木 支 撑
材料 支撑钢管及扣件	kg	12.00	—
材料 支撑方木	m³	—	0.174
材料 铁钉	kg		2.26

技能要点 4：现浇混凝土墙模板材料耗用定额

直形墙、电梯井壁、圆弧墙、大钢模板墙等模板耗用定额，见表 8-27～表 8-29。

表 8-27 直形墙模板材料耗用定额（单位：100m²）

定 额 编 号		5—87	5—88	5—89	5—90
项 目	单位	直 形 墙			
		组合钢模板		复合木模板	
		钢支撑	木支撑	钢支撑	木支撑
材料 组合钢模板	kg	71.83	71.83	4.99	4.99
材料 复合木模板	m²	—	—	2.03	2.03
材料 模板板方材	m³	0.029	0.029	0.029	0.029
材料 支撑钢管及扣件	kg	24.58	—	24.58	—
材料 支撑方木	m³	0.016	0.016	0.016	0.016
材料 零星卡具	kg	44.03	36.31	44.03	36.31
材料 铁钉	kg	0.55	3.40	0.55	3.40
材料 铁件	kg	3.54	5.80	3.54	5.80
材料 镀锌铁丝 8 号	kg	—	60.61	—	60.61
材料 尼龙帽	个	69	53	69	53
材料 草板纸 80 号	张	30.00	30.00	30.00	30.00
材料 隔离剂	kg	10.00	10.00	10.00	10.00

表 8-28　电梯井壁模板材料耗用定额

（单位:100m²）

定 额 编 号		5—91	5—92	5—93	5—94
项 目	单位	电 梯 井 壁			
		组合钢模板		复合木模板	
		钢支撑	木支撑	钢支撑	木支撑
材料	组合钢模板	kg	65.76	65.76	—	—
	复合木模板	m²	—	—	1.88	1.88
	模板板方材	m³	0.149	0.149	0.149	0.149
	支撑钢管及扣件	kg	19.38	—	19.38	—
	支撑方木	m³	—	0.298	—	0.298
	零星卡具	kg	38.99	30.57	38.99	30.57
	铁钉	kg	9.88	10.58	9.88	10.58
	铁件	kg	6.77	6.77	6.77	6.77
	镀锌铁丝 8 号	kg	—	37.59	—	37.59
	尼龙帽	个	50	50	50	50
	草板纸 80 号	张	30.00	30.00	30.00	30.00
	隔离剂	kg	10.00	10.00	10.00	10.00

表 8-29　圆弧墙模板材料耗用定额（单位:100m²）

定 额 编 号		5—95	5—96	5—97	5—98	5—99
项 目	单位	圆弧墙	大钢模板墙		墙支撑高度超过 3.6m 每超过 1m	
		木模板	大钢模板			
		木支撑	钢支撑	木支撑	钢支撑	木支撑
材料	模板板方材	m³	1.828	0.024	0.024	—	—
	大钢模板	kg	—	64.41	64.41	—	—
	支撑钢管及扣件	kg	—	2.60	—	1.85	—
	支撑方木	m³	0.375	0.011	0.128	0.001	0.047
	零星卡具	kg	41.11	4.62	4.62	—	—
	铁钉	kg	28.74	1.46	2.14	—	2.42
	铁件	kg	21.64	16.50	16.50	—	—
	尼龙帽	个	—	65	65	—	—
	隔离剂	kg	10.00	10.00	10.00	—	—
	嵌缝料	kg	10.00	—	—	—	—

技能要点 5：现浇混凝土板模板材料耗用定额

梁板、无梁板、平板、拱形板等模板材料耗用定额，见表 8-30～表 8-33。

表 8-30 有梁板模板材料耗用定额（单位：100m²）

定 额 编 号		5—100	5—101	5—102	5—103
		有 梁 板			
项　　目	单位	组合钢模板		复合木模板	
		钢支撑	木支撑	钢支撑	木支撑
材料 组合钢模板	kg	72.05	72.05	14.74	14.74
复合木模板	m²	—	—	1.71	1.71
模板板方材	m³	0.066	0.066	0.066	0.066
支撑钢管及扣件	kg	58.04	—	58.04	—
梁卡具	kg	5.46	—	5.46	—
支撑方木	m³	0.193	0.911	0.193	0.911
零星卡具	kg	35.25	35.25	35.25	35.25
铁钉	kg	1.70	30.2	1.70	30.25
镀锌铁丝 8 号	kg	22.14	32.48	22.14	32.48
草板纸 80 号	张	30.00	30.00	30.00	30.00
隔离剂	kg	10.00	10.00	10.00	10.00
水泥砂浆 1：2	m³	0.007	0.007	0.007	0.007
镀锌铁丝 22 号	kg	0.18	0.18	0.18	0.18

表 8-31 无梁板模板材料耗用定额（单位：100m²）

定 额 编 号		5—104	5—105	5—106	5—107
		无 梁 板			
项　　目	单位	组合钢模板		复合木模板	
		钢支撑	木支撑	钢支撑	木支撑
材料 组合钢模板	kg	56.71	56.71	—	—
复合木模板	m²	—	—	1.69	1.69
模板板方材	m³	0.182	0.182	0.182	0.182

续表 8-31

定　额　编　号		5—104	5—105	5—106	5—107
项　　目	单位	无　梁　板			
		组合钢模板		复合木模板	
		钢支撑	木支撑	钢支撑	木支撑
材料					
支撑钢管及扣件	kg	34.75	—	34.75	—
支撑方木	m³	0.303	0.811	0.303	0.811
零星卡具	kg	26.09	26.09	26.09	26.09
铁钉	kg	9.10	19.96	9.10	19.96
草板纸 80 号	张	30.00	30.00	30.00	30.00
隔离剂	kg	10.00	10.00	10.00	10.00
水泥砂浆 1∶2	m³	0.003	0.003	0.003	0.003
镀锌铁丝 22 号	kg	0.18	0.18	0.18	0.18

表 8-32　平板板模板材料耗用定额（单位：100m²）

定　额　编　号		5—108	5—109	5—110	5—111
项　　目	单位	平　板			
		组合钢模板		复合木模板	
		钢支撑	木支撑	钢支撑	木支撑
材料					
组合钢模板	kg	68.28	68.28	—	—
复合木模板	m²	—	—	2.03	2.03
模板板方材	m³	0.051	0.051	0.051	0.051
支撑钢管及扣件	kg	48.01		48.01	
支撑方木	m³	0.231	1.050	0.231	1.050
零星卡具	kg	27.66	27.66	27.66	27.66
铁钉	kg	1.79	19.79	1.79	19.79
草板纸 80 号	张	30.00	30.00	30.00	30.00
隔离剂	kg	10.00	10.00	10.00	10.00
水泥砂浆 1∶2	m³	0.003	0.003	0.003	0.003
镀锌铁丝 22 号	kg	0.18	0.18	0.18	0.18

表 8-33　有梁板模板材料耗用定额（单位:100m²）

定　额　编　号		5—112	5—113	5—114
项　目	单位	拱形板	板支撑高度超过 3.6m 每增加到 1m	
		木模板		
		木支撑	钢支撑	木支撑
材料	模板板方材	m³	1.133	—	—
	支撑钢管及扣件	kg	—	10.32	
	支撑方木	m³	0.838	—	0.210
	零星卡具	kg	2.53		
	铁钉	kg	27.51		12.86
	镀锌铁丝 8 号	kg	9.95		
	铁件	kg	7.97		
	嵌缝料	kg	10.00		
	隔离剂	kg	10.00		—

技能要点 6:现浇混凝土框架轻板模板材料耗用定额

框架轻板结构中的楼梯间叠合梁、板带、柱接柱模板材料耗用定额,见表 8-34。

表 8-34　框架轻板模板材料耗用定额

（单位:100m²）

定　额　编　号		5—115	5—116	5—117
项　目	单位	楼梯间叠合梁	板带	柱接柱
		木　模　板　木　支　撑		
材料	模板板方材	m³	0.845	1.750	1.469
	支撑方木	m³	0.604	0.109	—
	铁钉	kg	0.82	34.00	48.86
	镀锌铁丝 8 号	kg	69.18	82.88	140.55
	隔离剂	kg	10.00	10.00	10.00

技能要点 7:现浇混凝土建筑滑升模板材料耗用定额

建筑物滑升模板材料耗用定额,见表 8-35。

表 8-35　建筑滑升模板材料耗用定额

（单位:100m²）

定　额　编　号		5—118
项　目	单位	建筑物滑升模块
钢支架、平台及连接件	kg	137.97
滑模油路、法兰及套管	kg	4.84
组合钢模板	kg	93.68
电焊条	kg	7.72
板方材	m³	0.093
纤维板	m²	0.803
十三合板	m²	1.073
提升钢爬杆	kg	214.70

注：左侧"材料"为表中项目的分类标签。

技能要点 8:现浇混凝土其他结构模板材料耗用定额

楼梯、悬挑板、台阶、栏板、挑檐、天沟、扶手、小型池槽等模板材料耗用定额,见表 8-36～表 8-39。

表 8-36　其他结构模板材料耗用定额(一)

（单位:100m²）

定　额　编　号		5—119	5—120	5—121	5—122	5—123
项　目	单位	楼　梯		悬挑板（阳台、雨篷）		台阶
		直形	圆弧形	直形	圆弧形	
		木　模　板　木　支　撑				
模板板方材	m³	0.178	0.253	0.102	0.137	0.065
支撑方木	m³	0.168	0.152	0.211	0.253	0.010
铁钉	kg	10.68	12.98	11.60	12.24	1.48
嵌缝料	kg	2.04	1.61	1.55	1.16	0.50
隔离剂	kg	2.04	1.61	1.55	1.16	0.50

注：左侧"材料"为表中项目的分类标签。

表 8-37 其他结构模板材料耗用定额(二)

(单位:100m²)

定 额 编 号		5—124	5—125	5—126	5—127
项 目	单位	栏板	门框	框架柱接头	升板柱帽
		木 模 板 木 支 撑			
材料 模板板方材	m³	1.169	0.798	1.840	0.928
支撑方木	m³	1.776	0.813	—	2.403
铁钉	kg	25.98	70.78	50.15	86.62
镀锌铁丝 8 号	kg	—	20.44	107.10	—
嵌缝料	kg	10.00	10.00	10.00	10.00
隔离剂	kg	10.00	10.00	10.00	10.00

表 8-38 其他结构模板材料耗用定额(三)

(单位:100m²)

定 额 编 号		5—128	5—129	5—130
项 目	单位	暖气沟 电缆沟	挑檐 天沟	小型 构件
		木 模 板 木 支 撑		
人工 综合工日	工日	27.50	53.57	45.53
材料 模板板方材	m³	1.475	0.841	1.733
支撑方木	m³	0.243	0.387	0.500
铁钉	kg	17.96	42.04	76.09
镀锌铁丝 8 号	kg	24.49	—	—
铁件	kg	7.97	—	—
零星卡具	kg	1.51	—	—
嵌缝料	kg	10.00	10.00	10.00
隔离剂	kg	10.00	10.00	10.00

表 8-39 其他结构模板材料耗用定额(四)

(单位:100m²)

定　额　编　号		5—131	5—132
项　　目	单位	扶手	小型池槽
		木模板木支撑	
		每 100 延长米	每 10m³ 外形体积
材料	模板板方材	m³	0.324	1.320
	支撑方木	m³	0.423	0.340
	铁钉	kg	20.73	45.10
	嵌缝料	kg	3.30	7.30
	隔离剂	kg	3.30	7.30

技能要点 9:预制混凝土桩模板材料耗用定额

预制桩模板材料耗用定额,见表 8-40。

表 8-40 方桩模板材料耗用定额

(单位:10m³混凝土体积)

定　额　编　号			5—133	5—134	5—135	5—136	5—137
项　　目		单位	方　桩				桩尖
			实　心		空　心		10m³混凝土虚体积
			组合钢模板	复合木模板		组合钢模板	木模板
材料	模板板方材	m³	0.050	0.050	0.060	0.060	0.530
	支撑方木	m³	0.010	0.010	0.070	0.070	—
	组合钢模板	kg	12.88	0.09	0.06	10.29	
	复合木模板	m²	—	0.51	0.43		
	零星卡具	kg	5.01	5.01	3.49	3.49	
	梁卡具	kg	15.15	15.15	4.13	4.13	
	铁钉	kg	1.12	1.12	4.06	4.06	3.04

续表 8-40

定 额 编 号		5—133	5—134	5—135	5—136	5—137
		方 桩				桩尖
项 目	单位	实 心		空 心		10m³ 混凝土 虚体积
		组合 钢模板	复合木模板		组合 钢模板	木模板
材料	镀锌铁丝22号	kg	0.16	0.16	0.13	0.13	0.10
	橡胶管内模	m	—	—	6.24	6.24	
	混凝土地模	m²	0.55	0.55	0.28	0.28	
	隔离剂	kg	7.90	7.90	6.42	6.42	4.94
	草板纸80号	张	15.97	15.97	13.09	13.09	
	水泥砂浆1∶2	m³	0.01	0.01	0.01	0.01	0.01

技能要点 10：预制混凝土柱模板材料耗用定额

预制矩形柱、工形柱、双肢柱、空格柱等模板材料耗用定额，见表 8-41～表 8-42。

表 8-41 矩形、方形柱模板材料耗用定额

（单位：10m³ 混凝土体积）

定 额 编 号		5—138	5—139	5—140	5—141
		矩 形 柱		工 形 柱	
项 目	单位	组合 钢模板	复合 木模板	组合 钢模板	复合 木模板
材料	模板板方材	m³	0.090	0.090	0.150	0.150
	支撑方木	m³	0.090	0.090	0.210	0.210
	组合钢模板	kg	11.32	0.74	10.59	0.41
	复合木模板	m²		0.44		0.45
	零星卡具	kg	5.90	5.90	5.55	5.55
	梁卡具	kg	11.74	11.74	4.44	4.44

续表 8-41

定 额 编 号		5—138	5—139	5—140	5—141
项　目	单位	矩 形 柱		工 形 柱	
		组合钢模板	复合木模板	组合钢模板	复合木模板
材料	铁钉	kg	4.27	4.27	7.26	7.26
	镀锌铁丝 8 号	kg	20.49	20.49	13.99	13.99
	镀锌铁丝 22 号	kg	0.17	0.17	0.19	0.19
	砖胎模	m²	—	—	58.59	58.59
	砖地模	m²	59.02	59.02	—	—
	隔离剂	kg	7.99	7.99	9.21	9.21
	草板纸 80 号	张	15.14	15.14	14.33	14.33
	水泥砂浆 1：2	m³	0.01	0.01	0.01	0.01

表 8-42　双胶柱、空格柱模板材料耗用定额

（单位：10m³ 混凝土体积）

定 额 编 号		5—142	5—143	5—144	5—145	5—146
项　目	单位	双 肢 柱		空 格 柱		围墙柱
		组合木模板	组合钢模板	组合钢模板	复合木模板	木模板
材料	模板板方材	m³	0.230	0.230	0.190	0.190	0.340
	支撑方木	m³	0.140	0.140	0.170	0.170	
	组合钢模板	kg	0.26	8.44	13.02	0.97	
	复合木模板	m²	0.26	—	—	0.54	
	零星卡具	kg	1.86	1.86	6.14	6.14	
	梁卡具	kg	9.16	9.16	1.17	1.17	
	铁钉	kg	8.02	8.02	7.98	7.98	5.59
	镀锌铁丝 8 号	kg	7.69	7.69	21.00	21.00	
	镀锌铁丝 22 号	kg	0.08	0.08	0.13	0.13	0.35
	混凝土地模	m²	0.09	0.09	—	—	1.24
	砖地模	m²	33.50	33.50	50.43	50.43	
	隔离剂	kg	4.07	4.07	6.57	6.57	17.31
	草板纸 80 号	张	7.11	7.11	10.52	10.52	
	水泥砂浆 1：2	m³	0.005	0.005	0.01	0.01	0.02

技能要点 11：预制混凝土梁模板材料耗用定额

预制矩形梁、异形梁、过梁、托架梁等模板材料耗用定额，见表 8-43～表 8-44。

表 8-43　矩形、异形梁模板材料耗用定额

（单位：10m³ 混凝土体积）

定　额　编　号		5—147	5—148	5—149	5—150
项　　目	单位	矩形梁		异形梁	过梁
		组合钢模板	复合木模板	木模板	
材料	模板板方材　m³	0.070	0.070	1.711	0.440
	支撑方木　m³	1.310	1.310		
	组合钢模板　kg	31.57	4.93		
	复合木模板　m²	—	1.12		
	零星卡具　kg	20.92	20.92		
	梁卡具　kg	11.18	11.18		
	铁钉　kg	9.20	9.20	9.85	7.22
	镀锌铁丝 8 号　kg	23.42	23.42		
	镀锌铁丝 22 号　kg	0.25	0.25	0.20	0.35
	混凝土地模　m²				1.60
	隔离剂　kg	14.29	14.29	9.96	17.64
	草板纸 80 号　张	36.78	36.78	—	—
	水泥砂浆 1∶2　m³	0.02	0.02	0.01	0.01

表 8-44　托架梁等模板材料耗用定额

（单位：10m³ 混凝土体积）

定　额　编　号		5—151	5—152	5—153	5—154	5—155
项　　目	单位	托架梁	鱼腹式吊车梁	风　道　梁		拱形梁
		木　模　板		组合钢模板	复合木模板	木模板
材料	模板板方材　m³	1.759	4.054	0.080	0.080	1.253
	支撑方木　m³			0.170	0.170	—
	组合钢模板　kg			3.52	0.11	
	复合木模板　m²				0.14	

续表 8-44

定　额　编　号		5—151	5—152	5—153	5—154	5—155
项　　目	单位	托架梁	鱼腹式吊车梁	风　道　梁		拱形梁
		木　模　板		组合钢模板	复合木模板	木模板
零星卡具	kg	—	—	1.31	1.31	—
铁钉	kg	4.85	15.52	7.75	7.75	23.42
镀锌铁丝 8 号	kg	—	—	20.97	20.97	—
镀锌铁丝 22 号	kg	0.23	0.27	0.14	0.14	0.20
材料　砖地模	m²	—	—	61.48	61.48	—
混凝土地模	m²	—	—	—	—	0.68
隔离剂	kg	11.60	13.63	6.53	6.53	9.58
草板纸 80 号	张	—	—	5.96	5.96	—
水泥砂浆 1∶2	m³	0.01	0.02	0.01	0.01	0.01

技能要点 12：预制混凝土屋架模板材料耗用定额

预制屋架、天窗架等模板材料耗用定额，见表 8-45～表 8-46。

表 8-45　屋架模板材料耗用定额

（单位：10m³ 混凝土体积）

定　额　编　号		5—156	5—157	5—158	5—159
项　　目	单位	屋　　架			
		折线形	三角形	组合形	薄腹梁
		木　模　板			
材料　模板板方材	m³	2.293	2.845	2.213	1.947
铁钉	kg	8.73	12.49	9.83	8.72
镀锌铁丝 22 号	kg	0.30	0.32	0.27	0.31
混凝土地模	m²	0.82	—	—	—
隔离剂	kg	14.69	16.24	13.65	15.74
水泥砂浆 1∶2	m³	0.02	0.02	0.02	0.02

表 8-46　刚架、天窗架模板材料耗用定额

（单位：10m³混凝土体积）

定额编号			5—160	5—161	5—162	5—163
项　目		单位	门式刚架	天窗架	天窗端壁板	
			木　模　板			定型钢模
材料	模板板方材	m³	1.360	0.612	1.920	—
	定型钢模	kg	—	—	—	28.63
	铁钉	kg	5.38	3.73	4.03	—
	镀锌铁丝 22 号	kg	0.17	0.26	0.57	0.57
	混凝土地模	m²	—	1.46	—	—
	隔离剂	kg	8.40	13.58	27.65	27.66
	水泥砂浆 1：2	m³	0.01	0.02	0.03	0.03

技能要点 13：预制混凝土板模板材料耗用定额

预制空心板、平板、槽形板、大型屋面板等模板材料耗用定额，见表 8-47～表 8-53。

表 8-47　空心板模板材料耗用定额

（单位：10m³混凝土体积）

定额编号			5—164	5—165	5—166	5—167	5—168
项　目		单位	空　心　板				
			板厚（mm 以内）				
			120	180	240	120	180
			定型钢模			长线台非预应力钢拉模	
材料	钢拉模	kg	—	—	—	14.68	14.07
	定型钢模	kg	33.55	31.95	22.00	—	—
	混凝土地模	m²	—	—	—	0.933	0.748
	镀锌铁丝 22 号	kg	0.42	0.35	0.30	0.32	0.28
	隔离剂	kg	47.08	39.35	34.00	37.46	35.05
	水泥砂浆 1：2	m³	0.03	0.02	0.02	0.02	0.02

表 8-48　平板模板材料耗用定额

（单位：10m³ 混凝土体积）

定 额 编 号		5—169	5—170	5—171	5—172	5—173
项 目	单位	预应力空心板			平　　板	
		板厚（mm 以内）				
		120	180	240	木模板	定型钢侧模
		长线台预应力钢拉模				
材料	模板板方材	m³	—	—	—	0.144	—
	定型钢模	kg	—	—	—	—	4.69
	铁钉	kg	—	—	—	2.47	—
	镀锌铁丝 22 号	kg	0.42	0.33	0.30	0.36	0.35
	混凝土地模	m²	1.90	1.23	1.04	1.28	1.28
	隔离剂	kg	49.20	31.15	21.11	17.19	17.19
	钢拉模	kg	37.09	25.95	24.40	—	—
	水泥砂浆 1：2	m³	0.03	0.02	0.02	0.02	0.02

表 8-49　槽形板等模板材料耗用定额

（单位：10m³ 混凝土体积）

定 额 编 号		5—174	5—175	5—176	5—177	5—178
项 目	单位	槽形板	F 形板	大型屋面板	双 T 板	单肋板
		定 型 钢 模				
材料	定型钢模	kg	33.54	26.41	31.25	23.09	36.15
	镀锌铁丝 22 号	kg	0.51	0.80	0.66	0.53	1.18
	隔离剂	kg	25.00	25.96	32.14	26.03	35.15
	水泥砂浆 1：2	m³	0.03	0.05	0.04	0.03	0.07

表 8-50　天沟板等模板材料耗用定额

（单位：10m³ 混凝土体积）

定　额　编　号		5—179	5—180	5—181	5—182
项　　目	单位	天沟板	折线板	挑檐板	地沟盖板
		定型钢模	木　模　板		
材料	模板板方材	m³	—	0.130	0.142	0.142
	定型钢模	kg	23.35	—	—	—
	铁钉	kg	—	0.71	2.33	1.99
	镀锌铁丝22号	kg	0.46	0.06	0.41	0.32
	混凝土地模	m²	—	1.65	1.04	1.17
	隔离剂	kg	30.94	30.10	20.36	15.86
	水泥砂浆1:2	m³	0.03	0.004	0.02	0.02

表 8-51　窗台板等模板材料耗用定额

（单位：10m³ 混凝土体积）

定　额　编　号		5—183	5—184	5—185	5—186	5—187
项　　目	单位	窗台板	隔板	架空隔热板	栏板	遮阳板
		木　模　板				
材料	模板板方材	m³	0.474	0.345	0.240	0.320	0.330
	铁钉	kg	9.26	5.48	3.40	5.54	2.85
	镀锌铁丝22号	kg	0.85	0.89	0.82	0.54	0.36
	混凝土地模	m²	4.49	2.98	4.38	1.63	3.09
	隔离剂	kg	44.38	44.12	40.00	25.75	17.99
	水泥砂浆1:2	m³	0.05	0.05	0.05	0.03	0.02

表 8-52　网架板等模板材料耗用定额

（单位：10m³混凝土体积）

定额编号		5—188	5—189	5—190	5—191
项目	单位	网架板	大型多孔墙板	墙板（板厚 cm）	
				20 以内	20 以外
		定型钢模	定 型 钢 模		
材料　定型钢模	kg	28.41	20.64	4.97	3.95
镀锌铁丝 22 号	kg	0.64	0.65	0.17	0.13
隔离剂	kg	31.87	31.80	8.54	6.54
水泥砂浆 1：2	m³	0.04	0.04	0.01	0.01

表 8-53　升板等模板材料耗用定额

（单位：10m³混凝土体积）

定额编号		5—192	5—193	5—194	5—195	5—196
项目	单位	升板	天窗侧板		拱形屋面板（跨度）	
					10m 内	10m 外
		木模板	定型钢模	木 模 板		
材料　模板板方材	m³	0.110	—	0.650	5.260	5.655
定型钢模	kg	—	33.83	—	—	—
铁钉	kg	0.27	—	7.26	25.94	21.07
镀锌铁丝 22 号	kg	0.01	0.59	0.61	0.06	0.07
混凝土地模	m²	—	—	1.54	0.60	0.06
隔离剂	kg	6.10	33.87	30.28	29.82	33.43
水泥砂浆 1：2	m³	0.001	0.04	0.04	0.004	0.004

技能要点 14：预制混凝土框架轻板模板材料耗用定额

梅花空心柱、叠合梁、楼梯段、阳台槽板、整间楼板等模板材料耗用定额，见表 8-54～表 8-55。

表 8-54　框架轻板模板材料耗用定额(一)

(单位:10m³ 混凝土体积)

定　额　编　号		5—197	5—198	5—199	5—200	5—201
项　　　目	单位	梅花空心柱	叠合梁	楼梯段	缓台	阳台槽板
		定　型　钢　模				
材料	定型钢模板	kg	45.84	32.92	20.83	28.93	32.96
	隔离剂	kg	15.50	15.01	9.08	12.23	12.45
	水泥砂浆 1:2	m³	0.02	0.02	0.003	0.004	0.004
	镀锌铁丝 22 号	kg	0.28	0.27	0.16	0.22	0.22
	塑料电线管	kg	—	19.68			

表 8-55　框架轻板模板材料耗用定额(二)

(单位:10m³ 混凝土体积)

定　额　编　号		5—202	5—203	5—204	5—205	5—206
项　　　目	单位	组合阳台	整间楼板(板宽 m)			
			2.7	3.0	3.3	3.6
			定　型　钢　模			
材料	定型钢模板	kg	55.75	42.34	37.59	34.05	31.10
	隔离剂	kg	15.13	11.40	11.24	11.18	11.13
	水泥砂浆 1:2	m³	0.005	0.003	0.003	0.003	0.003
	镀锌铁丝 22 号	kg	0.27	0.21	0.20	0.20	0.20
	电线盒	个	—	42	37	34	32
	塑料电线管 VG15	kg		8.40	8.43	7.43	8.64

技能要点 15:预制混凝土其他构件模板材料耗用定额

预制檩条阳台、雨篷、门窗框、楼梯段、栏杆、支承等模板材料耗用定额,见表 8-56~表 8-60。

表 8-56 其他构件模板材料耗用定额(一)

(单位:10m³混凝土体积)

定 额 编 号		5—207	5—208	5—209	5—210	5—211
项 目	单位	檩条	天窗上下档及封檐板	阳台	雨篷	烟道垃圾道通风道
		木 模 板				
模板板方材	m³	2.670	0.919	0.180	0.251	0.990
铁钉	kg	7.44	16.74	1.81	2.12	4.04
镀锌铁丝22号	kg	0.88	0.91	0.35	0.32	0.24
混凝土地模	m²	—	2.20	0.43	0.35	0.10
隔离剂	kg	44.04	44.45	12.62	16.89	12.10
水泥砂浆1:2	m³	0.05	0.05	0.02	0.01	0.01

材料（左侧竖排）

表 8-57 其他构件模板材料耗用定额(二)

(单位:10m³混凝土体积)

定 额 编 号		5—212	5—213	5—214	5—215	5—216
项 目	单位	漏空花格	门窗框	小型构件	楼梯段空心板	楼梯段实心板
		木 模 板			定型钢模	
模板板方材	m³	4.452	0.688	1.799	—	—
定型钢模	kg	—	—	—	25.02	21.89
铁钉	kg	81.61	14.16	20.72	—	—
镀锌铁丝22号	kg	0.98	0.45	1.01	0.62	0.35
混凝土地模	m²	—	1.44	4.88	—	—
隔离剂	kg	49.15	21.62	49.55	9.32	17.45
水泥砂浆1:2	m³	0.06	0.03	0.06	0.04	0.02

材料（左侧竖排）

表 8-58 其他构件模板材料耗用定额(三)

(单位:10m³ 混凝土体积)

定 额 编 号		5—217	5—218	5—219	5—220
项 目	单位	楼 梯		池槽	栏杆
		斜梁	踏步	10m³ 外形体积	
		木 模 板			
材料	模板板方材	m³	0.820	0.400	1.180	0.779
	铁钉	kg	9.13	4.76	8.34	16.63
	镀锌铁丝 22 号	kg	0.33	0.60	0.26	0.60
	混凝土地模	m²	2.56	0.22	0.60	2.67
	隔离剂	kg	15.74	28.90	12.60	29.12
	水泥砂浆 1:2	m³	0.02	0.04	0.02	0.04

表 8-59 其他构件模板材料耗用定额(四)

(单位:10m³ 混凝土体积)

定 额 编 号		5—221	5—222	5—223	5—224
项 目	单位	扶手	井盖	井圈	一般支撑
		木 模 板			
材料	模板板方材	m³	0.386	0.787	1.520	0.281
	铁钉	kg	6.20	2.37	13.76	3.99
	镀锌铁丝 22 号	kg	0.60	0.88	0.38	0.33
	混凝土地模	m²	2.95	1.24	2.26	1.16
	隔离剂	kg	30.27	43.46	18.68	16.11
	水泥砂浆 1:2	m³	0.04	0.05	0.02	0.02

表 8-60　其他构件模板材料耗用定额(五)

（单位：10m³ 混凝土体积）

定 额 编 号		5—225	5—226	5—227	5—228
项　目	单位	框架式支撑		支　架	
		复合木模板	组合钢模板	复合木模板	组合钢模板
模板板方材	m³	0.104	0.104	0.320	0.320
支撑方木	m³	0.130	0.130	0.160	0.160
组合钢模板	kg	0.31	7.25	0.63	13.77
复合木模板	m²	0.30	—	0.56	—
零星卡具	kg	3.45	3.45	3.40	3.40
梁卡具	kg	—	—	14.71	14.71
铁钉	kg	4.321	4.32	6.48	6.48
镀锌铁丝 8 号	kg	16.38	16.38	30.72	30.72
镀锌铁丝 22 号	kg	0.08	0.08	0.22	0.22
混凝土地模	m²	—	—	0.58	0.58
砖地模	m²	23.15	23.15	—	—
砖胎模	m²	26.80	26.80	—	—
隔离剂	kg	3.48	3.48	11.57	11.57
草板纸 80 号	张	6.12	6.12	22.23	22.23
水泥砂浆 1∶2	m³	0.004	0.004	0.01	0.01

材料

参 考 文 献

[1] 中华人民共和国住房和城乡建设部. 液压爬升模板工程技术规程 JGJ 195—2010[S]. 北京:中国建筑工业出版社,2010.

[2] 中华人民共和国住房和城乡建设部. 建筑施工模板安全技术规范 JGJ 162—2008[S]. 北京:中国建筑工业出版社,2008.

[3] 中华人民共和国建设部. 竹胶合板模板 JG/T 156—2004[S]. 北京:中国标准出版社,2004.

[4] 中华人民共和国建设部. 建筑工程大模板技术规程 JGJ 74—2003[S]. 北京:中国建筑工业出版社,2003.

[5] 中华人民共和国国家质量监督检验检疫总局,中国国家标准化管理委员会. 混凝土模板用胶合板 GB/T 17656—2008[S]. 北京:中国标准出版社,2009.

[6] 中华人民共和国建设部,中华人民共和国国家质量技术监督检验检疫总局. 滑动模板工程技术规范 GB 50113—2005[S]. 北京:中国计划出版社,2009.